高职高专土建教材编审委员会

"十二五"江苏省高等学校重点教材

（编号2015-1-012）

高职高专规划教材

建筑CAD 第二版

刘冬梅 等编著

化学工业出版社

·北 京·

本书以具体项目——绘制某住宅楼建筑施工图为主线，并作为 AutoCAD 知识点的载体，以完成项目的岗位工作过程为编排顺序编制而成。本书分为三大部分：第一部分为运用 AutoCAD2014 绘制建筑施工图方法、步骤及技巧；第二部分为运用建筑专业软件绘制建筑施工图方法、步骤及技巧；第三部分为运用 AutoCAD2014 绘制简单建筑三维建筑效果图的方法、步骤及技巧。

全书由具有多年使用 AutoCAD 进行专业设计、多年 AutoCAD 教学经验的教师编写，内容实用、专业性强，特别是将计算机绘图相关知识融于建筑施工图的绘制之中，而且采用了"手把手"的交互式教学方法和教学过程项目任务化的教学模式，为学生掌握运用计算机辅助设计的技能创造了极好的环境与平台。为了方便使用，本书还配有教学设计、教学课件、教学视频、教学动画、教学案例、习题试题、图片素材等教学资源包，读者可以登录 http：//210.28.10.32：8080/course248/index.jhtml 免费注册下载，或者发邮件至 cipedu@126.com 免费索取。

本书是在 AutoCAD2014 经典界面编著而成，故普遍适合 AutoCAD2008 版本到 AutoCAD2014 版本的经典界面。

本书是高职高专土建类专业及相关专业学生学习 AutoCAD 的首选教材，也可作为成人教育土建类及相关专业的教材，也非常适合从事建筑工程等技术工作及对计算机辅助设计/绘图感兴趣的相关人员自学和参考。

图书在版编目（CIP）数据

建筑 CAD/刘冬梅等编著．—2 版．—北京：化学工业出版社，2016.2 （2021.2重印）
"十二五"江苏省高等学校重点教材
高职高专规划教材
ISBN 978-7-122-25715-4

Ⅰ.①建…　Ⅱ.①刘…　Ⅲ.①建筑设计-计算机辅助设计-AutoCAD 软件-高等职业教育-教材　Ⅳ.①TU201.4

中国版本图书馆 CIP 数据核字（2015）第 282255 号

责任编辑：王文峡　　　　　　　　　文字编辑：云　雷
责任校对：吴　静　　　　　　　　　装帧设计：尹琳琳

出版发行：化学工业出版社（北京市东城区青年湖南街 13 号　邮政编码 100011）
印　　装：北京虎彩文化传播有限公司
787mm×1092mm　1/16　印张 18　字数 452 千字　　2021 年 2 月北京第 2 版第 5 次印刷

购书咨询：010-64518888　　　　　　售后服务：010-64518899
网　　址：http://www.cip.com.cn
凡购买本书，如有缺损质量问题，本社销售中心负责调换。

定　　价：45.00 元

前言

当前，以高等职业教育为代表的中国职业教育正面临新的突破性发展。高职的教学改革已经从宏观（全国、省市地区的布局等）发展到中观（学院、专业、教师队伍整体）直至现在的微观（每门课程与每位教师）。教改中的中观和微观问题已经成为高职教改的最紧迫的问题。在此背景下，编者根据多年的工程设计经验及 AutoCAD 教学经验，对建筑 CAD 课程进行了教学改革，编写了《建筑 CAD》项目化教材。

本书根据本课程对应的岗位工作设计了本课程项目任务——绘制某住宅楼建筑施工图，作为 AutoCAD 的知识点的载体，并以完成项目任务的岗位工作过程作为编排本书的章节顺序，根据章节顺序，对 AutoCAD 的知识点进行了重组。

在本课程项目任务的设计方面，本着典型、熟悉、涉及 AutoCAD 的知识点较为广泛、全面、常用等原则，设计了"绘制某住宅楼建筑施工图"项目任务，作为本书 AutoCAD 知识点的载体，并以项目任务的岗位工作过程把项目任务划分为若干子项目，以此作为本书的章节顺序；以过程中子项目的成果作为本书中每个章节的成果任务要求。此外还设计了课后拓展的项目任务。真正做到"学有所获，获有所用，用有所果"的学习目的，能够最高限度地调动所学者的兴趣与主观能动性。

在对 AutoCAD 的知识点进行重组方面，本着操作简单、利用率高先行；利用比较专业化、具有一定的使用条件的后行；随着项目任务的深入，逐渐渗透的原则。把 AutoCAD 的知识点融合到每个子项目任务中。使学生在完成项目任务中学习 AutoCAD 的知识点，并在项目任务不断的深入中，一次次接触、强化直至熟练掌握 AutoCAD 的知识点。真正达到"做中学、学中做、做有悟、悟中通"的学习境界。

本书结构如下表所述。

章	项目任务	CAD 知识点	建议课时
1	1.1 绘制一间平房一层平面图（轴线、墙线）	绘图命令（直线），修改命令（删除），标准（视窗缩放与视窗平移），工具栏（图层、特性、查询），菜单栏[工具（选项-显示）、格式（图形界限、图层、图层管理器、颜色、线型、线宽等）]，状态栏（正交、草图设置）	2～4
	1.2 绘制某宿舍楼一层平面图（无文本、无尺寸）	① 上述 AutoCAD 知识 ② 新增 AutoCAD 知识点：绘图命令（多线、圆、圆弧），修改命令（修剪、移动、复制、镜像、分解、延伸、拉伸、圆角、倒角、旋转）	4～6
	1.3 绘制某住宅楼标准层平面图（无文本、无尺寸）	① 上述 AutoCAD 知识 ② 新增 AutoCAD 知识点：绘图命令（矩形、椭圆、图案填充、渐变色），修改命令（偏移）	2～4

章	项目任务	CAD 知识点	建议课时
1	1.4 绘制某住宅楼屋顶平面图（无文本、无尺寸）	① 上述 AutoCAD 知识 ② 新增 AutoCAD 知识点：绘图命令（多线段、正多边形），修改命令（缩放、打断）	2～4
2	2.1 编辑建筑平面图尺寸与文字	① 上述 AutoCAD 知识 ② 新增 AutoCAD 知识点：绘图命令（多行文字），工具栏（标注、样式），菜单栏［格式（文字样式）、绘图（单行文本）、标注样式］	4～6
	2.2 快速绘制某住宅楼建筑平面施工图	① 上述 AutoCAD 知识 ② 新增 AutoCAD 知识点：绘图命令（创建块、插入块、属性块），工具栏（图层、特性）	4～6
	2.3 绘制某住宅楼建筑施工图图框、图标	① 上述 AutoCAD 知识 ② 新增 AutoCAD 知识点：编辑多段线	2～4
3	绘制某住宅楼建筑立面施工图	① 上述 AutoCAD 知识 ② 新增 AutoCAD 知识点：修改命令（阵列）	2～4
4	绘制某住宅楼建筑剖面施工图	上述 AutoCAD 知识	4～6
5	绘制某住宅楼建筑详图	上述 AutoCAD 知识	4～6
6	编制某住宅楼施工说明、图纸目录等	① 上述 AutoCAD 知识 ② 新增 AutoCAD 知识点：绘图命令（表格）	2～4
7	打印某住宅楼建筑施工图	上述 AutoCAD 知识	2
8	运用天正建筑软件绘制某住宅建筑施工图	① 上述 AutoCAD 知识 ② 天正软件相关操作命令	2～4
9	绘制某住宅楼三维建筑效果图	① 上述 AutoCAD 知识 ② 新增 AutoCAD 知识点：绘图命令（长方体、面域、拉伸），修改命令（3D镜像、并集、差集、交集），工具栏（建模、实体编辑、UCS、视图、视觉样式、图层）	4～6

为了方便使用，本书还配有教学设计、教学课件、教学视频、教学动画、教学案例、习题试题、图片素材等教学资源包，读者可以登录 http：//210.28.10.32：8080/course248/index.jhtml 免费注册下载，或者发邮件至 cipedu@126.com 免费索取。

本书由刘冬梅等编著。其中刘冬梅编著第1～8章及附录部分，永城职业学院苗飞、天津城建管理职业技术学院肖丽媛参与编写了第5章；南京工业大学的沙笑笑、南京妙境天地环境科技有限公司董亚茹参与编写了第6章；德州职业技术学院张迎春、湖南都市职业学院尚磊参与编写了第7章。辽宁科技学院的申颖、南通职业大学陈明杰编写了第8章。商丘职业技术学院李艳丽编写了第9章。全书由南京科技职业学院（原南京化工职业技术学院）刘冬梅统稿，南京科技职业学院朱剑荣主审。

本书的出版得到同行兄弟院校的大力支持，在此表示衷心的感谢。

由于编写水平有限，疏漏之处在所难免，恳请广大的读者和同行批评指正。

编著者

第一版前言

　　当前，以高等职业教育为代表的中国职业教育正面临新的突破性发展。 截至 2006 年末，全国已有高职院校千余所，从人数和规模上看，已经占有高等教育的半壁江山。 高职的教学改革已经从宏观（全国、省市地区的布局等）发展到中观（学院、专业、教师队伍整体）直至现在的微观（每门课程与每位教师）。 教改中的中观和微观问题已经成为高职教改的最紧迫的问题。 在此背景下，编者根据多年的工程设计经验及 AutoCAD 教学经验，对建筑 CAD 课程进行了教学改革，编写了本书。

　　本书打破传统学科体系，根据本课程对应的岗位工作设计了本课程项目任务——绘制某住宅楼建筑施工图，作为 AutoCAD 的知识点的载体，并以完成项目任务的岗位工作过程作为编排本书的章节顺序，根据章节顺序，对 AutoCAD 的知识点进行了重组。

　　在本课程项目任务的设计方面，本着典型、熟悉、涉及 AutoCAD 的知识点较为广泛、全面、常用等原则，设计了"绘制某住宅楼建筑施工图"项目任务，作为本书 AutoCAD 知识点的载体，并以项目任务的岗位工作过程把项目任务划分为若干子项目，以此作为本书的章节顺序；以过程中子项目的成果作为本书中每个章节的成果任务要求。 此外还设计了课后拓展的项目任务。 真正做到"学有所获，获有所用，用有所果"的学习目的，能够最高限度地调动所学者的兴趣与主观能动性。

　　在对 AutoCAD 的知识点进行重组方面，本着操作简单、利用率高的先行；利用比较专业化、具有一定的使用条件的后行；随着项目任务的深入，逐渐渗透的原则，把 AutoCAD 的知识点融合到每个子项目任务中。 使学生在完成项目任务中学习 AutoCAD 的知识点，并在项目任务不断的深入中，一次次接触、强化直至熟练掌握 AutoCAD 的知识点。 真正达到"做中学、学中做、做有悟、悟中通"的学习境界。

　　本书结构如下表所述。

章	项目任务	CAD 知识点	建议课时
1	1.1　绘制一间平房一层平面图（无门窗、无文本、无标注）	绘图命令（直线），修改命令（删除），标准（视窗缩放与视窗平移），工具栏（特性、查询），菜单栏[工具（选项-显示）、格式（图形界线）]，状态栏（正交、草图设置）	2～4
	1.2　绘制某住宅楼一层平面图（无文本、无尺寸标注、无家具）	① 上述 AutoCAD 知识 ② 新增 AutoCAD 知识点：绘图命令（多线、圆、圆弧），修改命令（修剪、移动、复制、镜像、分解、延伸、拉伸、圆角、倒角、旋转）	4～6
	1.3　绘制某住宅楼标准层平面图（无文本、无标注、无家具布置）	① 上述 AutoCAD 知识 ② 新增 AutoCAD 知识点：绘图命令（矩形、椭圆、图案填充、渐变色），修改命令（偏移）	2～4

章	项目任务	CAD 知识点	建议课时
1	1.4 绘制某住宅楼屋顶平面图（无文本、无标注）	① 上述 AutoCAD 知识 ② 新增 AutoCAD 知识点：绘图命令（多线段、正多边形），修改命令（缩放、打断）	2～4
2	2.1 运用图层、图块绘制建筑平面图（不包括文本、无尺寸）	① 上述 AutoCAD 知识 ② 新增 AutoCAD 知识点：绘图命令（创建块、插入块、属性块），工具栏（图层、特性）	4～6
2	2.2 绘制某住宅楼建筑平面施工图	① 上述 AutoCAD 知识 ② 新增 AutoCAD 知识点：绘图命令（多行文字），工具栏（标注、样式），标准（对象特性、特性匹配），菜单栏［格式（文字样式）、绘图（单行文本）、标注样式］	4～6
2	2.3 绘制某住宅楼建筑施工图图框、图标	① 上述 AutoCAD 知识 ② 新增 AutoCAD 知识点：编辑多段线	2～4
3	绘制某住宅楼建筑立面施工图	① 上述 AutoCAD 知识 ② 新增 AutoCAD 知识点：修改命令（阵列）	2～4
4	绘制某住宅楼建筑剖面施工图	上述 AutoCAD 知识	4～6
5	绘制某住宅楼建筑详图	上述 AutoCAD 知识	4～6
6	编制某住宅楼施工说明、图纸目录等	① 上述 AutoCAD 知识 ② 新增 AutoCAD 知识点：绘图命令（表格）	2～4
7	打印某住宅楼建筑施工图	上述 AutoCAD 知识	2
8	运用天正建筑软件绘制某住宅楼建筑施工图	① 上述 AutoCAD 知识 ② 天正软件相关操作命令	2～4
9	绘制某住宅楼三维建筑效果图	① 上述 AutoCAD 知识 ② 新增 AutoCAD 知识点：绘图命令（长方体、面域、拉伸），修改命令（3D 镜像、并集、差集、交集），工具栏（建模、实体编辑、ucs、视图、视觉样式、图层）	4～6

本书由南京化工职业技术学院的刘冬梅、李艳丽等编著。其中刘冬梅编著第 1～7 章及附录部分，永城职业学院的苗飞、天津城建管理职业技术学院的肖丽媛参与编写了第 5 章；西安航空技术高等专科学校的张魏、扬州工业职业技术学院的左春丽参与编写了第 6 章；德州职业技术学院的张迎春、兰州石化职业技术学院的马万龙参与编写了第 7 章。石家庄职业技术学院的崔洁、辽宁科技学院的申颖编写了第 8 章。商丘职业技术学院的李艳丽、南通职业大学的陈明杰编写了第 9 章。全书由刘冬梅统稿，南京化工职业技术学院的黄斌主审。

本书的出版得到同行兄弟院校的大力支持，在此表示衷心的感谢。

由于编写水平有限，不足之处在所难免，恳请广大的读者和同行批评指正。

编著者

2009 年 6 月

目录

建筑平面图的绘制

【项目任务】

绘制某住宅楼平面图（详见附录1，无文本、无标注、无家具）。

【专业能力】

绘制建筑平面图（无文本、无标注、无家具）的能力。

【CAD知识点】

绘图命令：直线（Line）、多线（Mutiline）、圆（Circle）、圆弧（Arc）、矩形（Rectang）、椭圆（Ellipse）、图案填充（Bhatch）、渐变色（Gradient）、多线段（Pline）、正多边形（Polygon）。

修改命令：删除（Erase）、修剪（Trim）、移动（Move）、复制（Copy）、镜像（Mirror）、分解（Explode）、延伸（Extent）、拉伸（Stretch）、圆角（Fillet）、倒角（Chamfer）、旋转（Rotate）、偏移（Offset）、缩放（Scale）、打断（Break）。

标准：视窗缩放（Zoom）与视窗平移（Pan）。

工具栏：特性、查询（Inquiry）、图层（LAyer）。

菜单栏：工具［选项（Options）-显示］、格式［图形界线（Limits）］。

状态栏：正交（ORTHO）、草图设置（Drafting Settings）（包括捕捉与栅格、对象捕捉及追踪、极轴追踪、动态输入等的设置及其设置的开关）。

【操作约定】 在本书中作如下操作约定。

◆ 单击：用鼠标左键单击。

◆ 双击：用鼠标左键双击。

◆ 右单击：用鼠标右键单击。

◆ 右双击：用鼠标右键双击。

1.1 一间平房一层平面图（轴线、墙线） 的绘制

【项目任务】

绘制如图 1-1-40 所示一间平房一层平面图（无门窗、无文本、无标注）。

【专业能力】

绘制一间平房一层平面图（无门窗、无文本、无标注）的能力，并对此进行文件管理的能力。

【CAD 知识点】

绘图命令：直线（Line）。

修改命令：删除（Erase）。

标准：视窗缩放与视窗平移。

工具栏：特性、查询、图层（LAyer）。

菜单栏：工具（选项-显示）、格式（图形界限、图层、图层状态管理器、颜色、线型、线宽等）。

状态栏：正交、草图设置（包括捕捉与栅格、对象捕捉及追踪、极轴追踪、动态输入等的设置及其设置的开关）。

1.1.1 认识 AutoCAD

1.1.1.1 AutoCAD 简介

AutoCAD 是由美国 AutoDesk 公司 1982 年开发的自动计算机辅助设计（Auto Computer Aided Drawing）软件，用于二维绘图、详细绘制、设计文档和基本三维设计。现已经成为国际上广为流行的绘图工具。.dwg 文件格式是二维绘图的事实标准格式。在很多领域已替代了图板、直尺、绘图笔等传统的绘图工具，成为设计、绘图人员所依赖的重要工具。尤其是建筑类专业，从过去的图板绘图时代到今天的计算机辅助设计、绘图时代，极大地改善了设计人员的绘图环境、提高了设计质量和工作效率，受到广大使用者的一致好评。作为建筑设计、制图等相关工作者，要想使 AutoCAD 成为得力的助手，必须熟练掌握其基本技能和使用方法。目前，各行业在 AutoCAD 平台的基础上又开发了自己的绘图软件，使得 AutoCAD 的发展空间更为广阔，如建筑行业的天正软件、建筑 ABD 软件、中望软件等。

（1）安装 AutoCAD 2014 的硬件配置

为了使 AutoCAD 2014 的优越性能得到充分发挥，建议用户采用高档次的 CPU 处理器，推荐配置 4GB 内存，6.0GB 空闲磁盘空间，1280×1024 或更高真彩色视频显示适配器，128MB 以上独立图像卡，Internet Explorer 7.0 或之后。配置光驱和鼠标，有条件的用户还可增加打印机或绘图仪等硬件。

（2）AutoCAD 2014 的安装与启动

1）安装 AutoCAD 2014

AutoCAD 2014 提供了安装向导，按照安装向导的操作提示逐步进行安装即可。

① 具体操作 AutoCAD 2014 的安装盘放入计算机的光驱中→双击桌面上"我的电脑"→单击"光盘驱动器图标"→单击（启动）"AutoCAD 2014 安装程序"（Setup.exe）→安装初始化→选择安装产品→根据提示逐步单击"我接受"，或"下一步"等按钮，并且填入相关的内容→单击"完成"按钮，此时桌面上会有▲、▲、▲三个图标，点击▲图标，打开程序→根据提示逐步单击"我接受"、"激活"、"下一步"、"同意"等按钮，并且填入相关的内容→单击"完成"按钮，完成产品注册与激活。

② 注意事项

◆ 默认安装直接选择安装即可，若需要自定义安装，请选择配制，在配制完成后点击安装即可开始安装，在安装过程中要求关闭浏览器等相关程序，按提示操作要求即可。

◆ 安装完成后要根据提示重新启动计算机以使配置生效。

◆ 第一次启动 AutoCAD 2014，根据需要按要求注册激活。

2）启动 AutoCAD 2014

AutoCAD 2014 可以在 Windows8 的标准版（企业版或专业版）、Windows7 企业版（或旗舰版、专业版、家庭高级版）、Windows XP 专业版（或家庭版）等操作环节下运行，软件安装后，系统自动在桌面上产生 AutoCAD 2014 快捷图标。同时，［开始］菜单中的"程序（P）"子菜单［或应用菜单中，如图 1-1-1（a）所示］也自动添加了 AutoCAD 2014 命令，如图 1-1-1（b）所示。

(a)

(b)

图 1-1-1

启动 AutoCAD 2014 可用如下两种方式。

➤ 双击桌面上的"AutoCAD 2014"快捷图标，如图 1-1-1（b）所示。

➤ 单击开始→程序（P）——→Autodesk→AutoCAD 2014-Simpligied Chinese→AutoCAD 2014- Simpligied Chinese。如图 1-1-1（b）所示。或单击应用图标，如图 1-1-1（a）所示。

（3）AutoCAD 2014 的用户界面

启动 AutoCAD 2014 之后，计算机将显示 AutoCAD 2014 的应用程序窗口，AutoCAD 2014 中文版为用户提供了四种工作空间模式。图 1-1-2 为"草图与注释"工作空间界面，图 1-1-3 为"三维基础"工作空间界面，图 1-1-4 为"三维建模"工作空间界面，图 1-1-5 为"AutoCAD 经典"工作空间界面。下面以"AutoCAD 经典"工作空间为例，介绍 AutoCAD 2014 的用户界面。

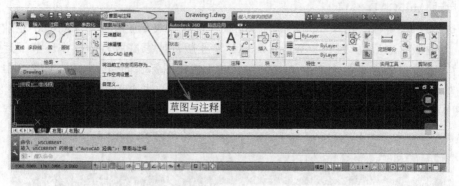

图 1-1-2

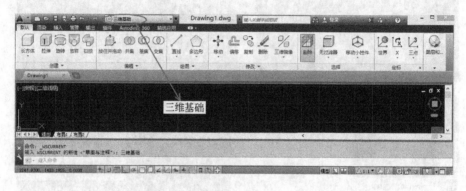

图 1-1-3

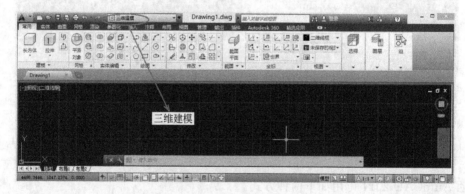

图 1-1-4

1）AutoCAD 2014 经典用户界面

① 标题栏　与其他 Windows 应用程序类似，标题栏用于显示 AutoCAD 2014 的程序图标以及当前所操作图形文件的名称，Autodesk AutoCAD 2014　Drawing1.dwg。

② 菜单栏　位于标题栏的下部。菜单栏的左上角是应用程序菜单按钮▲▼，右上角是绘图窗口的最小化、还原和关闭操作按钮，在此正下方是打开文件的最小化、还原和关闭操作按钮。菜单栏将大部分命令分门别类地组织在一起，是执行 AutoCAD 命令的一种方式。使用其中某一类菜单时，单击菜单名称，打开下拉菜单，选择执行命令，再单击即可，图 1-1-6所示为"绘图"下拉菜单。

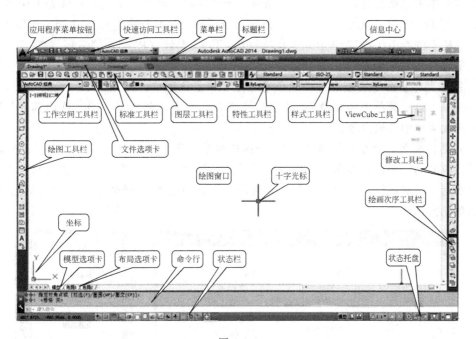

图 1-1-5

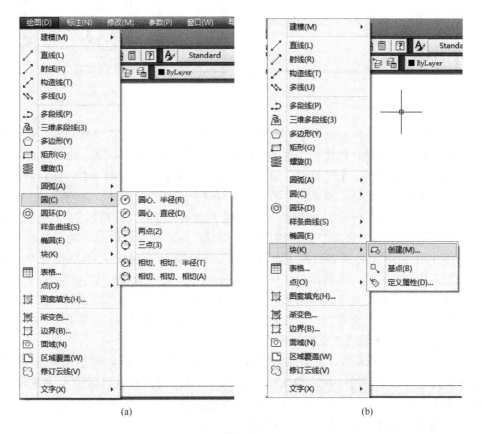

(a)　　　　　　　　　　　　　　(b)

图 1-1-6

下拉菜单中包括普通命令、对话框命令、级联菜单三种命令形式，具体如下所述。

a. 普通命令：命令无任何标记，选择该命令后即可执行该命令相应功能。如图 1-1-6 所示，菜单栏中的绘图下拉菜单中，"直线（L）"、"多线（P）"、"圆环（D）"、"基点（B）"等命令为普通命令。

b. 级联菜单：命令右端有一个黑色小三角，单击该菜单，将弹出下一级"子菜单"，可进一步在下一级子菜单中选取命令。如图 1-1-6（a）所示，单击圆（C），弹出其下一级子菜单，可在此菜单中选取命令。

c. 对话框命令：命令后带有"…"，选择该命令将弹出一个对话框，用户可以通过对话框进行相应的功能操作。如图 1-1-6（b）所示，选择"块（K）"→"创建（M）…"命令，弹出"块定义"对话框，如图 1-1-7（a）所示。在此对话框中可进行"创建（M）…"命令相应的功能操作。

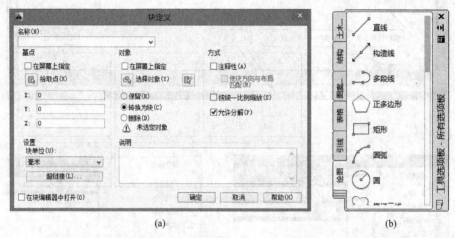

(a) (b)

图 1-1-7

③ 工具栏　AutoCAD 2014 提供了 50 多个工具栏，每一个工具栏都是同一类命令的集合，工具栏上有一些形象化的按钮，单击某一按钮，可以启动 AutoCAD 的对应命令。

默认情况下主要显示 9 个工具栏，分别是"标准"工具栏［如图 1-1-8（a）所示］、"样式"工具栏［如图 1-1-8（b）所示］、"图层"工具栏［如图 1-1-8（c）所示］、"工作空间"工具栏［如图 1-1-8（d）所示］、"特性"工具栏［如图 1-1-8（e）所示］、"绘图"工具栏［如图 1-1-8（f）所示］、"修改"工具栏［如图 1-1-8（g）所示］以及"绘图次序"工具栏［如图 1-1-5 中所示］、工具栏选项板［如图 1-1-7（b）所示］。用户可以根据需要打开或关闭某一个工具栏，方法是：将鼠标放在任一工具栏上任一形象化按钮上（此时按钮亮显）并右单击，弹出工具栏快捷菜单，单击某一个工具栏的名称，则打开（或关闭）该工具栏。此外，通过单击"工具"菜单/"工具栏"/"AutoCAD"对应的子菜单，也可以打开AutoCAD 的工具栏。如图 1-1-8（h）所示。

④ 绘图窗口与十字光标　绘图窗口类似于手工绘图时的图纸，是用户用 AutoCAD 绘制、编辑并显示所绘图形的区域。当光标位于 AutoCAD 的绘图窗口时为十字或一形，所以又称其为十字光标。十字线的交点为光标的当前位置。当绘制图形时，光标显示为十字形，当拾取编辑对象时，光标显示为正方形的拾取框。

⑤ 坐标系图标　坐标系图标通常位于绘图窗口的左下角，坐标系图标显示了当前坐标系的形式与坐标方向等。AutoCAD 提供有世界坐标系（World Coordinate System，WCS）

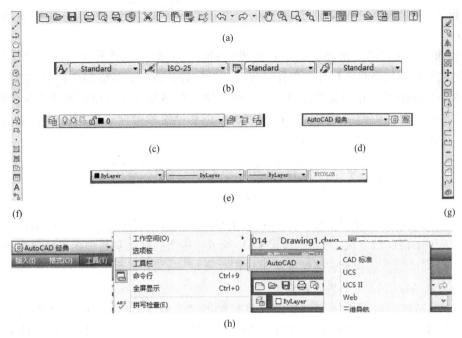

图 1-1-8

和用户坐标系（User Coordinate System，UCS）两种坐标系。世界坐标系为默认坐标系。

⑥ 命令窗口　命令窗口是输入命令和显示命令提示信息的区域。AutoCAD 的所有命令和系统变量都可以通过命令行启动，与菜单和工具栏按钮操作等效，输入命令的名称或快捷方式，回车即可启动命令。如图 1-1-9 所示。用户可以通过拖动窗口边框的方式改变命令窗口的大小，使其显示适宜行数的信息。

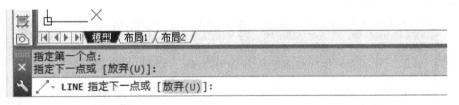

图 1-1-9

⑦ 状态栏　状态栏用于显示或设置当前的绘图状态。状态栏上位于左侧的一组数字反映当前光标的坐标；中间部分各按钮从左到右分别表示推断约束、捕捉模式、栅格显示、正交模式、极轴追踪、对象捕捉、三维对象捕捉、对象捕捉追踪、动态 UCS、动态输入、显示（隐藏）线宽、显示/隐藏透明度、快捷特性、选择循环、注释监视器等功能，如图 1-1-10（a）所示。按钮亮显表示启用该功能，暗显表示关闭该功能；右侧部分为状态栏托盘，提供了一些显示工具、注释工具和模型空间与图纸空间切换工具等，如图 1-1-10（b）所示。

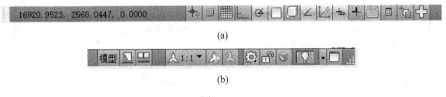

（a）

（b）

图 1-1-10

⑧ 模型/布局选项卡　模型/布局选项卡用于实现模型空间与图纸空间的切换。如图 1-1-9所示。

⑨ 快速访问工具栏　快速访问工具栏提供对定义的命令集的直接访问。默认状态下，快速访问工具栏包括新建、打开、保存、另存为、打印、放弃、重做和工作空间等控件或命令，如图 1-1-11 所示。用户也可以通过右边的下拉菜单添加、删除和重新定位命令和控件。单击快速访问工具栏中的工作空间下拉列表，可以切换工作空间，图 1-1-11 的显示表明当前位于"AutoCAD 经典"工作空间。

图 1-1-11

⑩ 工具选项板　工具选项板是一个选项卡形成的区域，它提供了一种组织、共享、放置块及填充图案的有效方法，如图 1-1-7（b）所示。单击标准工具栏中的工具选项板窗口按钮▤，可以完成工具选项板的显现或关闭操作。

2）AutoCAD 2014 用户界面的修改

在 AutoCAD 2014 用户界面，选择菜单栏中的"工具（T）"→单击"选项..."，将弹出"选项"对话框，单击"显示"选项，切换到"显示"选项卡，如图 1-1-12 所示。其中包括窗口元素、显示精度、布局元素、显示性能、十字光标的大小、淡入度控制等六个选项组，用户分别对其进行操作，即可以修改原有用户界面中的某些内容。下面对常见内容修改的操作进行说明。

① 图形窗口中十字光标大小的修改　AutoCAD 2014 系统中预设的十字光标的大小为屏幕大小的 5%，用户可以根据绘图的实际需要对其比例进行修改。具体操作方法为：在"十字光标大小"选项组中的文本框中直接修改比例数值；或者拖动文本框右边的滑块，即可对十字光标的大小进行调整，如图 1-1-12 所示。

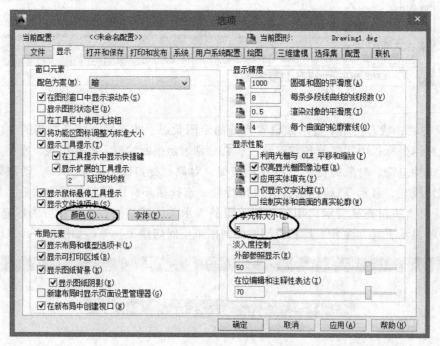

图 1-1-12

② 图形窗口中背景颜色的修改　　AutoCAD 2014 的绘图窗口在默认情况下，背景是黑色、黑/白对象是白色。利用选项对话框中的"窗口元素"选项组，可对其背景、线条等的颜色进行修改。步骤如下。

a. 单击"窗口元素"选项组中的"颜色（C)…"按钮，如图 1-1-12 所示，将弹出"图形窗口颜色"对话框（此时是默认状态），如图 1-1-13（a）所示。

b. 单击"颜色（C）"下拉列表框中的下拉箭头，弹出颜色下拉列表。如果在颜色下拉列表中选择"白"，此时预览中的背景将变成白色、黑/白图素将变为黑色，如图 1-1-13（b）预览所示；单击"应用并关闭（A)"按钮，则 AutoCAD 2014 的绘图窗口将变为白色背景，黑/白色图素将显示为黑色。

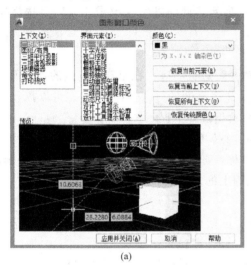
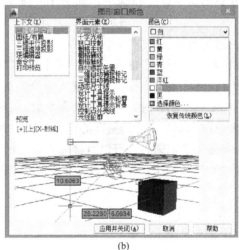

(a)　　　　　　　　　　　　　　　　(b)

图 1-1-13

1.1.1.2　命令的使用与操作

在 AutoCAD 中，用户选择某一项或单击某个工具，在大多数情况下都相当于执行了一个带选项的命令（通常情况下，每个命令都不止一个选项），因此，命令是 AutoCAD 的核心，在绘图中，基本上都是以命令形式来进行的。

（1）命令的激活

主要有下述激活命令的方式。

◆ 选择菜单中的菜单项。

◆ 单击工具栏上的命令按钮。

◆ 在命令行中直接输入命令。

◆ 在（单击）右键（显示的）快捷菜单中选择相应的命令。

（2）命令的响应

命令被激活后，需要进一步的操作，比如给定坐标、选取对象、执行命令选项等，这些可以通过键盘键入、鼠标选取或右键快捷菜单等来响应。

1）通过动态输入响应

AutoCAD 2006 版增加了动态输入工具，使响应命令快速而直接。如绘制一个圆时，当状态栏上的"动态输入"按钮 ╋ 打开（亮显）时，在激活命令后，屏幕上出现动态的提示窗口，如图 1-1-14（a）所示，可以在窗口中直接输入数值或选项；也可以使用键盘上的

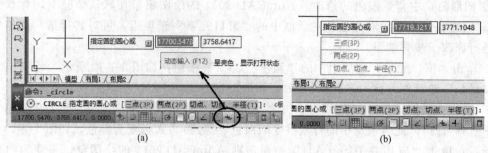

图 1-1-14

"↓"键调出菜单以选择选项，如图 1-1-14 （b）所示，此时按"↓（或↑）"可选择绘圆方法。

2）通过命令行响应

无论是否打开动态输入工具，都可以通过命令行进行响应。在出现指定点的提示下，可以在命令行输入点的坐标；如果键入命令行提示文字后面的［］内的内容，可以执行命令的选项。如在绘制圆时，当激活圆命令后，命令行出现如下提示：

"命令：_ circle 指定圆的圆心或［三点（3P）/两点（2P）/切点、切点、半径（T）］："

如果需要给定圆心，可以直接输入圆心的坐标，如果需要采用"三点"方式绘制圆时，则键入"3P"并回车，AutoCAD 会要求给出圆周上的三个点。

3）通过鼠标响应

① 在命令行中出现指定点的提示下，可以用鼠标在绘图窗口单击拾取一个点，这个点的坐标便是响应的坐标值。

② 在出现选择对象的提示下，可以通过鼠标结合选择对象的方法选取对象。

③ 在激活一个命令后或在命令执行过程中，在绘图窗口单击鼠标右键，会弹出快捷菜单，可以在快捷菜单中选择相应的操作，如选择圆命令后，单击鼠标右键，将出现如图 1-1-15 （a）所示的快捷菜单。

(a)

(b)

图 1-1-15

4）重复执行上一个命令

如果要重复执行刚刚执行过的命令，按回车键即可；或者在绘图窗口单击鼠标右键，在弹出的快捷菜单中，选择第一行"重复＊＊＊"（相应的英文命令）操作。如操作完圆命令后，单击鼠标右键，弹出如图 1-1-15（b）所示的快捷菜单。

5）命令的终止

有些命令当执行完操作后便自动结束，如圆命令，有些命令需要回车后才能结束，如果在命令执行过程中需要终止命令，可以按"Esc"键，有时需要按几次才能完全终止某个命令。

（3）快捷键操作

快捷键是 Windows 系统提供的功能键或普通键组合，目的是为用户快速操作提供条件。AutoCAD 中同样包括 Windows 系统自身的快捷键和 AutoCAD 设定的快捷键，在每一个菜单命令的右边有该命令的快捷键的提示。表 1-1-1 列出了常用快捷键及其功能。

表 1-1-1　快捷键及功能

快捷键	功能	快捷键	功能
F1	AutoCAD 帮助	Ctrl＋N	新建文件
F2	打开文本窗口	Ctrl＋O	打开文件
F3	对象捕捉开关	Ctrl＋S	保存文件
F4	数字化仪开关	Ctrl＋P	打印文件
F5	等轴侧平面转换	Ctrl＋Z	撤销上一步操作
F6	坐标转换开关	Ctrl＋Y	重做撤销操作
F7	栅格开关	Ctrl＋C	复制
F8	正交开关	Ctrl＋V	粘贴
F9	捕捉开关	Ctrl＋1	对象特性管理器
F10	极轴开关	Ctrl＋2	AutoCAD 设计中心
F11	对象跟踪开关	DEL	删除对象
F12	动态输入开关	Esc	取消操作

（4）透明命令

透明命令是指在执行命令过程中可以执行的某些命令。

当在绘图过程中需要透明执行某一命令时，可直接选择对应的菜单命令或单击工具栏上的对应按钮，而后根据提示执行对应的操作。透明命令执行完毕后，AutoCAD 会返回到执行透明命令之前的命令提示，即继续执行以前的命令。

通过键盘执行透明命令的方法为：在当前提示信息后输入"′"符号，再输入对应的透明命令后按回车键，就可以根据提示执行该命令的对应操作，执行后 AutoCAD 会自动（或按 Esc 或 Enter 键）返回到执行透明命令之前的提示。

常用的透明命令有视图缩放（ZOOM）、平移（PAN）、计算器（CAL）、测量两点间距离（DIST）、点样式（DDPTYPE）、图层（LAYER）、测量点坐标（ID）等命令。

（5）鼠标操作

鼠标是用户和 Windows 应用程序进行信息交流的最主要工具。对于 AutoCAD 来说，鼠标是使用 AutoCAD 进行绘图、编辑的主要工具。灵活地使用鼠标，对于加快绘图速度、提高绘图质量有着至关重要的作用。

当握着鼠标在垫板上移动时，状态栏上的三维坐标数值也随之改变，以反映当前十字光标的位置。通常情况下，AutoCAD 2014 显示在屏幕区的光标为一短十字光标，但在一些特殊情况下，光标形状也会相应改变。表 1-1-2 列出了 AutoCAD 2014 绘图环境在默认情况下各种鼠标光标的形状及其含意。

表 1-1-2　各种鼠标光标形状及含义

	正常选择		调整垂直大小
	正常绘图状态		调整水平大小
	输入状态		调整左上-右下符号
	选择目标		调整右上-左下符号
	等待符号		任意移动
	应用程序启动符号		帮助跳转符号
	视图动态缩放符号		插入文本符号
	视图窗口缩放		帮助符号
	调整命令窗口大小		视图平移符号

鼠标的左右两个键在 AutoCAD 2014 版本中同其他版本一样有着特定的功能；通常左键执行选择实体的操作，右键执行回车的操作，其基本作用如下。

① 单击左键　单击鼠标左键，可完成多种"选择"操作，常见操作如下。

⤵ 选择菜单：将鼠标移至下拉式菜单，要选择的菜单将浮起，这时单击鼠标左键将选中此菜单。

⤵ 选择执行命令：鼠标在弹出的下拉式菜单上移动，选择的命令变亮，单击鼠标左键，将执行此命令；或将鼠标移至工具条上，选择的图标按钮浮起时，单击鼠标左键，将执行此命令。

⤵ 选中图形对象：将光标放在所要选择的图形对象上，单击鼠标左键即选中此图形对象。

② 单击右键　将光标移至任一工具栏中的某一工具按钮上，单击鼠标右键，将弹出快捷菜单，用户可以定制工具栏；选择目标后，单击右键的作用就是结束目标选择；在绘图区内任一处单击鼠标右键，会弹出菜单。

③ 双击　双击鼠标左键，一般是执行应用程序或打开一个新的窗口。

④ 拖动　将鼠标放在工具栏或对话框上的标题栏，按住鼠标左键并拖动，可以将工具栏或对话框移到新位置；将光标放在屏幕滚动条上，按住鼠标左键并拖动即可滚动当前屏幕。

⑤ 转动滚动轮　将鼠标放在绘图区某一点，转动滚动轮，图形显示将以该点为中心放大或缩小。

（6）菜单操作

在应用程序中，把一组相关的命令或程序选项归纳为一个列表，以便于查询和使用，此列表称为菜单。其内容通常是预先设置好并放在屏幕上可供用户选择使用的命令。图 1-1-16 显示了 AutoCAD 2014 的菜单。

图 1-1-16

1）激活菜单

可通过下述方法激活菜单。

➤ 用鼠标左键单击菜单名，打开菜单。

➤ 按 Alt＋括号内带下划线字母键，可打开某一相应菜单。

➤ 按 Alt 键激活菜单栏，用左右（←→）方向键选择菜单，用上下（↓↑）方向键或回车键，可打开某一菜单。

2）选择菜单命令

激活菜单后，可通过下述方法选择菜单命令。

➤ 移动鼠标指针选取菜单命令→用鼠标左键单击菜单命令。

➤ 使用键盘上下（↓↑）方向键选取菜单命令→按回车键确定。若有子菜单先用键盘右（→）方向键将其打开。

➤ 按带下划线的快捷字母键，回车即可。例如直接按 N 键并回车，表示执行新建图形（New）菜单命令。

有些带快捷键的菜单命令，可在不打开菜单的情况下直接执行。例如按 Ctrl＋P 快捷键是"打印"命令，Ctrl＋S 快捷键是"保存文件"命令。

（7）工具栏操作

工具栏（Toolbar）是一组图形操作、编辑等命令组合，它包含了最常用的 AutoCAD 2014 命令，是另外一种调用命令和实现各种绘图操作的快捷执行方式，可使用户非常容易地创建或修改图样。单击工具栏上的某一按钮图标，即可执行相应命令。工具栏的常用操作如下所述。

1）打开或关闭工具栏

在 AutoCAD 2014 的用户界面中，鼠标右击任意工具栏上任一命令按钮，将弹出工具栏名称快捷菜单（或选择"工具（T）/工具栏/AutoCAD"调出），如图 1-1-17（b）所示。单击所选的工具栏，将打开或关闭选中的工具栏（详见 1.1.1.1/AutoCAD 2014 经典用户界面/工具栏相关内容）。

2）工具栏显示方式

在用户界面中，工具栏有固定和浮动两种显示方式，与之对应，工具栏分别被称作为固定和浮动工具栏。具体操作如下所述。

◆ 浮动工具栏将显示该工具栏的标题，如图 1-1-17（a）中的修改工具栏。按其右上角的关闭按钮，可关闭该工具栏；将鼠标指针移动到工具栏，按住鼠标左键，可以在屏幕上自由移动该工具栏，当移动到绘图区边界时，浮动工具栏将变为固定工具栏。

◆ 固定工具栏被锁定在绘图区域的顶部、底部和两侧等四个边界，工具栏的关闭按钮被隐藏，如图 1-1-17（a）所示的标准工具栏、绘图工具栏等。也可以把固定工具栏拖出，使其变为浮动工具栏。

3）嵌套工具栏

在工具栏中，有些按钮是单一型的，有些是嵌套型的。嵌套型的命令按钮图标的右下角将带有一个黑三角形图标，如图 1-1-18 所示。将鼠标的指针移动到该图标上，按住鼠标左

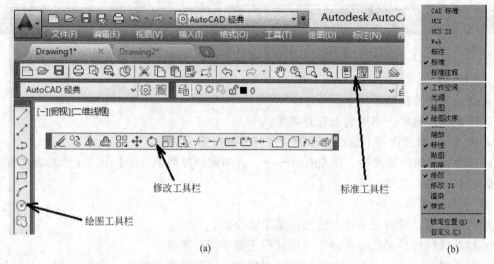

图 1-1-17

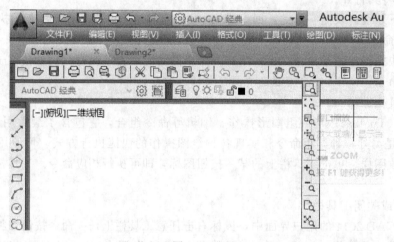

图 1-1-18

键，将弹出相应的工具栏；此时按住鼠标左键不放，移动鼠标指针到某一图标上松手，则该图标成为当前图标；单击当前图标，将执行相应的命令。

（8）对话框操作

在 AutoCAD 2014 中执行某些命令时，需要通过对话框操作。对话框是程序与用户进行信息交换的重要形式，它方便、直观，可使复杂的信息、要求反映得清晰明了。对话框可以移动，但大小固定，不像一般的窗口那样大小可调。

1）典型对话框的组成

图 1-1-19 是一个典型的对话框，由标题栏（文字样式）、选项组（图中选项组包括样式、字体、大小、效果等）和控制按钮等几部分组成，其中选项组根据功能不同，又包含文本框、复选框或命令按钮等。具体如下所述。

① 标题栏　位于对话框顶部，中部有对话框的名称，右边是控制按钮。

② 文本框　又叫编辑框，是用户输入、选择信息的地方。如图 1-1-19 所示，在"大小"选项组中的"高度（T）"文本框中，激活后直接输入文本的字体高度即可；在"字体"选项组中字体名文本框中，选择"T Arial"文本框，激活后按右边箭头出现字体样式下拉列

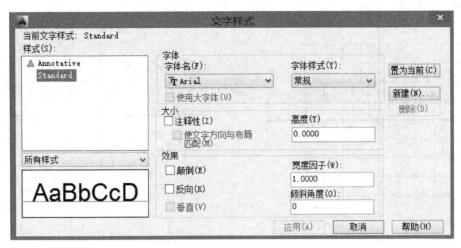

图 1-1-19

表，直接选用即可在文本框中显现所选字体。

③ 复选框　选中时方框内出现√标记，否则是空白。如效果选项组中的颠倒（E）、反向（K）、垂直（V）等。

④ 命令按钮　如图 1-1-19 中的取消、帮助（H）、置为当前（C）等按钮为命令按钮。单击这种按钮，表示执行一个命令项。

2）对话框的操作

① 移动和关闭对话框　移动：单击标题栏并拖动至目的地，然后释放即可。关闭：单击控制按钮 ✖ 或命令按钮中的取消［或应用（A）］按钮，即可关闭对话框。

② 对话框中激活选项　单击字体名文本框右边的箭头，弹出一下拉菜单，光标移至的选项上将产生一虚线框，表示激活了该选项。激活选项后，可用下述方法对其他选项进行选择。

➤ 利用 Tab 键可以使虚线框从左至右、从上至下在各选项之间切换。

➤ 使用 Shift＋Tab 键，可以使虚线框从右至左、从下至上在各选项之间移动。

1.1.1.3　参数的输入

当启动一个命令后，往往还需要提供执行此命令所需要的参数。这些参数包括点坐标、数值、角度、位移等。

（1）坐标的输入

1）坐标系

AutoCAD 采用直角坐标系（笛卡尔坐标系）和极坐标系两种方式确定坐标。

直角坐标系如图 1-1-20 所示。X 轴为水平方向，Y 轴为竖直方向，原点的坐标为（0，0），X 轴右方向为正方向，Y 轴上方向为正方向。如在图 1-1-20 中，A 点的坐标为（40，20），B 点的坐标为（－20，－30）。

极坐标系如图 1-1-21 所示。极坐标系通过某点到原点（0，0）的距离及其与 0°方向（X 轴正方向）的夹角来表示该点坐标位置，角度的计量以逆时针方向为正方向。极坐标的表示方法为"距离＜角度"，距离和角度之间用小于号"＜"分隔。如在图 1-1-21 中，C 点的极坐标为（40＜45），D 点的极坐标为（30＜120），E 点的极坐标为（20＜242），E 点的极坐标也可以表示为（20＜－118）。

【注意】　在输入坐标时，不需要输入括号。

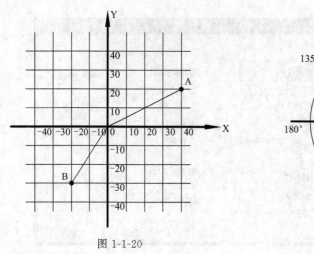

图 1-1-20

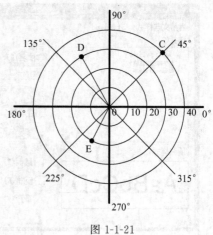

图 1-1-21

2）绝对坐标和相对坐标

坐标又分为绝对坐标和相对坐标。

绝对直角坐标是以原点（0，0）为基点定位所有的点，如在指定点的提示下输入"50，20"，则输入了一个 X 坐标为 50，Y 坐标为 20 的点。相对直角坐标是相对于前一个点的坐标值，相对直角坐标需要在坐标前面加"@"符号，如"@30，70"。

相对直角坐标以某点相对前一点的位置确定正负方向。

绝对极坐标是以原点（0，0）为基点定位所有的点，如输入"100<20"，则输入了一个与原点距离为 100，角度为 20°的点。相对极坐标是相对于前一个点的极坐标，表示方法为"@距离<角度"，如"@100<20"表示距前一个点的距离为 100，角度为 20°。

在实际绘图中，由于用户只关心图形本身的尺寸和位置关系，所以主要用相对坐标的方式。

【实例 1-1】 分别用绝对直角坐标和相对直角坐标方式绘制图 1-1-22 所示的图形。

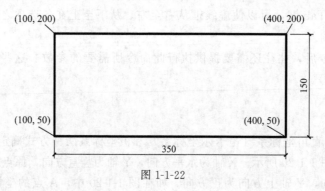

图 1-1-22

① 用绝对直角坐标绘制图形 单击"绘图"工具栏上的 按钮，启动直线命令，具体操作如下。

a. 命令：_ line

指定第一个点：100，50 ［输入起点（左下角点）的绝对坐标并回车］

b. 指定下一点或［放弃（U）］：400，50 ［输入第二点（右下角点）的绝对坐标并回车］

c. 指定下一点或［放弃（U）］：400，200 ［输入第三点（右上角点）的绝对坐标并回车］

d. 指定下一点或［闭合（C）/放弃（U）］：100，200 ［输入第四点（左上角点）的绝对

坐标并回车]

e. 指定下一点或［闭合（C）/放弃（U）］：C（输入闭合选项并回车，命令结束）

② 用相对直角坐标绘制图形　启动直线命令后，具体操作过程如下。

a. 命令：_line

指定第一个点：100，50［输入起点（左下角点）的绝对坐标并回车，或在绘图窗口单击任意一点］

b. 指定下一点或［放弃（U）］：@300，0［输入第二点（右下角点）相对第一点的坐标］

c. 指定下一点或［放弃（U）］：@0，150［输入第三点（右上角点）相对第二点的坐标］

d. 指定下一点或［闭合（C）/放弃（U）］：@-300，0［输入第四点（左上角点）相对第三点的坐标］

e. 指定下一点或［闭合（C）/放弃（U）］：C（输入闭合选项并回车，命令结束）

3）直接输入距离

当执行某一个命令需要指定两个或多个点时，除了用绝对坐标或相对坐标指定点外，还可用直接输入距离的方式来确定下一个点。即在指定了一点后，可以通过光标来指示下一点的方向，然后输入该点与前一点的距离便可以确定下一点。这实际上就是相对极坐标的另一种输入方式。它只需要输入距离，而角度由光标的位置确定。这种方法配合正交或极轴追踪功能一起使用更为方便。

（2）数值的输入

在使用 AutoCAD 绘图时，许多提示要求输入数值，如距离、半径等。这些数值可由键盘直接输入，例如画圆时，在确定了圆心位置后，提示要求输入圆的半径，此时可以直接输入半径值即可；也可由鼠标在绘图窗口拾取两点，将这两点的距离作为所需的数值，例如画圆时，可以先给出圆心的位置（第一点的位置），提示要求输入圆的半径时，在绘图窗口拾取一点（第二点的位置），这两点之间的距离就是半径值。

（3）角度的输入

通常 AutoCAD 中的角度以十进制度数为单位，以从左向右的水平方向为 0 度，逆时针为正，顺时针为负。根据具体要求，角度可设置为弧度或度、分、秒等。角度既可像数值一样用键盘输入，又可通过输入两点来确定，即由第一点和第二点连线方向与 0 度方向所夹角度为输入的角度。

1.1.1.4　对象的精确绘制

（1）对象捕捉

对象捕捉是 AutoCAD 中最为重要的工具之一，使用对象捕捉可以在绘图过程中直接利用光标来准确地确定点，如圆心、端点、垂足等，从而能够精确地绘制图形。

1）设置对象捕捉参数

单击"工具"菜单/"选项"，在弹出的"选项"对话框中单击"绘图"选项卡，如图1-1-23所示。在这里可以设置对象捕捉的方式，调整自动捕捉标记的大小，自动捕捉靶框大小等。一般情况可以不做任何调整。

2）执行对象捕捉

① 启用对象捕捉　启用对象捕捉的快捷方法如下。

➤ 快捷键 F3：F3 为对象捕捉切换键，如果当前对象捕捉功能关闭，按 F3 键打开对象捕捉功能，反之关闭对象捕捉功能。

➤ 状态栏：单击状态栏上的"对象捕捉"按钮，如果按钮亮显，则打开了对象捕捉

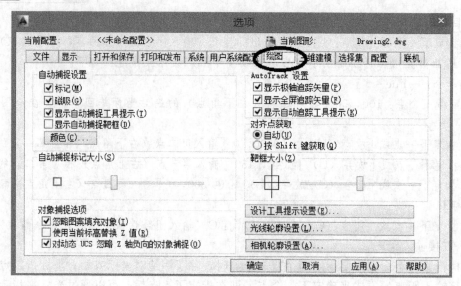

图 1-1-23

功能，如果暗显，则关闭了对象捕捉功能。

② 设置自动对象捕捉　如果需要多次使用同一个对象捕捉，可以设置为自动对象捕捉。方法如下。

在状态栏上的"对象捕捉"按钮上单击鼠标右键，在弹出的快捷菜单中单击"设置"，弹出"草图设置"对话框，如图 1-1-24 所示，根据需要勾选相应的对象捕捉选项，按"确定"按钮即可。

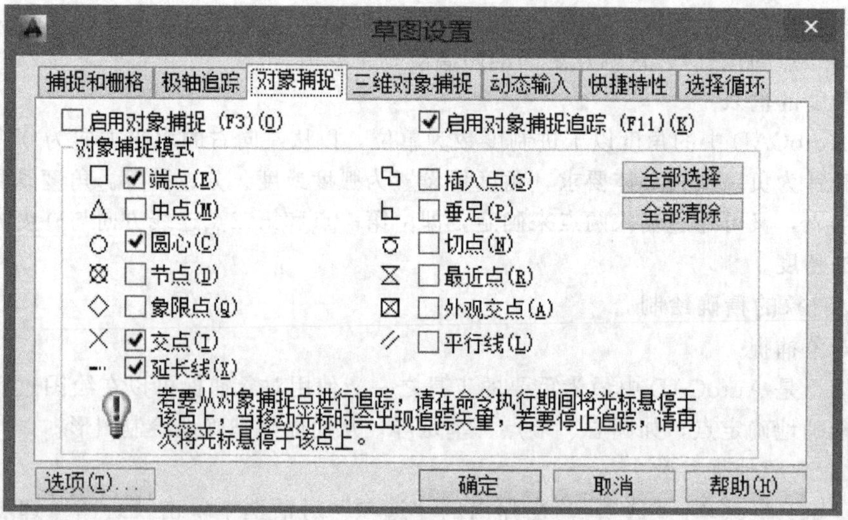

图 1-1-24

设置自动对象捕捉更快捷的方式是：在状态栏上的"对象捕捉"按钮上单击鼠标右键，在弹出的快捷菜单中直接选中需要的对象捕捉选项即可（早期版本无此功能），如图 1-1-25 所示。

由于捕捉具有磁吸功能，如果设置过多的自动对象捕捉选项，在操作时会出现很多的捕捉标记而影响快速定位，所以一般仅设置几个自动对象捕捉，对于偶尔用到的捕捉选项，可以采用临时对象捕捉。

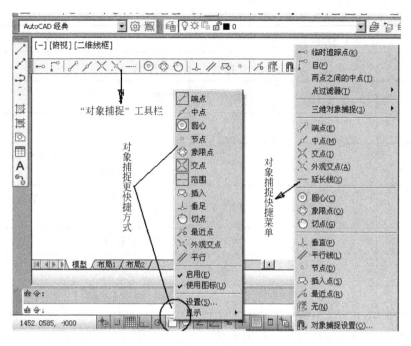

图 1-1-25

③ 临时对象捕捉　临时对象捕捉操作一次后便自动退出，临时对象捕捉调用方法如下。

➤ 工具栏：选择图 1-1-17（b）中"对象捕捉"工具栏，此时在绘图界面弹出"对象捕捉"工具栏，如图 1-1-25 所示，各按钮的功能见表 1-1-3。

➤ 快捷菜单：在绘图窗口中，按住"Shift"键的同时单击鼠标右键，会弹出对象捕捉快捷菜单，如图 1-1-25 所示。

➤ 命令行：在指定点的提示下输入对象捕捉的代号并回车。这需要记住对象捕捉代号，见表 1-1-3。

表 1-1-3　对象捕捉工具及代号

对象捕捉模式	工具栏按钮	代号	功　　能
端点		END	捕捉端点
中点		MID	捕捉中点
圆心		CEN	捕捉圆、圆弧、椭圆、椭圆弧的中心点
节点		NOD	捕捉到点对象、标注定义点或标注文字原点
象限点		QUA	捕捉圆、圆弧、椭圆以及椭圆弧的在 0°、90°、180°、270°方向上的点，即象限点
交点		INT	捕捉交点
延长线	-----	EXT	捕捉延伸点，从线段或圆弧段端点开始沿线段或圆弧方向捕捉一点
插入点		INS	捕捉到块、属性、形及文字的插入点

对象捕捉模式	工具栏按钮	代号	功　能
垂足		PER	捕捉垂足
切点		TAN	捕捉切点
最近点		NEA	捕捉到线性对象的最近点
外观交点		APP	捕捉不在同一平面但在当前视图中看起来可能相交的两个对象的视觉交点
平行线		PAR	将直线段、多段线线段、射线或构造线限制为与其他线性对象平行
两点间中点		M2P	定位两点间的中点
捕捉自		FROM	定位某个点相对于参照点的偏移
临时追踪点		TT	指定一个临时追踪点

【实例 1-2】 用对象捕捉的方式绘制直线，将图 1-1-26 的左图完善为右图的形式，其中 C、D 分别为所在线段的中点，FE（F 点为两直线间垂足）、GH 分别与圆相切，LK、KJ 长度分别为 60mm、30mm，LK∥IJ。

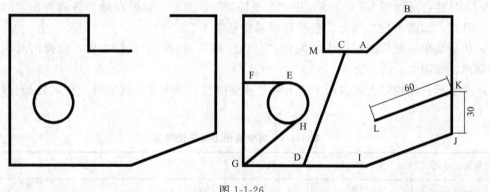

图 1-1-26

具体操作如下。

a. 在状态栏上的"对象捕捉"按钮上单击鼠标右键，在弹出的快捷菜单中单击"设置"，弹出"草图设置"对话框，在"对象捕捉"选项卡中勾选"端点"、"中点"、"延长线"等选项，并将其他选项的勾选去掉，确保"启用对象捕捉"被勾选，如图 1-1-27 所示，单击"确定"退出。

b. 命令行输入 L 并回车，启动直线命令，将光标移到图 1-1-26 中的 A 点附近，当 A 点处出现端点捕捉标记"□"时，表明捕捉成功，此时单击鼠标左键，A 点即为直线的起点，然后用同样的方式拾取 B 点，回车结束命令。

c. 执行直线命令，拾取 C 点（C 点为直线的中点，捕捉标记为△）和 D 点（中点），回车结束命令。

d. 执行直线命令，按住"Shift"键并在绘图窗口单击鼠标右键，在对象捕捉快捷菜单

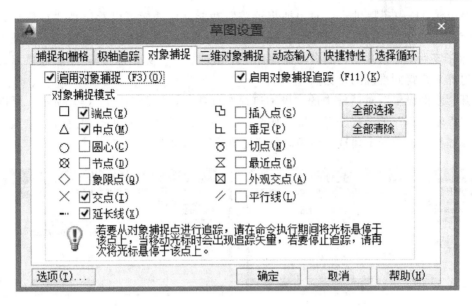

图 1 1-27

中选择"象限点"，然后拾取 E 点（E 点为象限点，捕捉标记为◇），再次按住"Shift"键并在绘图窗口单击鼠标右键，在对象捕捉快捷菜单中选择"垂直"，然后拾取 F 点（F 点为垂足，捕捉标记为⊥），回车结束命令。

e. 执行直线命令，端点捕捉拾取 G 点，在"指定下一点："提示下输入 TAN 并回车，然后将光标移向 H 点附近，出现切点捕捉标记"⊤"后单击，回车结束命令。

f. 执行直线命令，将光标移到 J 点上，出现端点捕捉标记后不拾取，沿竖直线向上移动光标，此时出现延伸线捕捉标记（在 J 点处出现十字标记，且出现一条呈虚线的追踪线，同时出现"范围"窗口），如图 1-1-28 所示，当出现这样的标记时，输入 30 并回车，这样就定位了 K 点，K 点就是直线的起点。在"指定下一点"的提示下，输入 PAR 并回车，然后将光标移到直线段 IJ 上，出现平行捕捉标记∥后不拾取，向上方移动光标到平行位置，在出现如图 1-1-29 所示的平行追踪线后输入 60 并回车。可得到 1-1-26 成果图。

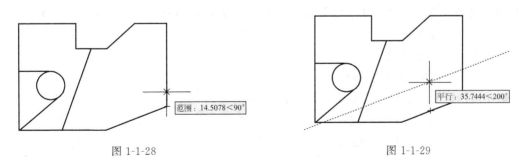

图 1-1-28   图 1-1-29

（2）极轴追踪和对象追踪

使用极轴追踪的功能可以用指定的角度来绘制对象。用户在极轴追踪模式下确定目标点时，系统会在光标接近指定的角度方向上显示临时的对齐路径，并自动地在对齐路径上捕捉距离光标最近的点（即极轴角固定、极轴距离可变），同时给出该点的信息提示，用户可据此准确地确定目标点。

　　在 AutoCAD 中还提供了"对象捕捉追踪"功能，该功能可以看作是"对象捕捉"和"极轴追踪"功能的联合应用。即用户先根据"对象捕捉"功能确定对象的某一特征点（只需将光标在该点上停留片刻，当自动捕捉标记中出现"＋"标记即可），然后以该点为基准点进行追踪，来得到准确的目标点。

　　打开"草图设置"对话框中的"极轴追踪"选项卡，如图 1-1-30（a）所示，可以根据需要对"极轴追踪"的参数进行设置，如图 1-1-30（b）所示。如果需要进行对象追踪，则在"对象捕捉"选项卡上勾选"启用对象捕捉追踪"，参见图 1-1-27。

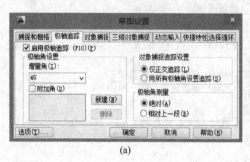
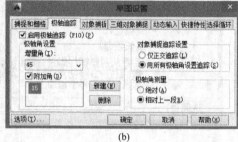

(a)　　　　　　　　　　　　　(b)

图 1-1-30

　　使用极轴追踪和对象追踪功能关键是设置极轴角、追踪的方式和对象捕捉的模式。

　　1）极轴角

　　在"极轴角设置"选项组中可以设置增量角和附加角。在"增量角"文本框中输入某一增量角或从下拉列表中选择某一增量角后，系统将沿与增量角成整倍数的方向上显示极轴追踪的路径。例如，设置增量角为 45°，系统将沿着 45°、90°、135°、180°、225°、270°、315°和 360°（0°）方向显示极轴追踪的路径。如果勾选"附加角"复选框并单击"新建"，则可以自定义其他的极轴角度，如图 1-1-30（b）所示。

　　2）追踪的方式

　　即便设置了极轴角，也不能保证在所有的极轴角方向上都能追踪，这需要在"对象捕捉追踪"选项组中进行设置。"仅正交追踪"表示仅在水平或竖直方向上追踪，即在 0°、90°、180°、270°方向上追踪。"用所有极轴角设置追踪"表示在所有极轴角方向上都进行追踪，如图 1-1-30（b）所示。

　　3）极轴角测量的方式

　　极轴角的测量方法有以下两种。

　　◆ 绝对：以当前坐标系为基准计算极轴追踪角。

　　◆ 相对上一段：以最后创建的两个点之间的直线为基准计算极轴追踪角，如图 1-1-30（b）所示。如果一条直线以其他直线的端点、中点或最近点等为起点，极轴角将相对该直线进行计算。

　　（3）正交模式

　　正交模式用于约束光标在水平或垂直方向上的移动。如果打开正交模式，则使用光标所确定的相邻两点的连线必须垂直或平行于坐标轴。因此，如果要绘制的图形完全由水平或垂直的直线组成时，那么使用这种模式是非常方便的。正交模式并不影响从命令行以坐标方式输入点。

打开或关闭正交的方式：

◆ 状态栏：单击状态栏上的"正交模式"按钮┗┛。

◆ 快捷键：F8。

1.1.1.5 对象的选择

在 AutoCAD 中，进行编辑修改操作，一般均需要先选择操作的对象，然后进行编辑修改操作。所选择的图元便构成了一个集合，称之为选择集。在构造选择集的过程中，被选中的物体将呈虚线显示。

（1）对象选择方法

构造选择集的方法比较多，本节只介绍几种常用的方法。

1）单选

将光标移动到需要的图元上，单击鼠标左键进行点取，每次只能选取一个图元。

2）窗选

在空白区域单击一点，接着从左向右下方拖拽鼠标，拖动出一个矩形窗口（矩形窗口边线为实线，内部颜色为浅蓝色），然后单击鼠标，确定矩形的另一个角点，只有完全包含在矩形窗口内的图形对象才被选中。

3）窗交

在空白区域单击一点，接着从右向左上方拖拽鼠标，拖动出一个矩形窗口（矩形窗口边线为虚线，内部颜色为浅绿色），然后单击鼠标，确定矩形的另一个角点，完全包含在矩形窗口内的对象或与矩形窗口边线相交的对象都会被选中。

4）圈围

在"选择对象"提示下输入"WP"并回车，然后指定一系列点以构成封闭的多边形，最后回车结束选择，只有完全包含在多边形内的对象才被选中。

5）圈交

在"选择对象"提示下输入"CP"并回车，然后指定一系列点以构成封闭的多边形，最后回车结束选择，完全包含在多边形内的对象或与多边形相交的对象都将被选中。

6）栏选

在"选择对象"提示下输入"F"并回车，然后绘制一条多段的折线，回车结束选择，所有与折线相交的对象将被选中。

7）全部

使用快捷键"Ctrl＋A"，或在"选择对象"提示下输入 ALL 并回车，将会选中所有的对象。

8）从选择集中删除

如果想把某一个或某些个对象从选择集中去除，只要按住"Shift"键，然后选择相应的对象，则对象将从选择集中被删除。

9）取消选择

按"Esc"键，将取消构造选择集。

10）其他选择方式

在"选择对象"提示下输入"?"号，命令行将会出现如下提示：

需要点或窗口（W）/上一个（L）/窗交（C）/框（BOX）/全部（ALL）/栏选（F）/圈围（WP）/圈交（CP）/编组（G）/添加（A）/删除（R）/多个（M）/前一个（P）/放弃（U）/自动（AU）/单个（SI）/子对象（SU）/对象（O）

如果执行某一选项，将采用相应的选择方式，读者可自行尝试。

（2）选择方式的设置

对于复杂的图形，一次要同时对多个实体进行编辑操作或在执行命令之前先选择图形目标。为了提高绘图速度，此时可通过对话框对图形目标的选择方式及其附属功能进行设置。在 AutoCAD 2014 中，打开"选项"对话框中的"选择集"选项卡即可进行选择方式相关内容的设置。可通过下面三种方法打开"选项"对话框。

➤ 选择（菜单栏）【工具（T）】→"选项（N）..."。

➤ 打开"草图设置"对话框→选择"选项（T）..."。

➤ 命令窗口"命令："输入 Options（简捷命令 OP）并回车。

在"选项"对话框中，选择"选择集"选项卡，如图 1-1-31 所示。在其中可以根据需要灵活地对图形目标的选择方式及其附属功能进行设置。

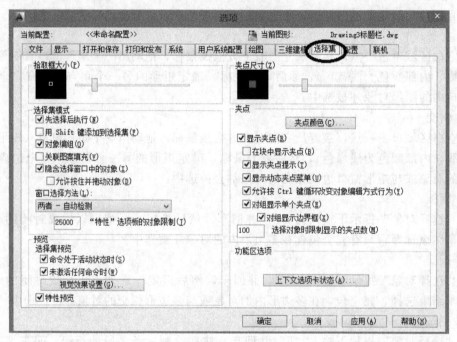

图 1-1-31

1.1.1.6 对象的显示与量测

AutoCAD 提供了许多命令来改变视图的显示状态。用户在绘图或编辑命令时，可以使用 PAN 和 ZOOM 命令去改变视图的显示范围，这样可以使绘图工作更加方便。本节将简要介绍几个常用的视图控制方法，即视图缩放、视图平移、重生成视图等。

（1）视图缩放

视图缩放如同摄像机的变焦镜头，它可以增大或缩小对象的显示尺寸，但对象的真实尺寸保持不变。当增大对象的显示尺寸时，就只能看到视图的一个较小区域，但能看得更清楚；当缩小对象的显示尺寸时，就可以看到更大的视图区域。

① 实时缩放　启动"实时缩放"，主要有如下几种方法。

➤ 选择（菜单栏）【视图（V）】→"缩放"→"实时"。

➤ 命令窗口"命令："输入 ZOOM（简捷命令 Z）并回车。

➤ 没有选定对象时，在绘图区域单击右键并选择 🔍 **缩放(Z)** 选项进行实时缩放。

➤ 单击（"标准"工具栏）"实时缩放"按钮 🔍 。

➤ 鼠标中键：上下滚动可以缩放视图，双击可以最大化视图。

启动"实时缩放"命令后，光标变为 ⊕ 形状，按住鼠标左键并拖拽，向上则放大视图，向下则缩小视图。按"Esc"键或回车键，或右击鼠标，在快捷菜单中选择"退出"选项，则退出实时缩放命令。

② 范围缩放　启动"范围缩放"，主要有如下几种方法。

➤ 选择（菜单栏）【视图（V）】→"缩放"→"范围"。

➤ 命令窗口"命令："输入 ZOOM（简捷命令 Z）并回车，根据提示，选择"E"选项回车。

➤ 单击（"标准"工具栏）"缩放"→"范围缩放"按钮 ⚙。

执行范围缩放命令后，文件中所有对象完全并尽可能最大化地显示在绘图窗口中，不受图形界限的影响，这有利于整体的观察图形。

③ 全部缩放　启动"全部缩放"，主要有如下几种方法。

➤ 选择（菜单栏）【视图（V）】→"缩放"→"全部"。

➤ 命令窗口"命令："输入 ZOOM（简捷命令 Z）并回车，根据提示，选择"A"选项回车。

➤ 单击（"标准"工具栏）"缩放"→"全部缩放"按钮 ⧉。

全部缩放将按图形范围或图形界限二者的较大者显示视图。当图形对象完全在图形界限内，则按图形界限设定的范围显示，当图形对象超出了图形界限，则将图形对象和图形界限都显示在绘图窗口中。所以，全部缩放也用于整体的观察图形。

④ 窗口缩放　启动"窗口缩放"，主要有如下几种方法。

➤ 选择（菜单栏）【视图（V）】→"缩放"→"窗口"。

➤ 命令窗口"命令："输入 ZOOM（简捷命令 Z）并回车，根据提示，选择"W"选项回车。

➤ 单击（"标准"工具栏）"缩放"→"窗口缩放"按钮 ⧉。

窗口缩放能将所选定的矩形区域内的所有图形显示在绘图窗口中。矩形区域可以通过鼠标指定，也可以输入坐标确定。窗口缩放有利于局部的观察图形。

⑤ 其他缩放工具　除了上面提到的四种常用缩放工具外，AutoCAD 还提供了其他的缩放工具，这些工具可以通过 ZOOM 命令的相应选项执行，也可以从"缩放"工具栏调用。

（2）视图平移

用户可以使用平移（PAN）命令来移动图形在当前视口中的位置，它不会改变图形的大小，也不会改变图形之间的相对位置。平移命令用于将要观察的图形拖动到绘图窗口的适当位置以利观察。

启动"视图平移"，主要有如下几种方法。

➤ 选择（菜单栏）【视图（V）】→"平移"→"实时"。

➤ 命令窗口"命令："输入 PAN（简捷命令 P）并回车。

➤ 单击（"标准"工具栏）"平移"按钮 🖑。

➤ 没有选定任何对象时，在绘图区域单击右键并选择"平移"。

➤ 鼠标中键：按住中键并拖拽，即可进行平移操作。

命令激活后，光标变为手形光标，按住鼠标左键可以向各个方向拖动图形，以调整图形的显示位置。按"Esc"键或回车键，或右击鼠标，在快捷菜单中选择"退出"选项，则退出平移命令。

（3）重生成视图

重生成命令用来重新生成当前视窗内全部图形并在屏幕上显示出来，而全部重生成命令将用来重新生成所有视窗的图形。

启动"重生成视图",主要有如下几种方法。

➢ 选择(菜单栏)【视图(V)】→"重生成"或"全部重生成"。

➢ 命令窗口"命令:"输入 REGEN(或 REGENALL)(简捷命令 RE 或 REA)并回车。

执行该命令后,AutoCAD 重新计算图形组成部分的屏幕坐标,使图形呈现理想的显示效果。如对于圆形来说,当放大图形时,将不再平滑显示,而显示成折线,看起来像是正多边形。此时如果执行重生成命令,将会使圆重新平滑显示。

【注意】 当图形很复杂,图形文件很大时,重生成将会花费一定的时间。

(4)对象量测

在绘制、设计工程图时,经常要量取、计算已绘制线段的距离、围成区域的图形面积等数据。AutoCAD 为我们提供了距离(D)、面积(A)、面域/质量特性(M)、列表显示(L)等查询图形特性的命令,如图 1-1-32 所示。下面介绍建筑工程图中常用的"距离"、"面积"两个查询命令。

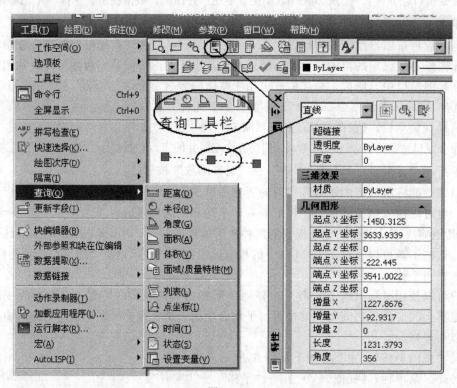

图 1-1-32

1)距离(Distance)查询

作用:距离(Distance)查询命令,可用于测量两点之间的直线距离和该直线与 X 轴的夹角等。

步骤:启动距离查询(Distance)命令→进行距离查询(Distance)操作。

① 启动命令 启动"距离查询"命令可通过以下 3 种方法。

➢ 单击"查询(Inquiry)"工具栏上的距离(D)按钮 ，如图 1-1-32 所示。

➢ 选择(菜单栏)【工具(T)】→查询(Q)→ 距离(D)。如图 1-1-32 所示。

➢ 命令窗口"命令:"输入 Dist(简捷命令 DI)并回车。

② 具体操作　启动"距离"命令后，根据命令行提示按下述步骤进行操作。

a. 命令：_ MEASUREGEOM

输入选项［距离（D）/半径（R）/角度（A）/面积（AR）/体积（V）］＜距离＞：_ distance

指定第一点：选择第一点

b. 指定第二个点或［多个点（M）］：选择第二点。

距离 ＝ ＊＊＊，XY 平面中的倾角 ＝ ＊＊＊，　与 XY 平面的夹角 ＝ 0

X 增量 ＝ ＊＊＊，　Y 增量 ＝ ＊＊＊，　Z 增量 ＝ 0.0000

c. 输入选项［距离（D）/半径（R）/角度（A）/面积（AR）/体积（V）/退出（X）］＜距离＞：x（输入 X，结束命令）

命令行出现的结果（＊＊＊表示各相应的数据）含义如下。

➡ 距离：所选第一点与第二点之间的线段距离。

➡ 与 XY 平面的倾角：两点之间的连线与 X 轴正方向的夹角。

➡ 与 XY 平面的夹角：该直线与 XY 平面的夹角。

➡ X 增量：第二点 X 坐标值-第一点 X 坐标值。

➡ Y 增量：第二点 Y 坐标值-第一点 Y 坐标值。

➡ Z 增量：第二点 Z 坐标值-第一点 Z 坐标值。

③ 其他选项　其他各项选项含义如下。

➡ 多个点（M）：指定几个点，记录总距离。将显示其他选项，包括圆弧以及指定长度的直线段。

2）面积（Area）查询

作用：该命令可用于查询由若干点所确定区域（或由指定实体所围成区域）的面积和周长，还可对面积进行加减运算。

步骤：启动面积（Area）查询命令→选择查询方式→进行面积（Area）查询操作。

① 启动命令　启动"面积查询"命令可通过以下 3 种方法。

➤ 单击"查询（Inquiry）"工具栏上的面积（A）按钮 ⬚。如图 1-1-32 所示。

➤ 选择（菜单栏）【工具（T）】→查询（Q）→ ⬚ 面积(A)。如图 1-1-32 所示。

➤ 命令窗口"命令:"输入 Area 并回车。

② 具体操作　启动"面积查询"命令后，根据命令行提示按下述步骤进行操作。

a. 命令：_ MEASUREGEOM

输入选项［距离（D）/半径（R）/角度（A）/面积（AR）/体积（V）］＜距离＞：_ area

指定第一个角点或［对象（O）/增加面积（A）/减少面积（S）/退出（X）］＜对象（O）＞：选择第一角点。

b. 指定下一个点或［圆弧（A）/长度（L）/放弃（U）］：选择第二点。

c. 指定下一个点或［圆弧（A）/长度（L）/放弃（U）］：选择第三点。

d. 指定下一个点或［圆弧（A）/长度（L）/放弃（U）/总计（T）］＜总计＞：根据需要继续选择。

e. 指定下一个点或［圆弧（A）/长度（L）/放弃（U）/总计（T）］＜总计＞：回车结束选择

f. 区域 ＝ ＊＊＊，周长 ＝ ＊＊＊

g. 输入选项［距离（D）/半径（R）/角度（A）/面积（AR）/体积（V）/退出（X）］＜面积＞：X（输入 X，结束命令）

命令行出现的结果（＊＊＊表示各相应的数据）含义如下。

🔸 区域：所选区域面积。

🔸 周长：所选区域周长。

③ 其他选项　其他选项含义如下。

🔸 对象（O）：该选项允许用户查询由指定实体所围成区域的面积。

🔸 增加面积（A）：该选项为面积加法运算，将把新选图形实体的面积加入总面积中。

🔸 减少面积（S）：该选项为面积减法运算，将把新选图形实体的面积从总面积中减去。

3）利用对象特性直接查询

如图 1-1-32 所示，单击标准工具栏中的"对象特性"命令按钮 🔲，弹出"特性"选项板，选择相应对象，即可显现该对象的长度、坐标等数据。如图 1-1-32 所示，显示直线的长度、坐标、角度等信息。

1.1.1.7　绘图区域的设置

一般来说如果用户不作任何设置，AutoCAD 对作图范围没有限制。可以将绘图区看作是一幅无穷大的图纸，但所绘图形的大小是有限的，因此为了更好地绘图，可以设定作图的区域。在 AutoCAD 中，使用 LIMITS 命令可以在模型空间中设置一个想象的矩形绘图区域，也称为图形界限。它确定的区域是可见栅格指示的区域，也是选择"视图"/"缩放"/"全部"命令时决定显示多大图形的一个参数。

（1）设置图形界限

选择（菜单栏）【格式（O）】/ ▦ 图形界限(I) 命令（或在命令行中输入 LIMITS），根据命令行提示作如下操作。

① 命令：LIMITS

重新设置模型空间界限：

指定左下角点或［开（ON）/关（OFF）］＜0.0000，0.0000＞：＊＊＊，＊＊＊（输入左下角坐标，或直接回车取默认坐标"＜0.0000，0.0000＞"）。

② 指定右上角点 ＜420.0000，297.0000＞：＊＊＊，＊＊＊（输入右上角坐标，或直接回车取默认坐标"＜420.0000，297.0000＞"）。

（2）相关选项含义

在执行 LIMITS 命令过程中，出现 4 个选项，具体含义如下。

🔸 "开（ON）"选项：表示打开图形界限检查，如果所绘图形超出了设定的界限，则系统不绘制出此图形。但是界限检查只测试输入点，所以对象（例如圆）的某些部分可能会延伸出界限。

🔸 "关（OFF）"选项：表示关闭图形界限检查，但是保持当前的值用于下一次打开界限检查。一般情况下都是关闭的，关闭图形界限检查将不再限制将图形绘制到图形界限外。

🔸 "指定左下角点"选项：表示设置的图形界限左下角坐标。

🔸 "指定右上角点"选项：表示设置的图形界限右上角坐标。

1.1.1.8　文件管理

本节介绍 AutoCAD 2014 图形文件的基本操作，如新建图形文件、打开已有的图形文件、保存图形文件、设置图形文件密码等。在一个 AutoCAD 窗口中可以同时打开和编辑多个图形文件。

（1）新建图形文件

在 AutoCAD 2014 界面中创建图形文件可用如下 4 种方法。

➢ 选择（菜单栏）【文件（File）】→新建（New）...。

➢ 用鼠标左键单击标准工具栏（Standard Toolbar）"新建（New）"按钮 ▢ 。

➢ 命令窗口"命令："输入 New（简捷命令 N）并回车。

➢ 单击文件选项卡（如图 1-1-5 所示）中的 Drawing1* ✕ Drawing2* 🌀 中的 🌀 按钮。

执行新建（New）命令后，弹出"选择样板"对话框，如图 1-1-33 所示。

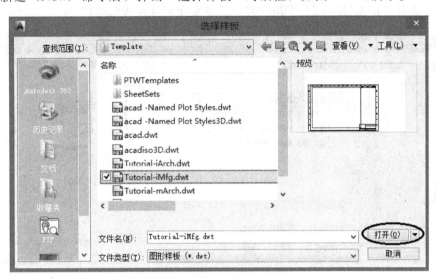

图 1-1-33

该对话框列出了 AutoCAD 2014 所有可供选择使用的样板，样板文件是已经进行了某些设置的特殊图形。用户可以运用样板创建新图形，单击选择某样板，单击"打开"按钮，出现 AutoCAD 2014 绘图界面，此时的绘图环境将与选定的样板文件绘图环境一致；用户也可以直接创建新图形，单击对话框右下角的箭头按钮，如图 1-1-33 所示，出现如图 1-1-34 所示下拉列表框，单击选择"无样本打开—公制"命令，也将出现 AutoCAD 2014 绘图界面，此时的绘图环境将与 AutoCAD 2014 默认的绘图环境一致。用户可以根据需要对新建图形文件的绘图环境进行修改。

图 1-1-34

实际上，样板图形与普通图形并无区别，只是作为样板的图形具有一定的通用性，可以用作绘制其他图的模板。样板图形中通常包含下列设置和图形元素。

◆ 单位类型、精度和图形界限。

◆ 捕捉、栅格和正交设置。

◆ 图层、线型和线宽。

◆ 标题栏和边框。

◆ 标注和文字样式。

（2）打开已有图形文件

打开已有图形文件可通过如下 3 种方法。

➢ 单击"标准"工具栏上的"打开"按钮 。

➢ 选择（菜单栏）【文件（F）】→打开（O)...。

➢ 命令窗口"命令:"输入 Open（简捷命令 O）并回车。

执行"打开（Open)"命令后，弹出"选择文件"对话框，如图 1-1-35 所示。在该对话框中，可以直接输入文件名，打开已有文件名；也可在列表框中双击需打开的文件；或选中列表框中需打开的文件，按右下角"打开"按钮即可打开所选文件。

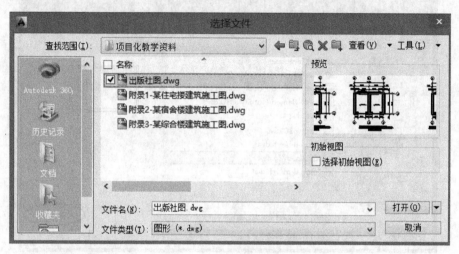

图 1-1-35

（3）同时打开多个图形文件

在一个任务下同时打开多个图形文件为重复使用过去的设计及在不同图形文件之间的移动、复制图形对象及其特性提供了方便。具体方法：在如图 1-1-35 所示的"选择文件"对话框中，按下 Ctrl 的同时依次单击所要选择的文件（或单击名称，可全选），然后单击"打开（O)"按钮即可。

（4）保存图形文件

在绘图过程中，为了防止意外情况（死机、断电等），必须随时将图形文件存盘。保存图形文件可通过如下 3 种方法。

➢ 选择（菜单栏）【文件（F）】→保存（S)...。

➢ 单击"标准"工具栏"保存（S)"按钮 。

➢ 命令窗口"命令:"输入 Save 并回车。

如果当前图形已经命名。则保存（Save）命令将以命名的名称保存文件；若当前文件尚未命名。在输入存盘命令后，将出现"图形另存为"对话框。如图 1-1-36 所示。可在对话框中为图形文件命名，选择比较低版本的 AutoCAD 文件类型，为其选择合适的位置，然后按右下角"保存（S)"存盘。

（5）图形文件密码

1）设置图形文件密码

设置了密码的图形文件，可以确保未经授权的用户无法打开或查看图形。设置图形密码可按如下方法操作。

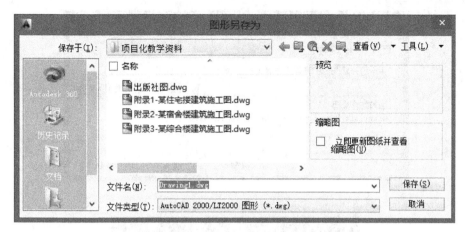

图 1-1-36

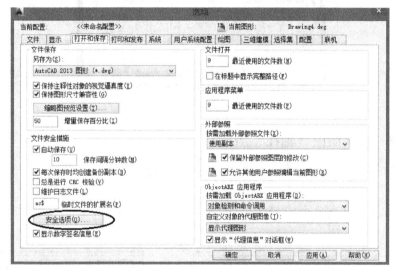

图 1-1-37

① 选择（菜单栏）【工具（T）】中"选项（N）..."，弹出选项对话框，如图 1-1-37 所示。

② 选择"打开和保存"选项卡，单击文件安全措施选项组中的"安全选项（O）"按钮，弹出"安全选项"对话框，如图 1-1-38 所示。

③ 在"用于打开此图形的密码或短语"文本框中输入所设置的密码文本，单击"确定"按钮，出现"确定密码"对话框，如图 1-1-39 所示。

④ 在"再次输入用于打开此图形的密码"文本框中再次输入密码文本，单击"确定"按钮。

2）打开设置有密码的图形文件

在打开设置有密码的图形文件时，系统首先弹出"密码"对话框，输入正确的密码后即可打开图形文件。

3）取消图形文件密码

打开"安全选项"对话框，清空"用于打开此图形的密码或短语"文本框内容，按"确定"按钮即可。

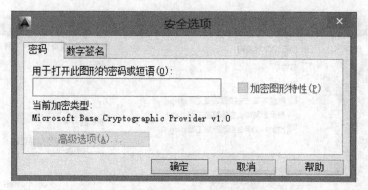

图 1-1-38

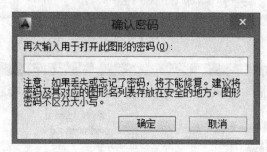

图 1-1-39

1.1.2　绘制一层平面图（轴线、墙线）

绘制如图 1-1-40 所示的 3600mm×4900mm 的一层平面图。

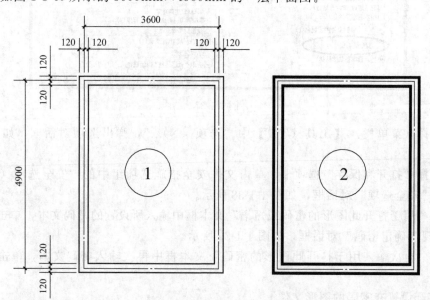

图 1-1-40　（右图为显示线宽图）

1.1.2.1　绘图前的准备

（1）学习命令

1）绘图命令——直线（Line）

作用：创建直线段。

步骤：启动直线（Line）→确定直线段起点、终点绘制直线段图形实体。

① 启动命令　启动"直线"命令可用如下 3 种方法。

➤ 选择（菜单栏）【绘图（D）】→直线（L）。

➤ 单击"绘图"工具栏上的"直线"按钮 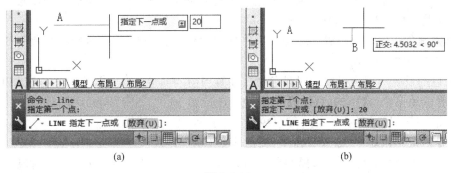。

➤ 命令窗口"命令："输入 Line（简捷命令 L）并回车。

② 具体操作　启动"直线"命令后，根据命令行提示按下述步骤进行操作。

a. "命令：_line 指定第一点："确定线段起点。

b. "指定下一点或［放弃（U）］："确定线段终点或输入 U 取消上一线段。

c. "指定下一点或［放弃（U）］："如果只想绘制一条线段，可在该提示下直接回车，以结束绘制直线操作。

执行绘制直线（Line）命令，一次可绘制一条线段，也可以连续绘制多条线段（其中每一条线段都彼此相互独立）。当连续绘制两条以上的直线段时，命令行将反复给出如下提示：

"指定下一点或［闭合（C）/放弃（U）］："确定线段的终点，或输入 C（Close）将最后一条直线段的终点和第一条直线段的起点连线形成一闭合的折线，也可输入 U 以取消最近绘制的直线段。

③ 注意事宜。

◆ 直线段是由起点和终点来确定的，可以通过鼠标或键盘输入坐标来确定起点或终点。

【实例 1-3】　绘制水平直线段 AB＝20mm。

可通过如下 2 种方式绘制。

a. 正交方式　在状态栏选中"正交"和"动态输入"按钮→在绘图工具栏单击"直线"按钮 →在屏幕上适合位置单击鼠标左键确定 A 点→把光标放在 AB 直线段方向，并在命令行输入 20［如图 1-1-41（a）所示］→回车，结束数据输入［如图 1-1-41（b）所示］→回车，结束直线命令。

b. 一般方式　单击"直线"按钮 →在屏幕上适合位置单击鼠标左键确定 A 点→在命令行输入@20＜0 回车，结束数据输入→回车，结束直线命令。

注：如果是 a°斜线，则输入@20＜a。

(a)　　　　　　　　　　　　　(b)

图 1-1-41

2）修改命令 ——删除（Erase）

作用：从图形中删除对象。

步骤：启动删除（E）→选择删除（E）操作方式→选择对象进行删除（E）操作。

① 启动命令　启动"删除"可用如下 3 种方法。

➤ 选择（菜单栏）【修改（M）】→删除（E）。

➢ 单击"修改"工具栏上的"删除"按钮 。

➢ 命令窗口"命令:"输入 Erase（简捷命令 E）并回车。

② 具体操作　启动"删除"后，根据命令行提示按下述步骤进行操作。

a. "选择对象:"选择需要删除的图形实体。

b. "选择对象:"继续选择需要删除的图形实体或回车结束命令操作。

③ 注意事宜。

◆ 在"选择对象:"提示下，除可选择图形实体对象进行删除，还可以输入"C"或"W"回车，选择使用交叉方式（Crossing）或窗口（Window）方式来选择要删除的图形实体（也可直接采用）。此时用窗口方式选择时，只有图形实体完全落在矩形框内，才被选中；用交叉方式选择时，图形实体只要部分落在矩形框内即被选中。

◆ 在不执行任何命令的状态下，分别单击或用窗口方式或交叉方式选择要删除的图形实体，用键盘上的 Delete 键或选择"删除"命令，也可删除所选实体。

◆ 使用删除（Erase）命令，有时很可能会误删除一些有用的图形实体。如果在删除图形实体后，发现操作失误，可用 Oops 命令来恢复删除的实体。操作方法为：在命令窗口"命令"提示下直接输入"Oops"回车即可；或选择标准工具栏中的放弃（Ctrl＋Z）（或直接在键盘上按 Ctrl＋Z）。

（2）对象特性与图层

在 AutoCAD 中，对象特性是一个比较广泛的概念，既包括图层、颜色、线型、线宽等常规特性，也包括对象特有的特性，例如，圆的特殊特性包括其半径和区域。本章节介绍对象的颜色、线型、线宽、图层等特性。

1）对象特性

① 颜色

a. 颜色概述　AutoCAD 提供了如下的颜色特性。

▟ ByLayer（随层）：逻辑颜色，表示对象与其所在图层设定的颜色保持一致；即将使用指定给当前图层的颜色来创建对象。

▟ ByBlock（随块）：逻辑颜色，表示对象与其所在块设定的颜色保持一致；在将对象组合到块中之前，将使用 7 号颜色（白色或黑色）来创建对象。将块插入到图形中时，该块将显示这些对象的当前颜色。

▟ 具体颜色：包括红、黄、绿等 255 种具体颜色，其中包括 9 种标准颜色和 6 种灰度颜色，如图 1-1-42（a）所示。

b. 颜色的设置　用户可以通过颜色命令设置当前的颜色，启动该命令的方法如下。

➢ 选择（菜单栏）【格式（O）】→颜色（C）...。

➢ 单击"特性"工具栏上的"颜色控制"下拉列表→"选择颜色..."。

➢ 命令窗口"命令:"输入 Color（简捷命令 Col）并回车。

启动颜色命令后，弹出"选择颜色"对话框，如图 1-1-42（a）所示，此时颜色显示与绘图界面"特性"工具栏中一致，均为"BYLAYER"，如图 1-1-42（b）所示。在"选择颜色"对话框中选择一种颜色（如红色），然后单击"确定"按钮，则该颜色即成为当前颜色，此时绘图界面"特性"工具栏颜色为红色，如图 1-1-42（b）所示。以后所绘制的对象都具有该种颜色的特性，直至选择新的颜色为止。

c. 注意事宜

◆ 设置颜色更快捷的方式是在"特性"工具栏的"颜色控制"下拉列表中选择颜色，

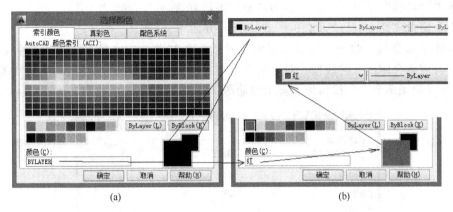

图 1-1-42

所选择的颜色成为当前颜色。如选择图 1-1-43（a）中的绿色，可使绿色为当前颜色，如图 1-1-43（b）所示。

◆ 如果需要改变某些对象的颜色，只需要选中这些对象，然后在"颜色控制"下拉列表中选择相应的颜色即可。这样做只改变选中对象的颜色，并不改变当前颜色。

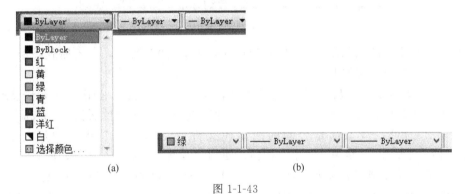

图 1-1-43

② 线型

a. 线型的概念　线型是点、横线和空格等按一定规律重复出现而形成的图案，复杂线型还可以包含各种符号。如果为图形对象指定某种线型，则对象将根据此线型的设置进行显示和打印。

当用户创建一个新的图形文件后，通常会包括如下三种线型。

⏚ "ByLayer（随层）"：逻辑线型，表示对象与其所在图层设置的线型保持一致；

⏚ "ByBlock（随块）"：逻辑线型，表示对象与其所在块设置的线型保持一致；将使用连续线型（即 continues）创建对象，直到对象被组合到块定义中，将块插入到图形中时，该块将显示这些对象的当前线型。

⏚ "Continuous（连续）"：连续的实线。

当然，用户可使用的线型远不只这几种。AutoCAD 系统提供了公制的线型库文件"acadiso. lin"，该文件中包含了数十种的线型定义，用户可随时加载该文件，并使用其定义的各种线型。

b. 线型的设置　可以通过线型命令设置当前的线型，启动该命令的方法如下。

➢ 选择（菜单栏）【格式（O）】→线型（N）…。

➤ 单击"特性"工具栏上的"线型控制"下拉列表→"其他..."。

➤ 命令窗口"命令:"输入 Linetype (LT) 并回车。

启动线型命令后,弹出"线型管理器"对话框,如图 1-1-44 所示。可以看到,在该对话框中只有前面介绍的三种线型。对话框下半部分"详细信息"选项组的内容可以通过单击"显示细节(隐藏细节)"按钮使之显示或隐藏。

图 1-1-44

下面以加载常用的点划线线型"ACAD_ISO04W100"为例,介绍加载线型、确定线型比例的方法。具体步骤如下。

a. 加载线型 在"线型管理器"对话框中单击"加载"按钮,弹出"加载或重载线型"对话框,如图 1-1-45 所示。可以看到,在"文件"按钮显示的文件名为"acadiso.lin",这说明下面显示的可用线型都是公制的线型库文件"acadiso.lin"中的线型。选择线型"ACAD_ISO04W100",单击"确定"按钮,回到"线型管理器"对话框,此时,在"线型管理器"对话框的线型列表中就增加了"ACAD_ISO04W100"线型,选中该线型并单击"当前"按钮,则"ACAD_ISO04W100"线型成为当前线型,以后所绘制的对象都具有"ACAD_ISO04W100"线型的特性,直至将其他线型置为当前线型为止。在"线型管理器"对话框中单击"确定"按钮,线型设置完毕。

b. 确定线型比例 线型比例是指线型的短线和空格的相对比例,线型比例的默认值为1。

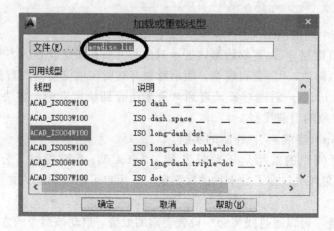

图 1-1-45

通常，线型比例应和绘图比例相协调，即如果绘图比例是 1∶10，则线型比例应设为 10。

如果绘制的线条显示不理想时，可以在"线型管理器"对话框的"详细信息"选项组中设置线型的"全局比例因子"或"当前对象缩放比例"的值，如图 1-1-44 所示。如果"全局比例因子"发生变化，则当前文件中的所有线型都会按新的比例值进行更新，而"当前对象缩放比例"仅对设置后绘制的图形线型起作用，以前绘制的图形线型不发生变化。

此外，还可通过命令行进行设置，在命令行窗口"命令:"输入"LTScale"并回车，按如下提示操作。

输入新线型比例因子"＜ * * *＞:"输入新的线型比例，并按回车键即可。

" * * *"表示原先线型比例，更改线型比例后，AutoCAD 自动重新生成新线型下的图形。

c. 注意事宜

◆ 确认线型库文件为"acadiso.lin"，这一点很重要，这是因为 AutoCAD 还提供了另外一个英制的线型库文件"acad.lin"。这两个文件中的线型名称一致，极易混淆。但这两个文件定义的线型原始尺度是不同的，有近 25.4 倍的差距，所以这两个线型库中的线型不能共用于同一个文件中，否则不论线型比例设置为多少，线型的显示都不可能合理。

◆ 设置线型更快捷的方式是在"特性"工具栏的"线型控制"下拉列表中选择线型，所选择的线型成为当前线型。

◆ 如果需要改变某些对象的线型，只需要选中这些对象，然后在"线型控制"下拉列表中选择相应的线型即可。这样做只改变选中对象的线型，并不改变当前线型。

③ 线宽

a. 线宽的概念 线宽指的是图线打印输出时的宽度，可用于除 TrueType 字体、光栅图像、点和实体填充（二维实体）之外的所有图形对象。如果为图形对象指定线宽，则对象将根据此线宽的设置进行显示和打印。

在 AutoCAD 中可用的线宽预定义值包括 0.00mm、0.05mm、0.09mm、0.13mm、0.15mm、0.18mm、0.20mm、0.25mm、0.30mm、0.35mm、0.40mm、0.50mm、0.53mm、0.60mm、0.70mm、0.80mm、0.90mm、1.00mm、1.06mm、1.20mm、1.40mm、1.58mm、2.00mm 和 2.11mm 等。此外还包括如下几种。

↳ "ByLayer（随层）"：逻辑线宽，表示对象与其所在图层设置的线宽保持一致。

↳ "ByBlock（随块）"：逻辑线宽，表示对象与其所在块设置的线宽保持一致。即在将对象编组到块中之前，将使用默认线宽来创建对象。将块插入到图形中时，该块将采用当前线宽设置。

↳ "默认"：创建新图层时的默认线宽设置，默认值为 0.25mm。

b. 线宽的设置 可以通过线宽命令设置当前的线型，启动该命令的方法如下。

➤ 选择（菜单栏）【格式（O）】→线宽（W）...。

➤ 命令窗口"命令:"输入 LWeight（LW）并回车。

启动线宽命令后，弹出"线宽设置"对话框，如图 1-1-46 所示。

在"线宽设置"对话框的"线宽"列表中可以选择一种线宽作为当前线宽；如果选中"显示线宽"复选框，则线宽将会在屏幕上显示出来，拖动"调整显示比例"滑块，可以调整线宽显示的粗细程度，但并不改变线宽的真实值；在"默认"下拉列表中可以改变默认的线宽值。

c. 注意事宜

◆ 设置线宽更快捷的方式是在"特性"工具栏的"线宽控制"下拉列表中选择线宽，

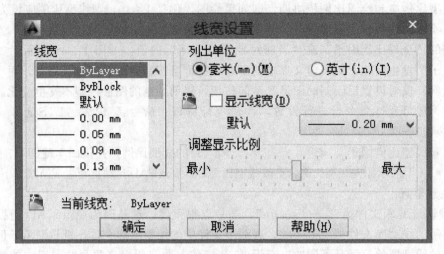

图 1-1-46

所选择的线宽成为当前线宽。

◆ 如果需要改变某些对象的线宽，只需要选中这些对象，然后在"线宽控制"下拉列表中选择相应的线宽即可。这样做只改变选中对象的线宽，并不改变当前线宽。

2) 图层

① 图层的概念　图层是用来组织和管理图形的一种方式。为了理解图层的概念，首先回忆一下手工制图时用透明纸作图的情景：当一幅图过于复杂或图形中各部分干扰较大时，可以按一定的原则将一幅图分解为几个部分，然后分别将每一部分按照相同的坐标系和比例画在不同的透明纸上，完成后将所有透明纸按同样的坐标重叠在一起，最终得到一副完整的图形。当需要修改其中某一部分时，可以将要修改的透明纸抽取出来单独进行修改，而不会影响到其他部分。

AutoCAD 中的图层就相当于完全重合在一起的透明纸，用户可以任意地选择其中一个图层绘制图形，而不会受到其他层上图形的影响。例如在建筑施工图中，可以将墙体、门窗、尺寸标注、轴线、图形注释等放在不同的图层进行绘制。在 AutoCAD 中每个图层都以一个名称作为标识，并具有颜色、线型、线宽等特性以及开和关、冻结和解冻、锁定与解锁等不同的状态。熟练运用图层可以大大提高图形的清晰度和工作效率，这在复杂工程制图中尤其明显。

在 AutoCAD 中，图层（LAyer）包括创建和删除图层、设置颜色和线型、控制图层状态等内容。图层（LAyer）可通过"图层特性管理器"对话框来进行。

启动"图层"命令，打开"图层特性管理器"可用如下 3 种方法。

➤ 选择（菜单栏）【格式（O）】→图层（L）命令。

➤ 单击"图层"工具栏上的"图层特性管理器"按钮。

➤ 命令窗口"命令:"输入 LAyer（简捷命令 LA）并回车。

启动"图层"命令后，将弹出"图层特性管理器"对话框。如图 1-1-47 所示。在此对话框中，用户可完成创建图层、删除图层、重设当前层、颜色控制、状态控制、线型控制以及打印状态控制等项操作。

② 创建图层　在"图层特性管理器"对话框中，单击"新建图层"按钮，AutoCAD 将自动生成名称为"图层 1（2、3...）"的图层，如图 1-1-48（a）所示。

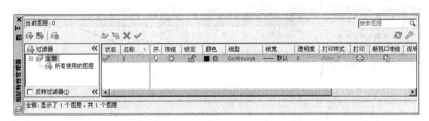

图 1-1-47

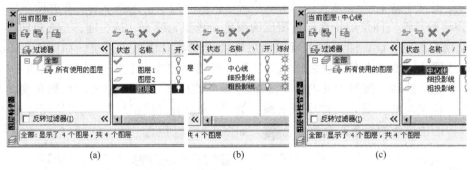

(a)　　　　　　　(b)　　　　　　　(c)

图 1-1-48

　　在名称栏中可以给新图层修改图层名称，选中该图层，在名称上单击，名称字段被激活后输入新名称，如图 1-1-48（b）所示，"图层 1"、"图层 2"、"图层 3"被修改成"中心线"、"细投影线"、"粗投影线"图层。在对话框内任一空白处单击，即可结束创建图层的操作。

　　在"图层特性管理器"对话框中，单击"置为当前"按钮 ✔，可以将选中的图层置为当前图层。

　　【注意】　图层命名时，名称中不得含有"\<>/?"";；*1，="字符。后面关于标注样式、多线样式等的命名也有此规定，不再赘述。

　　③ 删除图层　在绘图过程中，用户可随时删除一些不用的图层。

　　a. 具体操作

　　（a）在图层特性管理器对话框的图层列表框中单击要删除的图层。此时该图层名称呈高亮度显示，表明该图层已被选择。

　　（b）单击删除按钮，即可删除所选择的图层。

　　b. 注意事宜

　　◆ 0 层、当前层（正在使用的图层）、含有图形对象的图层不能被删除。

　　④ 设置当前层　当前层就是当前绘图层，用户只能在当前层上绘制图形，而且所绘制实体的属性将继承当前层的属性。当前层的层名和属性状态都显示在"图层"、"特性"工具栏上。AutoCAD 默认 0 层为当前层。设置当前层主要有如下 4 种方法。

　　➢ 在"图层特性管理器"对话框中，选择用户所需的图层名称，使其呈高亮度显示，然后单击当前按钮 ✎。如图 1-1-48（b）所示，选择"中心线"层，然后单击按钮 ✎，此时"中心线"层的状态栏将出现 ✎，如图 1-1-48（c）所示，表明此时中心线层已设置为当前层。如果选择对话框下面"应用（A）"按钮，再按"确定"按钮，回到绘图界面，此时"中心线"层将出现在"图层"、"特性"工具栏上。如图 1-1-49 所示。

　　➢ 单击"图层"工具栏上的"将对象的图层置为当前"按钮（如图 1-1-49 所示），然后选择某个图形实体，即可将实体所在的图层设置为当前层。

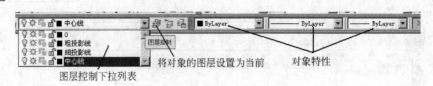

图 1-1-49

➤ 在"图层"工具栏上的"图层控制"下拉列表框中（如图 1-1-49 所示），将高亮度光条移至所需的图层名上，单击鼠标左键。此时新选的当前层就出现在图层控制区内。

➤ 命令窗口"命令："输入 CLAYER 并回车，根据提示输入新图层名称并回车即可。

⑤ 图层的特性　图层的特性包括图层的颜色、线型、线宽、透明度、是否打印等。

a. 图层的颜色　设定图层颜色可在图层特性管理器对话框中进行。如图 1-1-50 所示，选择中心线图层，单击该图层颜色栏相应位置，弹出"选择颜色"对话框，如图 1-1-50 所示，选择红色，按确定按钮。此时，中心线的颜色就由图 1-1-50 中的默认黑色变为红色。由于中心线也是当前图层，文件中当前颜色为"ByLayer（随层）"，此时绘图界面上的图层及特性中的中心线的颜色改变为红色 ，如图 1-1-51 所示。

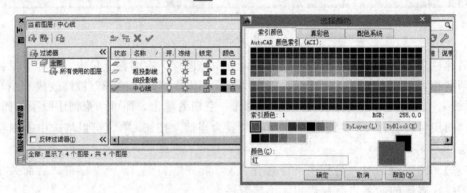

图 1-1-50

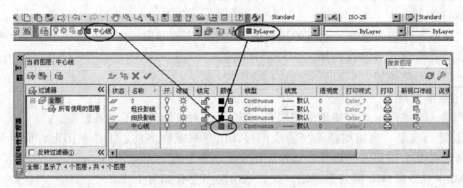

图 1-1-51

同理，可以把粗投影线图层颜色设定为绿色，细投影线颜色设定为白色，此时，打开绘图界面中的图层下拉菜单中各个图层显示的颜色和设定的一致，如图 1-1-52 所示。

b. 图层的线型

（a）设置线型　在"图层特性管理器"对话框的图层列表中，单击某图层的线型，将会弹出"选择线型"对话框，可以从中选择所需要的图层线型，如果该线型还没有加载，可以先加载该线型，然后再选中。如果文件中当前线型为"ByLayer（随层）"，则在该图层上

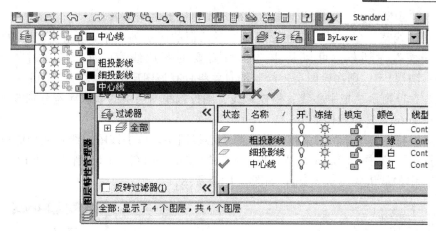

图 1-1-52

绘制的对象将具有该图层的线型。

如图 1-1-51 所示，把中心线图层线型由默认线型设置为 ACAD＿ISOO4W100。具体操作如下。

如图 1-1-53 所示，选择中心线图层，单击该图层线型栏相应位置，弹出"选择线型"对话框，此时，框内无相关线型可供选择，按"加载"按钮，弹出"加载或重载线型"对话框，在此对话框内选择"ACAD＿ISOO4W100"（如图 1-1-53 所示），按"确定"按钮。此时"选择线型"对话框中出现"ACAD＿ISOO4W100"线型，在此对话框中选择"ACAD＿ISOO4W100"线型，按"确定"按钮，此时中心线图层线型由以前的"continuous"变为"ACAD＿ISOO4W100"，显示在界面中的图层及特性中的中心线图层的线型也改为该线型。如图 1-1-54 所示。

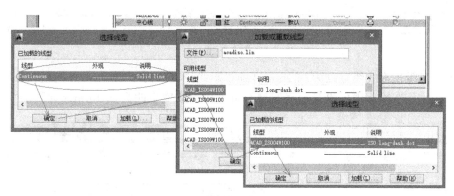

图 1-1-53

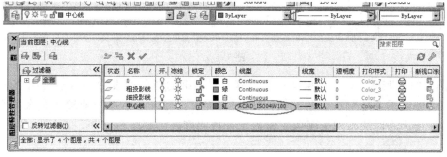

图 1-1-54

（b）确定线型比例　具体详见本章节确定线型比例中相关内容。

c. 图层的线宽　在"图层特性管理器"对话框的图层列表中，单击某图层的线宽，将会弹出"线宽"对话框，可以从中选择所需要的图层线宽。如果文件中当前线宽为"ByLayer（随层）"，则在该图层上绘制的对象将具有该图层的线宽。

如图 1-1-54 所示，把中心线、粗投影线、细投影线图层中的默认线宽分别改为 0.2mm、0.9mm、0.2mm。具体操作如下。

在"图层特性管理器"对话框中，选择中心线图层，单击该图层线宽栏相应位置，弹出"线宽"对话框，选择 0.2mm 线宽，按"确认"按钮，如图 1-1-55 所示。此时，中心线就由图 1-1-55 中的默认变为 0.2mm，如图 1-1-56 所示。

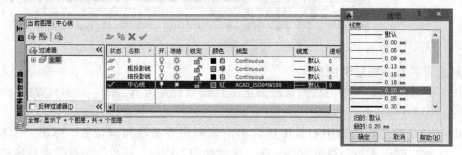

图 1-1-55

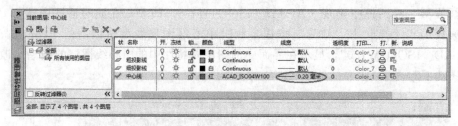

图 1-1-56

同理，把粗投影线线宽改为 0.9mm，细投影线线宽改为 0.2mm，并把粗投影线层设为当前图层，显示在界面中的粗投影线图层及特性中的线宽也改为 0.9mm。如图 1-1-57 所示。

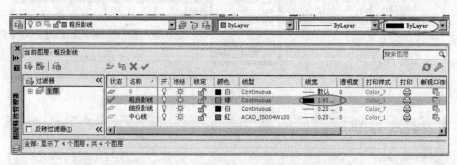

图 1-1-57

d. 图层的透明度　在"图层特性管理器"对话框的图层列表中，单击某图层的透明度，将会弹出"图层透明度"对话框，如图 1-1-58 所示。可以从中选择或输入所需要的图层透明度。透明度为 0 时表示图层颜色正常显示，透明度越大则颜色越淡，透明度值介于 0～90 之间。

e. 图层的打印特性 在默认状态下，所有的图层上的对象都是可以打印的，如果需要让某一个图层上的对象不打印，可以设置该图层为禁止打印的图层，只需要在"图层特性管理器"对话框的图层列表中，单击某图层的允许打印图标 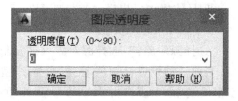，此时该图标变为禁止打印图标 ，图层被禁止打印。

图 1-1-58

⑥ 图层的状态 图层的状态包括图层的开和关、冻结和解冻、锁定和解锁。

a. 图层的开和关 一般情况下，图层处于打开状态，图层的开关控制钮显示为 ，图层上的对象可见。如果单击开关控制钮，则图层被关闭，此时控制钮显示为 ，被关闭的图层其上的对象不可见也不能被打印，但会重生成，当前图层可以被关闭。暂时关闭与当前工作无关的图层可以减少干扰，能够更加方便的工作。

b. 图层的冻结和解冻 一般情况下，图层处于解冻状态，图层的"冻结/解冻"控制钮显示为 ，图层上的对象可见。如果单击该控制钮，则图层被冻结，此时控制钮显示为 ，被冻结的图层其上的对象不可见、不能被打印、不能重生成，当前图层不能被冻结。用户可以将长期不需要显示的图层冻结，以提高对象选择的性能，减少复杂图形的重生成时间，提高计算机的运算速度，提高绘图效率。

c. 解锁与锁定 一般情况下，图层处于解锁状态，图层的"解锁/锁定"控制钮显示为 ，图层上的对象可以被选择和编辑。如果单击该控制钮，则图层被锁定，此时控制钮显示为 ，被锁定的图层上的对象不可以被选择和编辑，但可以在被锁定的图层上绘制对象。在编辑很复杂的图形时，为了避免误操作，常将一些不需编辑的对象所在的图层锁定。

图 1-1-59

⑦ "图层控制"下拉列表 在"图层"工具栏上面有"图层控制"下拉列表，如图 1-1-59 "图层控制"下拉列表具有如下功能。

通过图层控制下拉列表，可以快速、便捷地控制图层的状态，包括将某一层置为当前层、图层的开关控制、图层的锁定与解锁控制、图层的冻结与解冻控制。

当不选择任何对象时，列表中显示当前的图层名和图层状态，如果选择了对象，列表中将显示选定对象所在的图层名及图层状态，因此，可以很方便的知道当前工作在哪个图层以及选定的对象在哪个图层。

如果需要把某些对象从一个图层（或多个图层）转移到另一个图层，只需选中这些对象，然后单击"图层控制"下拉列表中目标图层的图层名称即可。

3）特性匹配

作用：特性匹配用来复制对象的特性，类似于 Word 软件中的格式刷。可以复制的特性包括图层、颜色、线型、线型比例、线宽、透明度、厚度等。

步骤：启动"特性匹配"（'matchprop）→选择源对象操作→选择目标对象操作。

① 启动命令 启动"特性匹配"（'matchprop）可用如下 3 种方法。

➤ 选择（菜单栏）【修改（M）】→"特性匹配"（M）。

➤ 单击"标准"工具栏的按钮"特性匹配" 。

➤ 命令窗口"命令:"输入 Matchprop（简捷命令 MA）并回车。

② 具体操作　启动"特性匹配"后，根据命令行提示按下述步骤进行操作。

a. 命令：'matchprop

"选择源对象："选择源对象（被复制特性的对象，只能选择一个源对象）。

当前活动设置：颜色 图层 线型 线型比例 线宽 透明度 厚度 打印样式 标注 文字 图案填充 多段线 视口 表格材质 阴影显示 多重引线

b. "选择目标对象或 [设置（S）]："选择需要复制特性的对象。

c. "选择目标对象或 [设置（S）]："继续选择，或回车结束命令。

③ 注意事宜

◆ 如果需要设置对象的哪些特性可以被复制，可以在选择源对象后右击鼠标，在快捷菜单中单击"设置"，弹出"特性设置"对话框，可以确认哪些特性可以被复制，如图 1-1-60 所示。

4) "特性"选项板

作用：对象除了具有图层、颜色、线型、线宽等特性外，还具有更广泛的其他特性，如直线具有长度、角度、端点坐标等特性，圆具有圆心坐标、半径、周长、面积等特性。可以在"特性"选项板中查看或修改对象的完整特性。如图 1-1-61 所示。

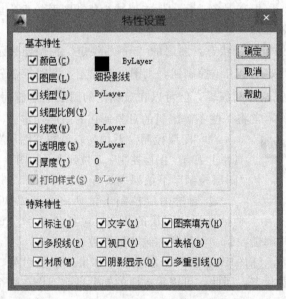
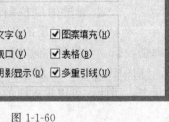

图 1-1-60

图 1-1-61

步骤：启动"特性"选项板→选择对象→选择特性查看或修改操作。

① 启动命令　启动"特性"选项板可用如下 4 种方法。

➤ 选择（菜单栏）【修改（M）】→"特性"（P）。

➤ 单击"标准"工具栏的"特性"按钮。

➤ 命令窗口"命令："输入 PROPERTIES（简捷命令 CH）并回车。

➤ 键盘输入快捷键"Ctrl+1"。

② 具体操作　启动"特性"选项板后，弹出选项板，如图 1-1-61 所示。如果选择对象，该对象的相关特性即在选项板中显示，可以在该选项板中进行对象相关属性的查看或修改。

③ 注意事宜

◆ "特性"选项板与 AutoCAD 绘图窗口相对独立,在打开"特性"选项板的同时可以在 AutoCAD 中输入命令、使用菜单和对话框等。因此,如果有需要,在 AutoCAD 中工作时可以一直将"特性"选项板打开。

◆ 如果在绘图区域中选择某一对象,"特性"选项板中将显示此对象所有特性的当前设置,用户可以修改任何允许修改的特性。根据所选择的对象种类的不同,其特性内容也有所变化。

1.1.2.2 绘制一间平房一层平面图(无门窗)

绘制如图 1-1-40 所示一间平房一层平面图(不带门窗、文本、尺寸)。图层设置如表 1-1-4。

表 1-1-4 图层设置

名称	颜色	线型	线宽	备注
中心线	■红	ACAD_ISO10W100(点划线)	0.2mm	轴线
细投影线	□白	Continuous(实线)	0.2mm	工具/选项/显示/颜色为□白,颜色为■黑
粗投影线	■绿	Continuous(实线)	0.9mm	被剖切到的轮廓线
其他	■蓝	Continuous(实线)	0.2mm	根据需要设置

(1)绘制步骤

1)建立图层

在"图层特性管理"对话框中设置图层。满足如表 1-1-4 所示条件。此时可以直接在图 1-1-57 成果基础上加上"其他"层,得到如图 1-1-62"图层特性管理器"。关闭对话框,回到绘图界面。

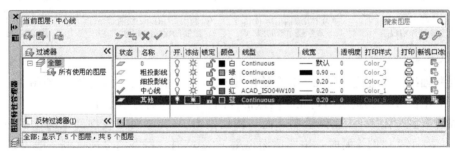

图 1-1-62

2)设置状态栏

设置"对象捕捉"。启用对象捕捉模式中的"端点(E) □ ☑端点(E)";启用状态栏中"正交(Ortho)"功能、"对象捕捉"功能。

3)绘制轴线

① 设置图层 如图 1-1-63 绘图界面所示。当前图层设为"中心线"层,"图层"工具栏"图层控制"选择"中心线"层;"特性"工具栏中颜色为 ■ ByLayer、线型为---- • ----By-Layer、线宽为----ByLayer。

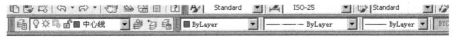

图 1-1-63

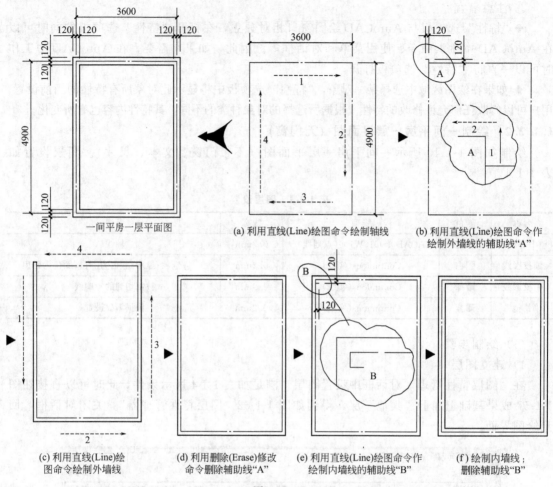

(a) 利用直线(Line)绘图命令绘制轴线

(b) 利用直线(Line)绘图命令作绘制外墙线的辅助线"A"

一间平房一层平面图

(c) 利用直线(Line)绘图命令绘制外墙线

(d) 利用删除(Erase)修改命令删除辅助线"A"

(e) 利用直线(Line)绘图命令作绘制内墙线的辅助线"B"

(f) 绘制内墙线；删除辅助线"B"

图 1-1-64

② 绘制轴线　用直线（Line）命令绘出 3600mm×4900mm 的矩形框，如图 1-1-64（a）所示；也可用 1∶100 比例绘制，此时输入的开间、进深分别为 36、49。

③ 注意事宜　用 1∶1 比例绘制，而出图比例为 1∶100 时，线型的全局比例一般设定为 100；用 1∶100 比例绘制时，出图比例也是 1∶100 时，线型的全局比例一般设置为 1。

4）绘制外墙线的起点

① 设置图层　如图 1-1-65 绘图界面所示。当前图层设为"其他"层，"图层"工具栏"图层控制"选择"其他"层；"特性"工具栏中颜色为 ■ ByLayer、线型为----ByLayer、线宽为----ByLayer。

图 1-1-65

② 绘制辅助线　用直线（Line）命令绘出如图 1-1-64（b）所示的辅助线。

③ 注意事宜　绘图比例同轴线。

5）绘制外墙线

① 设置图层　如图 1-1-66 绘图界面所示。当前图层设为"粗投影线"层，"图层"工具

图 1-1-66

栏"图层控制"选择"其他"层;"特性"工具栏中颜色为 ■ ByLayer、线型为----ByLayer、线宽为■■■ByLayer。

② 绘制外墙线 用直线(Line)命令绘出 3840mm×
5140mm 的矩形框,如图 1-1-64(c)所示;也可用 1:100
比例绘制,此时输入的开间、进深分别为 38.4、51.4。

6)删除辅助线

用删除(Erase)命令删除辅助线得到图 1-1-64(d)。

7)绘制内墙线的起点

步骤同上述"4)",得到图 1-1-64(e)。

8)绘制内墙线

步骤同上述"5)"得到图 1-1-64(f)。

9)删除辅助线

用删除(Erase)命令删除辅助线,得到图 1-1-64(f)。

(2)效果显示

在状态栏中选中"线宽"按钮,此时将得到如图 1-1-67
所示的显示线宽的一间平房一层平面图(不带门窗)。

图 1-1-67

1.2 建筑一层平面图(无文本、尺寸)的绘制

【项目任务】

绘制某住宅楼一层平面图(详见附录1,无文本、无尺寸标注、无家具)。

【专业能力】

绘制建筑一层平面图(无文本、无尺寸标注、无家具)的能力。

【CAD 知识点】

绘图命令:多线(Mutiline)、圆(Circle)、圆弧(Arc)。

修改命令:修剪(Trim)、移动(Move)、复制(Copy)、镜像(Mirror)、分解
(Explode)、延伸(Extent)、拉伸(Stretch)、圆角(Fillet)、倒角(Chamfer)、旋转
(Rotate)。

1.2.1 绘制一间平房一层平面图

【项目任务】

绘制 $n \times m$ 房屋的一层平面图,其中 n 为房屋开间、m 为房屋进深,在开间1处开设居
中窗户,在开间2处开设门,距离最近进深方向轴线为 240mm。

【专业能力】

绘制带门窗的一间房屋一层平面图的能力。

【CAD 知识点】

修改命令:修剪(Trim)、移动(Move)。

1.2.1.1 绘图前的准备

（1）修改命令——修剪（Trim）

作用：对图形实体进行修剪。

步骤：启动修剪（Trim）→定义剪切边界→用剪切边界剪去实体中需剪去的部分。

① 启动命令　启动"修剪"命令可用如下3种方法。

➤ 选择（菜单栏）【修改（M）】→修剪（Trim）。

➤ 单击"修改"工具栏上的"修剪"按钮 -/- 。

➤ 命令窗口"命令："输入 Trim（或 TR）回车。

② 具体操作　启动"修剪"命令后，根据命令行提示按下述步骤进行操作。

a. "选择对象或＜全部选择＞："此时，光标由十字变为方框，用方框选择作为剪切边界的实体，如选择图 1-2-1（a）中的直线段 AB；可连续选中多个实体作为边界（或选择所有剪切边界和被剪切体），如图 1-2-2（a）所示，选择 AB、CD、EF、GH 直线段。选择完毕后回车（或单击鼠标右键→选择下拉菜单中确认）。

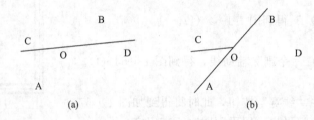

图 1-2-1

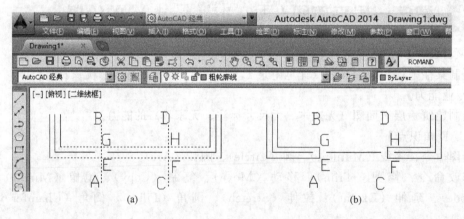

图 1-2-2

b. 选择对象：选择要修剪的对象，或按住 Shift 键选择要延伸的对象，或"［栏选（F）/窗交（C）/投影（P）/边（E）/删除（R）/放弃（U）］："单击鼠标左键选中要剪切实体的被剪部分，将其剪掉。如选择图 1-2-1（a）中的 OD；选择图 1-2-2（a）中的 BG、DH、AE、CF。回车（或单击鼠标右键→选择下拉菜单中确认）即可退出命令，可得到图 1-2-1（b）；图 1-2-2（b）。如果恢复被剪部分，选择下拉菜单中放弃（U）。

③ 其他选项　其他选项含义如下。

⬛ 按住 Shift 键选择要延伸的对象：如果修剪边与被修剪边不相交，此时按住 Shift 键选择对象，表示该对象将延伸到修剪边。

📥 栏选（F）：利用栏选选择修剪对象。最初拾取点将决定对象的哪部分被修剪。

📥 窗交（C）：利用窗交选择修剪对象。

📥 投影（P）：3D编辑中进行实体剪切的不同投影方法选择。

📥 边（E）：置剪切边界的属性，选择该项即在命令行输入E，回车，将出现如下提示。

"输入隐含边延伸模式［延伸（E）/不延伸（N）］＜延伸＞："选择默认＜延伸＞即回车，表示剪切边界可以无限延长，边界与被剪实体不必相交；选择不延伸即输入N，表示剪切边界只有与被剪实体相交时，才有效。

📥 放弃（U）：取消所做的剪切，选择该项即在命令行输入U回车，即可恢复被剪部分。

（2）修改命令——移动（Move）

作用：移动图形，使其与其他图形之间的相对位置发生变化。

步骤：启动移动（Move）→定义移动对象、移动基点→移动实体。

① 启动命令　启动"移动"命令可用如下3种方法。

➢ 选择（菜单栏）【修改（M）】→移动。

➢ 单击"修改"工具栏上的"移动"按钮 ✥。

➢ 命令窗口"命令："输入Move（或M）回车。

② 具体操作　启动"移动"命令后，根据命令行提示按下述步骤进行操作。

a. "选择对象："选择要移动的实体。光标由十字变为方框，用方框选择要移动的实体，回车（或单击鼠标右键）确认。

b. "指定基点或位移："确定移动的基点。通过对对象捕捉（OSNAP）中点的设置，选择一些特征点；或直接在绘图界面上选点。

c. "指定位移的第二点或＜用第一点作位移的起点＞："确定终点。输入相对坐标"距离＜角度"或通过对象捕捉（OSNAP）来准确定位位移的终点位置。

1.2.1.2　绘制一间平房一层平面图

（1）具体项目任务

绘制如图1-2-3所示一间平房一层平面图（轴线、墙线、门窗）。

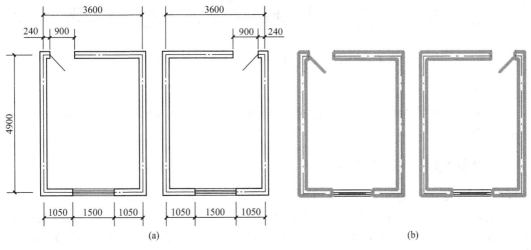

(a)　　　　　　　　　　　　　　　(b)

图1-2-3（b为显示线宽图形成果）

（2）绘制步骤（如图 1-2-4 所示）

① 绘制图 1-2-4（a）　利用直线（Line）、删除（Erase）等命令绘制轴线、内外墙线〔1.1.2.2 中成果，即图 1-1-64（f）成果〕。

② 绘制辅助线　当前图层为 ▦▯♀☼▨🔒▦粗投影线 ▾，特性为 ▦ByLayer▾ ── ByLayer▾ ▦ ByLayer▾，选中状态栏中的"正交"→利用"直线（Line）"绘图命令绘制门窗洞辅助线，如图 1-2-4（b）。

③ 修剪门窗洞　利用修剪（TRim）命令修剪门窗洞处的内外墙线〔如图 1-2-4（c）〕、修剪不需要的辅助线〔图 1-2-4（c）中虚线部分〕；运用删除（Erase）命令删除多余辅助线，得到图 1-2-4（d）。也可仿图 1-2-2 窗洞的绘制方法和步骤。

④ 完善　利用直线（Line）命令、移动（Move）命令绘制门扇及窗框、扇线，得到图 1-2-4（e）。

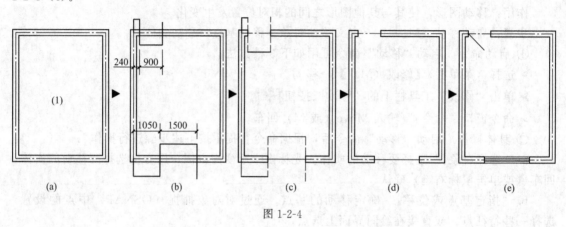

图 1-2-4

对于步骤④中窗框、窗扇线的绘制，按如图 1-2-5 进行操作。具体操作如下。

➤ 当前图层为 ▦▯♀☼▨🔒▦细投影线 ▾，特性为 ▦ByLayer▾ ── ByLayer▾ ▦ ByLayer▾ 选中状态栏中的"正交"→用直线（Line）命令绘制窗洞处内外墙的投影线 A、B→运用移动（Move）移动 A、B 至 A′、B′→运用直线（Line）命令重新绘制窗洞处内外墙的投影线。

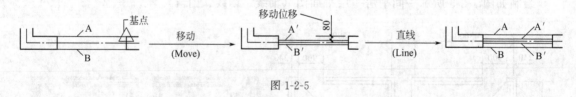

图 1-2-5

（3）效果显示

在状态栏中选中"线宽"按钮，此时将得到如图 1-2-3（b）所示的显示线宽的一间平房一层平面图。

1.2.2　绘制两间平房一层平面图

【项目任务】

绘制 $n_1 \times m_1 + n_2 \times m_2$ 平房一层平面图，其中 n_1、n_2 为房屋开间、m_1、m_2 为房屋进深，在每间开间 1 处开设居中窗户，在开间 2 处开设门，距离最近进深方向轴线为 240mm。

【专业能力】

绘制带门窗的两间平房一层平面图的能力。

【CAD知识点】

绘图命令：多线（Mutiline）。

修改命令：复制（Copy）、镜像（Mirror）、分解（Explode）、延伸（Extent）、拉伸（Stretch）。

1.2.2.1 绘制两间特殊平房一层平面图

具体项目任务：绘制如图1-2-6所示平面图（不考虑文本、尺寸标注）。

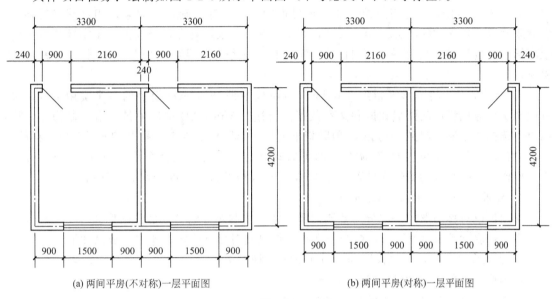

图 1-2-6

（1）绘图前的准备

1）修改命令——复制（Copy）

作用：对图形实体进行复制。

步骤：启动复制（Copy）→选择被复制对象→确定复制实体成品位置。

① 启动命令　启动"复制"命令可用如下3种方法。

➤ 选择（菜单栏）【修改（M）】→复制。

➤ 单击"修改"工具栏上的"复制"按钮 ⬚。

➤ 命令窗口"命令："输入 Copy（CO 或 CP）并回车。

② 具体操作　启动"复制"命令后，根据命令行提示按下述步骤进行操作。

a. "选择对象："此时，光标由十字变为方框，用方框左击鼠标选中需复制的实体；也可运用窗口方式或交叉方式选择需复制的实体。如只有部分复制实体选中，则反复多次，直到全部选中。选择完毕后回车（或右击鼠标）确认。此时，光标由方框变为十字。

b. "当前设置：　复制模式 = 多个

"指定基点或［位移（D）/模式（O）］＜位移＞："要求确定复制操作的基准点位置，选择绘图区任一点或图形实体中的特征点。

c. "指定位移的第二点或＜用第一点作位移＞："要求确定复制目标的终点位置，输入位移数字，或选中图形实体中的特征点单击鼠标左键，即可完成复制实体成品定位。

③ 其他选项　其他2个选项含义如下。

⬛ 模式（O）　AutoCAD 2014 提供了两种复制模式，输入"O"回车，命令行将出现

"输入复制模式选项［单个（S）/多个（M）］＜多个＞:"其中多个（M）表示连续复制多个图形实体的功能。输入 M 并回车，即选择了重复（Multiple）选项。此时命令行将出现"当前设置:复制模式＝多个"提示。在此设置下，完成一个复制实体后，命令行将反复出现"指定第二个点或［阵列（A）］/［退出（E）/放弃（U）］＜退出＞:"提示，要求确定另一个复制实体成品位置，直至按回车键结束命令。其中"［阵列（A）］"在 Auto-CAD2014 等高版本中会出现，将在 3.1 相关章节讲述。

用第一点作位移　终点位置通常还可借助相对坐标来确定，即输入相对基点的终点坐标来确定，输入"@a"或"@a＜b"，回车。"@a"表示终点在当前鼠标十字针位置方向距离第一点的距离，如果在正交打开的情况下，则为绘图界面上所显示的水平或者垂直距离。

④ 相关信息　将图形复制到 Windows 剪贴板中是 Windows 提供的一个实用工具，可方便地实现应用程序间图形数据和文本数据的传递。AutoCAD 提供的带基点复制命令，将用户所选择的图形复制到 Windows 剪贴板上或另一个图形文件上。打开编辑［Edit］菜单，单击"带基点复制命令（B）"命令，即可启动该命令。启动该命令后，根据命令行提示，逐一操作，由此复制的图形文件可保存在 Windows 剪贴板中，进行相应的粘贴。

2）修改命令——镜像（Mirror）

作用:以对称图形的一部分为复制对象，镜像复制对称的另一部分图形。

步骤:启动镜像（Mirror）命令→选择镜像复制对象→确定镜像线→成品图形。

① 启动命令　启动"镜像"命令可用如下 3 种方法。

➤ 选择（菜单栏）【修改（M）】→镜像命令。

➤ 单击"修改"工具栏上的"镜像"按钮 ▲。

➤ 命令窗口"命令:"输入 Mirror（M1 或）并回车。

② 具体操作　启动镜像（Mirror）命令后，根据命令行提示按下述步骤进行操作。

a. "选择对象:"选择需要镜像的实体。选择图 1-2-7（a）中实体，此时实体变为虚线，如图 1-2-7（b）所示。

b. "选择对象:"回车。光标变为十字。

c. "指定镜像线的第一点:"确定镜像线的起点位置。选择图 1-2-7（b）中直线段 AB 中的 A 点。

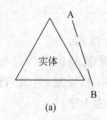  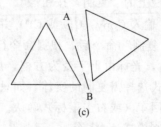 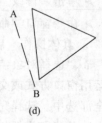

图 1-2-7

d. "指定镜像线的第二点:"确定镜像线的终点位置。选择图 1-2-7（b）中直线段 AB 中的 B 点。

e. "是否删除源对象?［是（Y）/否（N）］＜N＞:"确定是否删除原来所选择的实体。AutoCAD 的默认选项为否（N），回车即可，此时将得到成品图形［图 1-2-7（c）］；如果输入"Y"回车，则屏幕上原来所选的实体将被删除，此时将得到成品图形［图 1-2-7（d）］。

③ 注意事宜如下。

◆ 确定的两点 A、B 构成的直线段将作为镜像线，系统将以该镜像线为轴镜像另一部分图形。

◆ 如果选定 AB 作为镜像线，则命令行提示选择镜像线的第一点、第二点时，可选择 AB 直线段上的任意不重合的两点，此时，需把"对象捕捉模式"中的"☒ ☑**最近点(R)**"选中，并启用"对象捕捉"。

（2）完成项目任务

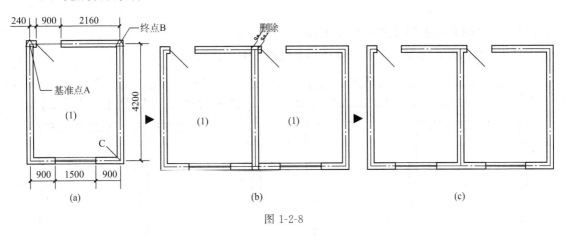

图 1-2-8

1）绘制两间大小一致不对称平房［图 1-2-6（a）］

绘图过程如图 1-2-8 所示，具体步骤如下所述。

① 绘制图 1-2-8（a）　绘制 3300mm×4200mm 一间平房一层平面图（仿图 1-2-4 绘制过程）。

② 绘制图 1-2-8（b）　设置"对象捕捉"：设定对象捕捉模式中的端点，并启用对象捕捉→复制：选择需复制的实体图形［图 1-2-8（a）实体（1），其中 AC 轴线不选］；选择基点［图 1-2-8（a）中的基准点 A］、选择第二点［图 1-2-8（a）中的终点 B］。

③ 绘制图 1-2-8（c）　用删除（Erase）命令删除图 1-2-8（b）中所标示的须删除的直线段。

2）绘制两间大小一致对称平房［图 1-2-6（b）］

绘图过程如图 1-2-9 所示，具体绘图步骤如下所述。

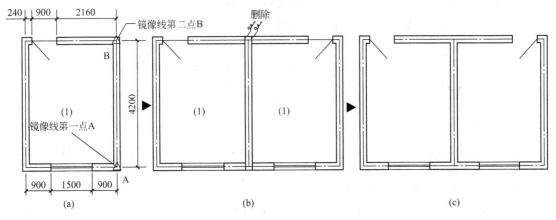

图 1-2-9

① 绘制图 1-2-9（a）　绘制 3300mm×4200mm 一间平房一层平面图（仿图 1-2-4 绘制过程）。

② 绘制图 1-2-9（b）　设置"对象捕捉"：设定对象捕捉模式中的端点，并启用对象捕捉→镜像：选择需镜像的实体图形 ［图 1-2-9（a）中"AB"轴线不选］；选择镜像线的第一点 A ［如图 1-2-9（a）中所示］、选择镜像线的第二点 B ［如图 1-2-9（a）中所示］；选择不删除源对象。

③ 绘制图 1-2-9（c）　用删除（Erase）命令删除图 1-2-9（b）中所标示的需删除的直线段。

1.2.2.2　绘制两间普通平房一层平面图

具体项目任务：绘制如图 1-2-10 所示平面图（不包括尺寸文本）。

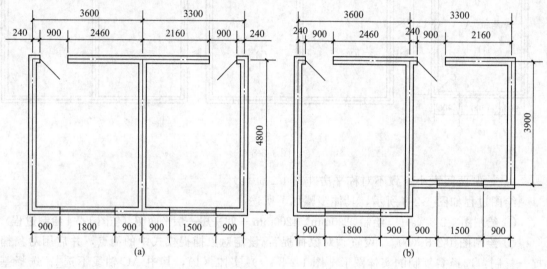

图 1-2-10

（1）绘图前的准备

1）绘图命令——多线（Mutiline）

作用：创建多条平行线。常用于内外墙线、窗等平行线的绘制。

步骤：启动"多线"→修改"多线"当前设置→绘制"多线"图形实体。

① 启动命令　启动多线（Mutiline）可用如下 2 种方法。

➤ 选择（菜单栏）【绘图（D）】→"多线（U）"命令。

➤ 命令窗口"命令："输入 Multiline（简捷命令 ML）并回车。

② 具体操作　启动"多线"命令后，根据命令行提示按下述步骤进行操作。

a."当前设置：对正＝无，比例＝某数，样式＝某样式

"指定起点或［对正（J）/比例（S）/样式（ST）］："确定多线的第一点，回车。

b."指定下一点："确定多线的第二点，回车。

c."指定下一点或［放弃（U）］："确定多线的下一点，回车；或直接回车放弃，介绍命令。

③ 其他选项　其他选项含义如下。

⬛ 对正（J）　选择偏移，包括零偏移、顶偏移和底偏移三种。

⬛ 比例（S）　设置绘制多线时采用的比例。即组成多线的两边界线段之间的距离。

◢ 样式（ST）　设置多线的类型。

④ 多线样式设置　激活"多线"命令后，命令行当前设置中有"样式＝某样式"的标示，AutoCAD 提供了"STANDARD"样式，此样式绘制出的图型实体的颜色、线型等特性是特定的，用户可通过"新建多线样式"对话框新建、设置用户需要的"多线"样式。具体操作如下所述。

a. 打开对话框　可通过下述方法打开对话框。

➤ 选择（菜单栏）【格式（O）】→多线样式（M）... 命令。

b. 新建多线样式（M）　激活"多线样式（M）..."命令后，将弹出"多线样式"对话框。如图 1-2-11（a）所示。

(a)   (b)

图 1-2-11

在此对话框的"样式（S）"选项组中有系统的默认样式：STANDARD。在预览中两条线的特性随绘图界面中当前图层的特性；选择"新建..."按钮，将弹出如图 1-2-12（a）所示的"创建新的多线样式"对话框。

(a)   (b)

图 1-2-12

在"新建样式名（N）"对话框中输入新样式名：墙线 ［如图 1-2-12（b）所示］，选择"继续"按钮，将弹出如图 1-2-13（a）所示的"新建多线样式：墙线"对话框。此对话框中的设置是"默认样式：STANDARD"中的默认设置，如图元中的线的特性为"ByLayer（随层）"，即用此样式绘制出的对象的特性和绘图界面上的当前图层一样，无论特性栏显示是否为"ByLayer（随层）"。

在"新建多线样式"对话框中选中"图元（E）"选项组中的第一行图元；在颜色下拉菜单中选择"▮绿"；点击"线型（Y）..."按钮，在"选择线型"对话框里选择线型"Con-

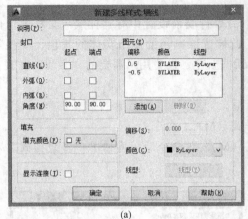
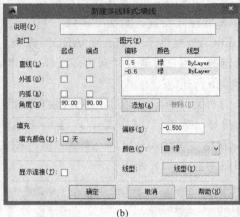

(a)   (b)

图 1-2-13

tinuous"后按确定,回到"新建多线样式:墙线"对话框。同样再设定第二个图元,如图 1-2-13 (b) 所示。选择"确定"回到"多线样式"对话框,如图 1-2-11 (b) 所示。

比较图 1-2-11 中的 (a)、(b),可发现,(b) 中的样式选项组中多了"墙线"选项。当 (b) 在此选项中选择"墙线"选项时,(b) 中预览选项组中将显示"墙线"多线的特性:颜色为■绿;线型为"Continuous"。选择"置为当前"按钮,按"确定",回到绘图界面。

c. 运用 当激活"多线"命令时,命令行将出现如下提示。

"前设置:对正 = 无,比例 = 2.40,样式 = 墙线

指定起点或〔对正 (J)/比例 (S)/样式 (ST)〕:"

从提示中可发现,"样式=墙线",此时绘出的多线将是绿色连续线(线宽同界面此时的"特性"栏中显示线宽)。如果想改变"样式=墙线"为"样式=STANDARD",则打开"多线样式"对话框〔如图 1-2-11 (b)〕,在"样式 (S)"选项组选中"STANDARD",选择"置为当前"按钮,按"确定"即可。

同理可设置"墙线-随层"的多线样式,图元中的颜色、线型皆设置为"ByLayer(随层)"。

⑤ 注意事宜。

◆ 运用多线绘制成的图形实体是一个图块,如果需对图块内部的图形实体进行编辑时,必须运用"分解"命令对其进行分解。关于分解命令将在下面"2) 修改命令——分解 (ExpLode)"中作详细解述。

【实例 1-4】 沿轴线 2400mm×3600mm(比例为 1∶100)绘制厚 240mm 的内外墙线,特性随层,符合制图标准的规定。如图 1-2-14 (d) 所示。操作过程如图 1-2-14 所示,操作步骤如下。

a. 相关设置 设置图层、多线样式、启动命令,具体如下。

(a) 图层、特性设置为 中粗投影线 ByLayer ByLayer ByLayer,其中颜色为■绿;线型为"Continuous",线宽为 0.6mm。

(b) 设置"墙线-随层"多线样式,其中图元的特性〔颜色、线型均为"ByLayer(随层)"〕;启动"多线"命令。

b. 修改"多线"当前设置 具体如下操作。

(a) "当前设置:对正=上,比例=某数,样式=STANDARD

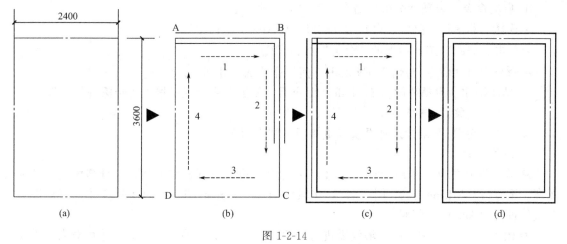

图 1-2-14

指定起点或［对正（J）/比例（S）/样式（ST）］:"输入 J，回车。

（b）"输入对正类型［上（T）/无（Z）/下（B）］＜无＞:"输入 Z，回车。

（c）"当前设置：对正＝无，比例＝某数，样式＝STANDARD

指定起点或［对正（J）/比例（S）/样式（ST）］:"输入 S，回车。

（d）"输入多线比例＜某数＞:"输入 2.4［注：2.4＝实际尺寸（单位 mm）×比例（本例中比例为 1∶100）］，回车。

（e）"当前设置：对正＝无，比例＝2.4，样式＝STANDARD

指定起点或［对正（J）/比例（S）/样式（ST）］:"输入 ST，回车。

（f）"输入多线样式名或［?］:"输入墙线-随层，回车。

c. 绘制"多线"图形实体　经过"②"操作后，命令行出现新的提示，具体如下操作。

（a）"当前设置：对正＝无，比例＝2.4，样式＝墙线-随层

指定起点或［对正（J）/比例（S）/样式（ST）］:"选择 A 点，如图 1-2-14（b）所示。

（b）"指定下一点:"选择 B 点，如图 1-2-14（b）所示。

（c）"指定下一点或［放弃（U）］:"选择 C 点，如图 1-2-14（b）所示。

（d）"指定下一点或［闭合（C）/放弃（U）］:"选择 D 点，如图 1-2-14（b）所示。

（e）"指定下一点或［闭合（C）/放弃（U）］:"选择 A 点［或输入 C 回车，直接结束命令操作，得到图 1-2-14（d）］。

（f）"指定下一点或［闭合（C）/放弃（U）］:"直接回车，结束命令的操作。得到图 1-2-14（c）。

（g）在图 1-2-14（c）对象上双击左键，出现**多线编辑工具**对话框，选择"角点结合"编辑工具，此时命令行出现提示，具体如下操作。

◇"命令：_mledit

选择第一条多线:"选择图 1-2-14（c）中 AB 段多线任一点。

◇"选择第二条多线:"选择图 1-2-14（c）中 AD 段多线任一点。

◇"选择第一条多线 或［放弃（U）］:"回车。即可得到图 1-2-14（d）。

2）修改命令——分解（Explode）

作用：分解图块，使用户无法单独编辑内部的图块成为可编辑的图形实体。

步骤：启动"分解"命令→选择对象→结束"分解"命令操作。

① 启动命令　启动"分解"命令可用如下 3 种方法。

➤ 选择（菜单栏）【修改（M）】→分解（Explode）命令。

➤ 单击"修改"工具栏上的"分解"按钮 。

➤ 命令窗口"命令："输入 Explode（简捷命令 X）并回车。

② 具体操作　启动分解（Explode）命令后，根据命令行提示按下述步骤进行操作。

a. "选择对象："选择要分解的图块。

b. "选择对象："继续选择图块或直接回车结束命令。

③ 注意事宜。

◆ 除了图块之外，利用分解（Explode）命令还可以炸开三维实体、三维多段线、填充图案、平行线（MLine）、尺寸标注线、多段线矩形、多边形和三维曲面等实体，用户即可对实体进行内部修改、编辑。

◆ 图 1-2-14（c）中的内外墙线需进行分解（Explode）命令操作之后，才可对内、外墙线进行相应修改命令的操作。

3）修改命令——延伸（EXtent）

作用：使线段延伸到某一边界。

步骤：启动延伸（EXtent）→修改延伸（EXtent）当前设置→选择对象进行命令操作。

① 启动命令　启动"延伸"命令可用如下 3 种方法。

➤ 选择（菜单栏）【修改（M）】→延伸（D）命令。

➤ 单击"修改"工具栏上的"延伸"按钮 。

➤ 命令窗口"命令："输入 EXtend（简捷命令 EX）并回车。

② 具体操作　启动"延伸"命令后，根据命令行提示按下述步骤进行操作。

a. "选择对象："选择作为边界的实体目标，可以是弧、圆、多段线、直线、椭圆和椭圆弧等。

b. "选择要延伸的对象，或按住 Shift 键选择要修剪的对象，或

"［栏选（F）/窗交（C）/投影（P）/边（E）/放弃（U）］:"选择要延伸的实体。在 Au-toCAD 中，直线、多段线、平行线、弧等图形实体可以延伸。

③ 其他选项　其中"按住 Shift 键选择要修剪的对象"、"栏选（F）"、"窗交（C）"等选项同"修剪"命令相应选项，其他选项含义如下。

◆ 放弃（U）：可以取消上次的延伸误操作。

◆ 投影（P）：输入"P"回车，即选择该项命令后，命令行将出现如下提示：

"输入投影选项［无（N）/UCS（U）/视图（V）］＜UCS＞:"确定延伸三维实体对象时的投影方法。

◆ 边（E）：输入"E"回车，即选择该项命令后，命令行将出现如下提示：

"输入隐含边延伸模式［延伸（E）/不延伸（N）］＜延伸＞:"确定延伸实体目标时是否一定和边界相交。

【实例 1-5】　修改图 1-2-14（c）中外墙（使 A、B 墙线相交），操作过程如图 1-2-15 所示，具体操作如下所述。

a. 启动"延伸"命令　如上①所述。

b. 选择边界　启动"延伸"命令后，根据命令行提示按下述步骤进行操作。

（a）"命令：_ extend

当前设置：投影＝UCS，边＝无

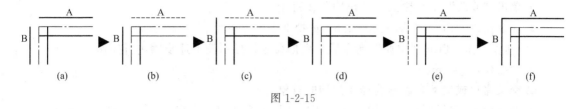

图 1-2-15

选择边界的边…

"选择对象："选择线段 A。此时 A 变成虚线，如图 1-2-15（b）所示。

（b）"选择对象："直接回车。

c. 修改当前设置 继续根据提示进行如下操作进行命令操作。

（a）"选择要延伸的对象，或按住 Shift 键选择要修剪的对象，

或 ［栏选（F）/窗交（C）/投影（P）/边（E）/放弃（U）］："输入 "e"，回车。

（b）"输入隐含边延伸模式 ［延伸（E）/不延伸（N）］＜不延伸＞："输入 "e"，回车。

d. 选择延伸对象 继续根据提示进行如下操作进行命令操作。

（a）"选择要延伸的对象，或按住 Shift 键选择要修剪的对象，或

［栏选（F）/窗交（C）/投影（P）/边（E）/放弃（U）］："用鼠标左键单击线段 B。得到图 1-2-15（c）。

（b）"选择要延伸的对象，或按住 Shift 键选择要修剪的对象，或

［栏选（F）/窗交（C）/投影（P）/边（E）/放弃（U）］："回车结束 "延伸" 命令操作。得到图 1-2-15（d）。

e. 延伸直线段 A 再次启动 "延伸" 命令，单击线段 B 得图 1-2-15（e），回车。根据命令行提示按下述步骤进行操作。

"命令：_ extend

当前设置：投影＝UCS，边＝延伸

选择边界的边…

选择对象或 ＜全部选择＞： 找到 1 个

选择对象：

选择要延伸的对象，或按住 Shift 键选择要修剪的对象，或

［栏选（F）/窗交（C）/投影（P）/边（E）/放弃（U）］："选择直线 A，并回车结束命令操作。得到图 1-2-15（f）。

④ 注意事宜

◆ 当前设置中的边的默认设置为上一次对边的设置选择，如上述实例中的⑤ "边＝延伸" 源于③中对于① "边＝无" 当前设置的修改。

◆ 当需延伸的线段与延伸的边界线段有交点时，无需进行当前设置。

◆ 当需延伸的线段与延伸的边界线段无交点，但此时当前设置已是 "投影＝UCS，边＝延伸" 时，无需进行当前设置。

4）修改命令——拉伸（Stretch）

作用：使图形（素）实体沿着某一方向伸长或缩短。

步骤：启动拉伸（Stretch）→选择对象→指定拉伸距离。

① 启动命令 启动 "拉伸" 命令可用如下 3 种方法。

➢ 选择（菜单栏）【修改（M）】→拉伸（H）命令。

➢ 单击"修改"工具栏上的"拉伸"按钮 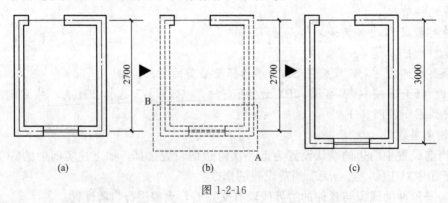。

➢ 命令窗口"命令:"输入 Stretch（简捷命令 S）并回车。

② 具体操作　启动"拉伸"命令后，根据命令行提示按下述步骤进行操作。

a. "命令：_ stretch

以交叉窗口或交叉多边形选择要拉伸的对象…

选择对象:"选择要拉伸图形（素）实体，指定交叉窗口或交叉多边形的一个角点。

b. "选择对象：指定对角点:"指定交叉窗口或交叉多边形的另一角点。回车。

c. "选择对象:

指定基点或［位移（D）］＜位移＞:"指定拉伸基点或输入位移坐标。

d. "指定第二个点或＜使用第一个点作为位移＞:"指定拉伸终点或按"ENTER"键使用以前的坐标作为位移。可直接用十字光标或坐标参数方式来确定终点位置。

③ 注意事宜。

◆ 拉伸（Stretch）命令可拉伸实体，也可移动实体。如果新选择的实体全部落在选择窗口内，AutoCAD 将把该实体从基点移动到终点；如果所选择的图形实体只有部分包含于选择窗口内，那么 AutoCAD 将拉伸实体。

◆ 如果不用交叉窗口（Crossing—Window）或交叉多边形（Crossing Polygon）选择要拉伸的对象，AutoCAD 将不会拉伸任何实体。

◆ 并非所有实体只要部分包含于选择窗口内就可被拉伸。AutoCAD 只能拉伸由直线（Line）、圆（Arc）（包括椭圆弧）、实体（Solid）、多线（Pline）和轨迹线（Trace）等命令绘制的带有端点的图形实体。

◆ 选择窗口内的那部分实体及被选中的图素被拉伸，而选择窗口外的那部分实体将保持不变。

【实例 1-6】把图 1-2-16 平面图中的房屋（a）进深由 2700mm 改为进深为 3000mm 房屋（c），绘图过程如图 1-2-16 所示，具体操作如下所述。

图 1-2-16

a. 启动"拉伸"命令　如上①所述。

b. 选择拉伸对象　启动"拉伸"命令后，根据命令行提示按下述步骤进行操作。

（a）"命令：_ stretch

以交叉窗口或交叉多边形选择要拉伸的对象…

选择对象:"在屏幕上任选一点 A，并使十字丝指向 B。

（b）"选择对象：指定对角点:"十字丝选中 B，如图 1-2-16（b）所示。

c. 确定位移　打开"正交"方式，继续根据提示进行如下操作。

（a）"指定基点或位移："用鼠标左键单击屏幕上任一点，并拖向图形要拉伸方向（垂直向下）。

（b）"指定位移的第二个点或＜用第一个点作位移＞："输入"l"回车（l 为拉伸位移＝实际拉伸位移×比例，如果此图的绘图比例为 1：100，则 $l=3$），得到图 1-2-16（c）。

（2）完成项目任务

1）绘制两间进深相同、开间不同的普通平房

绘制如图 1-2-10（a）所示、进深相同、开间不同的两间普通平房一层平面图（绘图比例为 1：100），图层设置如表 1-2-1 所示。操作过程如图 1-2-17 所示，具体操作如下所述。

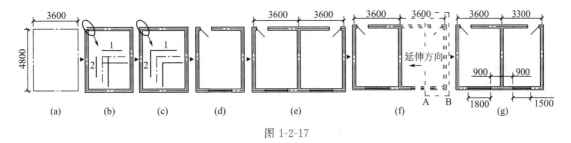

图 1-2-17

表 1-2-1 图层设置

名称	颜色	线型	线宽	备注
中心线	■红	ACAD_ISO4W100（点划线）	0.2mm	轴线
细投影线	□白	Continuous（实线）	0.2mm	工具/选项/显示/颜色为□白，颜色为■黑
中粗投影线	■绿	Continuous（实线）	0.6mm	被剖切到的投影线
其他	■蓝	Continuous（实线）	0.2mm	根据需要设置

① 设置图层 按表 1-2-1 设置。

② 绘制轴线 如图 1-2-17（a）所示。具体操作如下。

当前图层为 ▓▓▓▓▓▓中心线 ▾ ，特性 ▓▓▓▓ByLayer ▾｜—·—ByLayer ▾｜——ByLayer ▾ →选中状态栏中的"正交"→用直线（Line）命令绘制 3600mm×4900mm 的矩形框。按 1：100 的比例绘制，则开间和进深应分别输入"36"、"49"。

③ 绘制墙线 如图 1-2-17（b）、（c）所示。

当前图层为 ▓▓▓▓▓▓■中粗投影线 ▾ 、特性 [皆为"Bylayer（随层）"]、正交设置不变，利用"多线"命令绘制墙线，可参照图 1-2-14 绘制过程，得图 1-2-17（b）→运用"分解"命令分解墙线；运用"延伸"修改外墙线，可参照图 1-2-15 所示操作过程；运用"修剪"命令修改内墙。得图 1-2-17（c）。

也可利用"多线"命令中的"闭合（C）"选项，直接得到图 1-2-17（c），再运用"分解"命令分解墙线。

④ 绘制门窗线 得图 1-2-17（d），可参照图 1-2-4 操作过程。

⑤ 复制已有图形 运用"镜像"命令镜像复制 1-2-17（d）并进行修改得图 1-2-17（e），可参照图 1-2-9 所示操作过程。

⑥ 修改右面房间开间与窗洞尺寸 启动"正交"功能→运用"拉伸"命令选择拉伸对象，如图 1-2-17（f）；确定拉伸位移：大小为 3，方向如图 1-2-17（f）所示，得到图 1-2-17

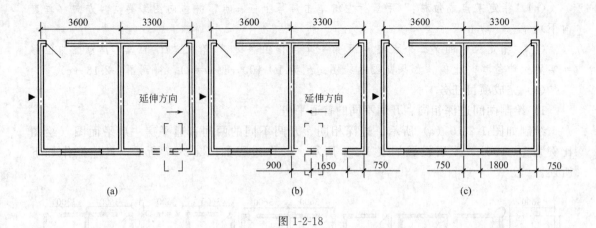

图 1-2-18

（g），即为图 1-2-10（a）。

如果本例中的窗洞尺寸不变，则还要进行如下修改，拉伸位移皆为 150mm，本图输入"1.5"即可。绘制过程如图 1-2-18 所示。

2）绘制两间进深、开间不同的普通平房

如图 1-2-10（b）所示，为进深、开间均不同的两间普通平房一层平面图，操作过程如图 1-2-19 所示，具体操作如下所述。

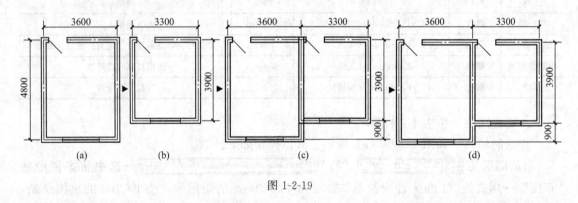

图 1-2-19

① 绘制 3600mm×4800mm 房间 如图 1-2-19（a）所示，可以参照"1）绘制两间进深相同、开间不同的普通平房/①～④"操作过程。

② 绘制 3300mm×3900mm 房间 运用"复制"命令复制 1-2-19（a）→运用拉伸（Stretch）命令收缩房间的开间、进深得图 1-2-19（b）。

③ 合并 运用"移动"命令完成（a）＋（b），得图 1-2-19（c）。

④ 完善 利用"修剪"、"删除"命令修改图 1-2-19（c），得图 1-2-19（d）。

如果本例中的门洞对开，则可按图 1-2-20 所示进行绘制。绘制步骤：直接运用"1）绘制两间进深相同、开间不同的普通平房"成果，即复制 1-2-17（g）→利用"拉伸"命令拉伸墙 BC、CD。先用窗口方式自左上方至右下方绘矩形框窗口选择墙 DC，如图 1-2-20（a）；再用窗交方式自右下方至左上方绘矩形框窗口选择墙 BC，如图 1-2-20（b）；收缩房间 2 的进深使房间 2 成为房间 3，得图 1-2-20（c）→利用"修剪"、"延伸"命令修改墙角，得图 1-2-20（d）。

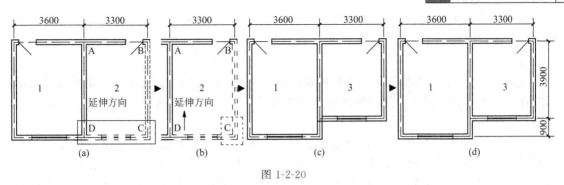

图 1-2-20

1.2.3 绘制建筑一层平面图

【项目任务】

绘制某住宅楼一层平面图（无文本、无标注、无家具布置、无阳台），如图 1-2-30 所示。

【专业能力】

绘制建筑一层平面图（无文本、无标注、无家具布置、无阳台）的能力。

【CAD知识点】

绘图命令：圆（Circle）、圆弧（Arc）。

修改命令：圆角（Fillet）、倒角（Chamfer）、旋转（Rotate）

1.2.3.1 绘图前的准备

（1）绘图命令

1）圆（Circle）

作用：圆是工程绘图中一种最常见的基本实体之一，可以用来表示轴圈编号、详图符号等。

步骤：启动"圆"命令→选用绘圆方法→绘制圆图形实体。

① 启动命令　启动"圆"命令可用如下 3 种方法。

➢ 选择（菜单栏）【绘图（D）】→圆（C）命令→选取级联菜单中相应命令。

➢ 单击"绘图"工具栏上"圆"按钮⊘ ▌。

➢ 命令窗口"命令:"输入 Circle（简捷命令 C）并回车。

② 具体操作　启动"圆"命令后，根据命令行提示按下述步骤进行操作。

a. "指定圆的圆心或［三点（3P）/两点（2P）/相切、相切、半径（T）］:"确定圆心。

b. "指定圆的半径或［直径（D）］<默认值>:"确定圆的半径。

③ 其他选项　输入任何一个其他选项，都将代表着一种绘圆方式，图 1-2-21 是"绘图（D）"下拉菜单中"圆（C）"的级联菜单，其中列出了 6 种不同的绘制圆弧方式，具体如下所述。

🖊 直径（D）：该选项表示圆心、直径绘制圆方式。这种方式要求用户确定圆心、直径。输入"D"回车，用户在命令行"指定圆的直径<默认值>"提示下输入圆的直径即可。

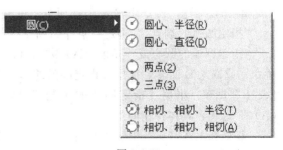

图 1-2-21

⊥ 三点（3P）：该选项表示用圆周上三点绘制圆方式，这种方式要求用户输入圆周上的任意三个点。输入"3P"回车，用户根据命令行的提示，依次确定圆上第一点、第二点、第三点即可。

⊥ 两点（2P）：该选项表示用直径两端点绘制圆方式，这种方式要求用户指点直径上的两端点。输入"2P"回车，用户根据命令行的提示，依次确定圆的直径第一端点、第二端点即可。

⊥ 相切、相切、半径（T）：当需要绘制两个实体的公切圆时，可采用这种方式。该方式要求用户选择和公切圆相切的两个实体以及输入公切圆半径的大小。输入"2P"回车，用户根据命令行的提示，依次选择与公切圆相切的两个实体目标、输入公切圆的半径即可。

⊥ 相切、相切、相切（A）：当需要绘制三个实体的公切圆时，可采用这种方式。该方式要求用户选择与公切圆相切的 3 个实体。输入"A"回车，用户根据命令行的提示，依次选择与公切圆相切的 3 个实体目标即可。

2）圆弧（Arc）

作用：圆弧（Arc）是工程绘图中另一种最常见的基本实体，在建筑施工图中可以用来表示门窗的轨迹线。

步骤：启动圆弧（Arc）→选用绘圆弧（Arc）方法→绘制圆弧（Arc）图形实体。

① 启动命令　启动"圆弧"命令可用如下 3 种方法。

➤ 选择（菜单栏）【绘图（D）】→圆弧（A）命令→级联菜单中的相应命令。

➤ 单击"绘图"工具栏上"圆弧"按钮 ⌒ 。

➤ 命令窗口"命令："输入 Arc（简捷命令 A）并回车。

② 具体操作　启动"圆弧"命令后，根据命令行提示按下述步骤进行操作。

a. "arc 指定圆弧的起点或［圆心（C）］："确定圆弧第一点。

b. "指定圆弧的第二个点或［圆心（C）/端点（E）］："确定圆弧第二点。

c. "指定圆弧的端点："确定圆弧终点。

③ 其他选项　AutoCAD 2014 提供了多种绘制圆弧的方式，这些方式是根据起点、方向、圆心、角度、端点、弦长等控制点来确定的。如上述命令操作，其他的每一种选项都代表着几种绘制圆弧方式，具体如下所述。

⊥ 如在上述"b."中输入 C 并回车，可根据提示进行下述操作。

"指定圆弧的圆心："确定一点作为圆弧圆心。

"指定圆弧的端点或［角度（A）/弦长（L）］："确定一点作为圆弧终点结束命令；或输入 A 回车，根据"指定包含角："提示，输入包含角结束命令；或输入"L"回车，根据"指定弦长："提示，输入弦长结束命令。

⊥ 如在上述"b."中输入 E 并回车，可根据提示进行下述操作。

"指定圆弧的端点："确定一点作为圆弧终点。

"指定圆弧的圆心或［角度（A）/方向（D）/半径（R）］："确定一点作为圆弧圆心结束命令；或输入 D 回车，根据"指定圆弧的起点切向："提示，确定起点切向结束命令；或输入"R"回车，根据"指定圆弧的半径："提示，确定圆弧半径结束命令；或选择"角度（A）"选项，具体操作同上。

⊥ 如在上述"a."中输入 C 并回车，可根据提示进行下述操作。

"指定圆弧的圆心："确定一点作为圆弧圆心。

"指定圆弧的起点："确定一点作为圆弧起点。

"指定圆弧的端点或［角度（A）/弦长（L）］："确定一点作为圆弧终点结束命令；或选择"角度（A）"、弧长（L）选项，具体操作同上。

④ 注意事宜　也可通过图 1-2-22"绘图（D）"下拉菜单中"圆弧（A）"的级联菜单，直接选择绘制圆弧的某种方式进行绘制圆弧的操作。

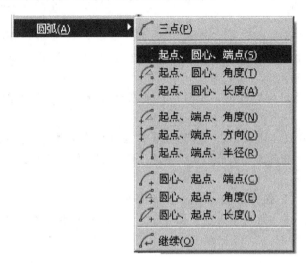

图 1-2-22

【实例 1-7】　绘制 45 度平开门的轨迹线（如图 1-2-23 所示）及 90 度平开门的轨迹线（如图 1-2-24 所示）。

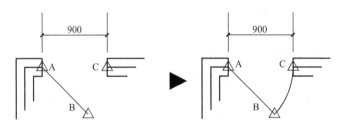

图 1-2-23

🔹 绘制 45 度平开门的轨迹线，如图 1-2-23 所示。启动"圆弧"命令后，具体操作如下。

"指定圆弧的起点或［圆心（C）］："鼠标左键单击 AB 门扇 B 点（选择 B 点作为起点）。

"指定圆弧的第二个点或［圆心（C）/端点（E）］："输入 E 并回车。

"指定圆弧的端点："鼠标左键单击 C 点（选择 C 点作为终点）。

"指定圆弧的圆心或［角度（A）/方向（D）/半径（R）］："鼠标左键单击 A 点（选择 A 点作为圆心）。

🔹 绘制 90 度平开门的轨迹线，如图 1-2-24 所示左侧门。启动"圆弧"命令后，具体操作如下。

"指定圆弧的起点或［圆心（C）］："选择 C 点（作为圆弧的起点）。

"指定圆弧的第二个点或［圆心（C）/端点（E）］："输入 E 并回车。

"指定圆弧的端点："选择 B 点（作为圆弧的终点）。

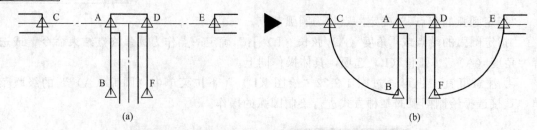

图 1-2-24

"指定圆弧的圆心或 [角度（A）/方向（D）/半径（R）]:" 输入 A 并回车。

"指定包含角:" 输入 90 回车。

▙ 绘制 90 度平开门的轨迹线，如图 1-2-24 所示右侧门。启动"圆弧"命令后，具体操作如下。

"指定圆弧的起点或 [圆心（C）]:" 选择 F 点（作为圆弧的起点）。

"指定圆弧的第二个点或 [圆心（C）/端点（E）]:" 输入 C 并回车（选择第二点为"圆心"选项）。

"指定圆弧的圆心:" 选择 D 点（作为圆弧的圆心）。

"指定圆弧的端点或 [角度（A）/弦长（L）]:" 输入 L 并回车（选择"弦长"选项）。

"指定弦长:" 选择 E 点（弧长为 FE）。

（2）修改命令

1）圆角（Fillet）

作用：使两实体之间用圆弧进行光滑过渡。常用于墙角墙线间、公路线拐弯处的修改。

步骤：启动圆角（Fillet）→修改圆角（Fillet）当前设置→选择对象。

① 启动命令　启动"圆角"命令可用如下 3 种方法。

➤ 选择（菜单栏）【修改（M）】→圆角（F）命令。

➤ 单击"修改"工具栏上的"圆角"按钮 ⌐。

➤ 命令窗口"命令:"输入 Fillet（简捷命令 F）并回车。

② 具体操作　启动"圆角"命令后，根据命令行提示按下述步骤进行操作。

a. "当前设置：模式=修剪，半径=0.0000

选择第一个对象或 [放弃（U）/多段线（P）/半径（R）/修剪（T）/多个（M）]:" 选择要进行圆角操作的第一个实体。

b. "选择第二个对象，或按住 Shift 键选择要应用角点的对象:" 选择要进行圆角操作的第二实体。

③其他选项　其他主要选项含义如下。

▙ 多线段（P）：选择多段线。选择该选项后，命令行给出如下提示。

"选择二维多段线:" 要求用户选择二维多段线，AutoCAD 将以默认的圆角半径对整个多段线相邻各边两两进行圆角操作。

▙ 半径（R）：要求确定圆角半径。选择该选项后，命令行提示如下。

"指定圆角半径 <默认值>:" 输入新的圆角半径。输入后出现上述"a.""b."操作提示。初始默认半径值为 0。当输入新的圆角半径时，该值将作为新的默认半径值，直至下次输入其他的圆角半径为止。

▙ 多个（M）：选择该项后，可连续操作圆角（Fillet）命令。

▙ 修剪（T）：确定圆角的修剪状态。选择该项后，命令行提示如下。

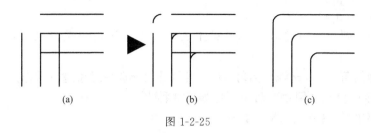

图 1-2-25

"输入修剪模式选项〔修剪（T）/不修剪（N）〕＜修剪＞:"输入 N 或 T 回车。输入后出现上述 "a." "b." 操作提示。其中 T 代表修剪圆角模式，N 代表不修剪圆角模式，如图 1-2-25 所示，（a）为需修剪的墙角；（b）为不修剪圆角模式结果；（c）为修剪圆角模式结果。

【实例 1-8】 如图 1-2-26，修改（a）中内外墙线角为（e）所示。绘图过程如图 1-2-26 所示，具体操作如下所述。

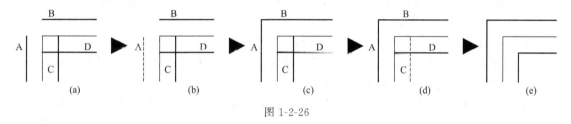

图 1-2-26

a. 启动 "圆角" 命令 如上①所述。

b. 修改圆角当前设置 启动 "圆角" 命令后，根据命令行提示按下述步骤进行操作。

（a）"当前设置：模式＝不修剪，半径＝默认值

选择第一个对象或〔多段线（P）/半径（R）/修剪（T）/多个（M）〕:"输入 T 回车。修改当前设置中的不修剪模式。

（b）"输入修剪模式选项〔修剪（T）/不修剪（N）〕＜不修剪＞:"输入 T 回车。当前设置中的模式改为修剪。

（c）"选择第一个对象或〔放弃（U）/多段线（P）/半径（R）/修剪（T）/多个（M）〕:"输入 R 回车。修改当前设置中的半径。

（d）"指定圆角半径＜默认值＞:"输入 0.0000 回车。当前设置中上次操作半径改为 0.0000 值。

（e）"选择第一个对象或〔放弃（U）多段线（P）/半径（R）/修剪（T）/多个（M）〕:"输入 M 回车。进行连续操作设置。

c. 选择对象 继续根据提示进行如下操作进行命令操作。

（a）"选择第一个对象或〔放弃（U）多段线（P）/半径（R）/修剪（T）/多个（M）〕:"选择墙线 A。得图（b）。

（b）"选择第二个对象，或按住 Shift 键选择要应用角点的对象:"选择墙线 B。得图（c）。

（c）"选择第一个对象或〔放弃（U 多段线（P）/半径（R）/修剪（T）/多个（M）〕:"选择墙线 C。得图（d）。

（d）"选择第二个对象，或按住 Shift 键选择要应用角点的对象:"选择墙线 D。得到图（e）。

（e）"选择第一个对象或〔多段线（P）/半径（R）/修剪（T）/多个（M）〕:"回车。结束命令操作。

2）倒角（Chamfer）

作用：倒角与圆角有些类似，使两实体之间用直线进行过渡。也可用于墙角线间的修改。

步骤：启动倒角（C）→修改倒角（C）当前设置→选择对象进行操作。

① 启动命令　启动"倒角"命令可用如下 3 种方法。

➢ 选择（菜单栏）【修改（M）】→倒角（C）命令。

➢ 单击"修改"工具栏上的"倒角"按钮 ▢。

➢ 命令窗口"命令:"输入 Chamfer（简捷命令 CHA）并回车。

② 具体操作　启动"圆角"命令后，根据命令行提示按下述步骤进行操作。

a. "（"修剪"模式）当前倒角距离 1＝默认值，距离 2＝默认值

选择第一条直线或［放弃（U）/多段线（P）/距离（D）/角度（A）/修剪（T）/方式（M）/多个（M）］:"选择要进行倒角的第一个实体。如图 1-2-27（a）所示，选择"直线段 1"。

b. "选择第二条直线，或按住 Shift 键选择要应用角点的直线:"选择第二个实体。选择 1-2-27（a）中"直线段 2"，得到如图 1-2-27（c），其中 L1＝倒角距离 1 的默认值；L2＝倒角距离 2 的默认值，如图 1-2-27（b）所示。

③ 其他选项　其中"放弃（U）"、"多段线（P）"、"修剪（T）"、"多个（M）"等选项同"圆角（F）"命令，其他选项含义如下。

⬥ 距离（D）：确定两个新的倒角距离。选择该选项后，可根据命令行提示进行如下操作。

"指定第一个倒角距离 ＜默认值＞:"要求用户输入第一个实体上的倒角距离，即从两实体的交点到倒角线起点的距离。如图 1-2-27（b）中的第一实体线段 1 上的 L1 长度。回车。

"指定第二个倒角距离 ＜默认值＞:"要求用户输入第二个实体上的倒角距离。如图 1-2-27（b）中的第 2 实体线段 2 上的 L2 长度。回车。

输入倒角距离后，重复上述"②具体操作"中的操作步骤，得到图 1-2-27（c）。

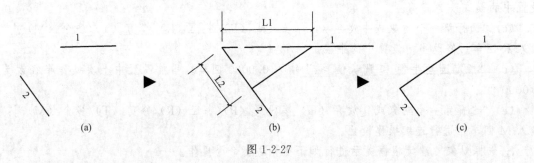

图 1-2-27

⬥ 角度（A）：确定第一个实体的倒角距离和角度。选择该选项后，可根据命令行提示进行如下操作。

"指定第一条直线的倒角长度 ＜默认值＞:"输入 L1 值［如图 1-2-28（b）所示］，回车。

"指定第一条直线的倒角角度 ＜默认值＞:"输入 β 角度，回车。输入倒角线相对于第一实体的角度，而倒角线是以该角度为方向延伸至第二个实体并与之相交的。

重复上述"②具体操作"中的操作步骤，得到图 1-2-28（c）。

⬥ 修剪（T）：确定倒角的修剪状态。选择 T 选项后，将出现下列提示:

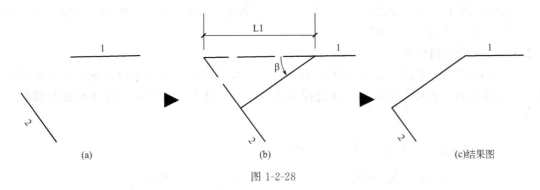

图 1-2-28

"输入修剪模式选项 [修剪 (T) /不修剪 (N)] <修剪>:" T 表示修剪倒角，N 表示不修剪倒角。如图 1-2-29 所示，(b) 为不修剪状态下的倒角结果；(c) 为修剪状态下的倒角结果。

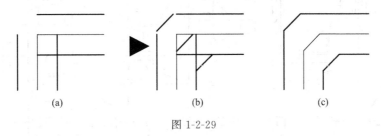

图 1-2-29

⬚ 方式 (M)：确定倒角的方法。输入 M 后，根据操作命令提示，按下述步骤进行操作。

"输入修剪方法 [距离 (D) /角度 (A)] <距离>:" 选择 D 或 A 回车，则分别按照 "距离 (D)" 方式或 "角度 (A)" 方式进行倒角的操作。

3) 旋转 (Rotate)

作用：可使图形实体进行转动。

步骤：启动旋转→修改旋转当前设置→选择对象进行操作。

① 启动命令　启动 "旋转" 命令可用如下 3 种方法。

➢ 选择 (菜单栏)【修改 (M)】→旋转 (R) 命令。

➢ 单击 "修改" 工具栏上的 "旋转" 按钮 🔘。

➢ 命令窗口 "命令:" 输入 Rotate (简捷命令 RO) 并回车。

② 具体操作　启动 "旋转" 命令后，根据命令行提示按下述步骤进行操作。

a. "UCS 当前的正角方向：ANGDIR＝逆时针　ANGBASE＝0

选择对象:" 选择要进行旋转操作的实体目标。

b. "选择对象:" 回车结束选择。

"指定基点:" 确定旋转基点。

"指定旋转角度或 [参照 (R)]:" 确定绝对旋转角度。

旋转角度有正、负之分，如果输入角度为正值，实体将以基点为原点，沿着逆时针方向旋转。反之，则沿着顺时针方向旋转。

③ 其他选项　如果选择 "参照 (R)" 选项后，根据命令行提示按下述步骤进行操作。

"指定参照角 <0>:" 选择某一线段 AB 的端点 A。

"指定第二点:" 选段 AB 上任意一点 (A 点除外) C。

"指定新角度:"输入旋转角度 α。此时,实际相对于默认 0 度角旋转的角度为 α-β (β 为线段 AB 相对于默认 0 度的角度)。

1.2.3.2 完成项目任务

具体项目任务:如图 1-2-30 所示,为某住宅一层平面图,要求绘制如图所示的图形实体,不包括家具、阳台、文本。操作过程如图 1-2-31～图 1-2-34 所示。具体绘图步骤如下所述。

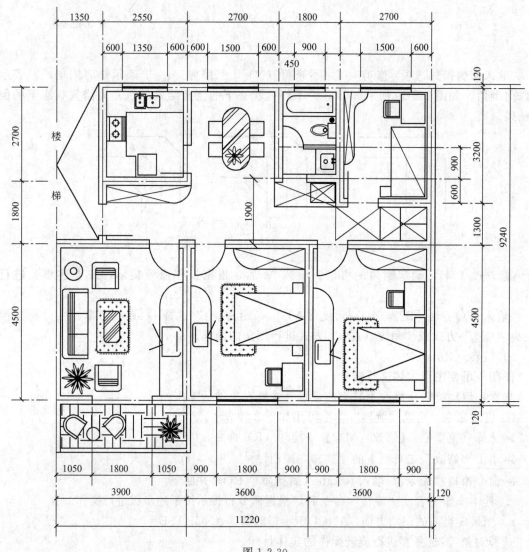

图 1-2-30

(1) 图层设置

在"图层特性管理"对话框中设置图层。满足表 1-2-1 所示条件。

(2) 设置状态栏

设置"对象捕捉":启用对象捕捉模式中的"端点(E) □ ☑端点(E)"、中点(M) △ ☑中点(M)";启用状态栏中"正交"功能、"对象捕捉"功能。

(3) 绘制轴线

如图 1-2-31 所示。当前层设为"中心线"层;在绘图界面上,"图层"工具栏的"图层

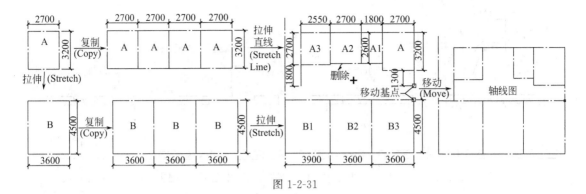

图 1-2-31

控制"选择"中心线"层;"特性"工具栏中颜色为 ███ ByLayer、线型为---- • ----ByLayer、线宽为----ByLayer。具体步骤如下。

① 利用"直线(L)"命令绘制 2700mm×3200mm 矩形框 A。

② 运用"复制(C)"命令把 A 复制成 4A,经拉伸成 A+A1+A2+A3。

③ 运用"复制(C)"、"拉伸(H)"等命令,复制 A 并经拉伸得到 B,由 B 复制成 3B,3B 经拉伸成 B1+B2+B3。

④ 运用"移动(V)"命令,移动 A+A1+A2+A3 和 B1+B2+B3 形成右边的"轴线图"。

(4) 绘制墙线

当前层设为"中粗投影线"层;"特性"工具栏中颜色为 ███ ByLayer(绿色,随层)、线型为----ByLayer(随层)、线宽为 ███████ ByLayer(随层)。绘制过程如图 1-2-32 所示。具体步骤如下。

① 利用"多线"命令绘制内、外墙线,其中"多线样式"选用"墙线-随层"(具体设置方法详见本章节 1.2.2.2),得图 1-2-32(a)。

② 利用"分解"命令分解内、外墙线;利用"延伸"、"修剪"、"删除"、"圆角"等命令进行修改得图 1-2-32(b)。

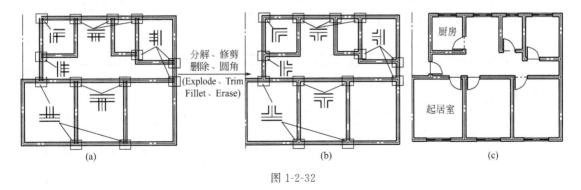

图 1-2-32

(5) 绘制窗

① 绘制窗模板 绘制图 1-2-33(a)所示的窗洞宽度为 1350mm 的窗洞投影线作为模板。其中窗框在"粗投影线"图层中绘制,特性工具栏中特性均为"ByLayer"(随层);窗扇与窗台在"细投影线"图层中绘制,特性工具栏中特性均为"ByLayer"(随层)。轴线在"中心线"图层中绘制,特性工具栏中特性均为"ByLayer"(随层)。

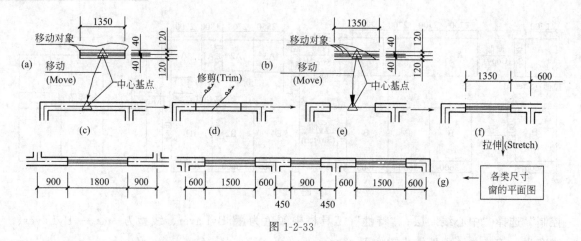

图 1-2-33

② 绘制图 1-2-32（c）厨房外墙窗　绘制过程如图 1-2-33 所示，具体步骤如下。

a. 绘制垂直窗洞线　移动"窗模板（a）"中的移动对象至"（c）"中，基点依次为"（a）"、"（c）"中轴线的中心点。得图"（d）"。此时"窗模板（a）"变成"（b）"。

b. 绘制窗台、窗扇线　运用"修剪"命令去除"（d）"中所标设的水平墙线，得到"（e）"；移动"（b）"中的移动对象至"（e）"中，基点依次为"（b）"、"（e）"中轴线的中心点。得图"（f）"。

③ 绘制其他外墙窗　复制"1350mm 窗"模板，在需绘制外墙窗的外墙段重复"⑤绘制窗/②"步骤。运用"拉伸"命令，把"1350mm 窗"拉伸至各自具体尺寸。如图 1-2-32（c）所示。

④ 注意事宜。

◆ 可以"1350mm 窗"作为模板，用"连续复制"命令先完成每个窗的垂直窗洞线的绘制；再统一修剪窗台线处的水平墙线；用"连续复制"命令复制每个窗的窗扇；最后运用"拉伸"命令，把"1350mm 窗"拉伸到各自的窗洞尺寸。

（6）绘制门

① 绘制门模板　绘制图 1-2-34（a）所示的门洞投影线作为模板。其中门框在"粗投影线"图层中绘制，特性工具栏中特性均为"ByLayer"（随层）。

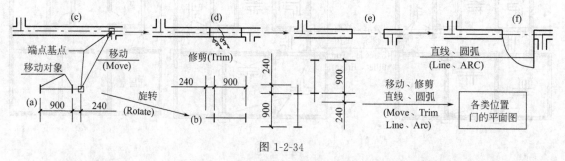

图 1-2-34

② 绘制图 1-2-32（c）"起居室"房间门　绘制过程如图 1-2-34 所示，具体步骤如下。

a. 绘制垂直门洞线　移动"（a）"中的移动对象至"（c）"中，基点依次为"（a）"、"（c）"中轴线的端点。得图"（d）"。

b. 删除门洞处墙线　运用"修剪"命令去除"（d）"中所标设的水平墙线，得到"（e）"。

　　c. 绘制门扇　在"粗投影线"图层中绘制，特性工具栏中特性均为"ByLayer"（随层）。运用"直线"命令绘制。如图"（f）"所示。

　　d. 绘制门扇轨迹线。在"细投影线"图层中绘制，特性工具栏中特性均为"ByLayer"（随层）。运用"圆弧"命令绘制，具体绘制过程、方法参照图 1-2-24 所示左侧门中 90 度平开门轨迹线的绘制方法。得图"（f）"。

　　③ 绘制其他门　复制"（a）"门模板；运用"旋转"命令旋转门模板，得到各种不同方向的门模板，如图"（b）"所示；在需绘制门的墙段，选择相应方向的门模板，重复"（6）绘制门/②"步骤绘制相应的门。如图 1-2-32（c）所示。

　　（7）注意事宜

　　◆ 在绘制一层平面图的轴线时，应使布置有门、窗的墙段的轴线是独立的直线段，以便于在绘制门窗时，基点可选择本墙段轴线的特征点（如中点），便于捕捉。

　　◆ 在绘制窗、门模板时，注意辅助线的作用。

　　◆ 运用"多线"命令绘制墙线时，在设定样式时，其中图元的特性一般设为"ByLayer"（随层），在绘制墙线时，只要把相应的图层设置为当前层，特性设置为"ByLayer"（随层）即可。如本例中运用"墙线-随层"多线样式绘制的墙线。

　　◆ 在"（4）绘制墙线/①"中的"墙线 随层"样式的设置参看"图 1-2-11～图 1-2-13"中"墙线"的设置过程。

1.3　建筑标准层平面图（无文本、尺寸）的绘制

【项目任务】

绘制某住宅楼标准层平面图（详见附录 1，无文本、无标注、无家具布置）。

【专业能力】

绘制建筑标准层平面图（无文本、无标注、无家具布置）的能力。

【CAD 知识点】

绘图命令：矩形（Rectang）、椭圆（Ellipse）、图案填充（Bhatch）、渐变色（Gradient）。

修改命令：偏移（Offset）。

1.3.1　绘图前的准备

1.3.1.1　绘图命令——矩形（Rectang）

作用：可绘制任意尺寸的矩形，可用于矩形中心线（轴线）、阳台等图形实体的快速绘制。

步骤：启动"矩形"命令→设置"矩形"命令当前模式（选择绘图方式）→绘制矩形。

（1）启动命令

启动"矩形"命令可用如下 3 种方法。

➢ 选择（菜单栏）【绘图（D）】→"矩形（G）"命令。

➢ 单击"绘图"工具栏上的"矩形"按钮 ▢ 。

➢ 命令窗口"命令:"输入 Rectang（简捷命令 REC）并回车。

（2）具体操作

启动"矩形"命令后，根据命令行提示按下述步骤进行操作。

　　① "指定第一个角点或 [倒角（C）/标高（E）/圆角（F）/厚度（T）/宽度（W）]:"确定矩形第一个角点。

② "指定另一个角点或［面积（A)/尺寸（D)/旋转（R)］:"输入点坐标或直接在屏幕上确定另一个角点,绘出矩形。或输入 D 回车,出现如下提示:

"指定矩形的长度＜默认值＞:"输入矩形长度回车。

"指定矩形的宽度＜默认值＞:"输入矩形宽度回车。

（3）其他选项

其他选项含义如下。

⬛ 倒角（C):设定矩形四角为倒角及倒角大小。选择该项后,根据提示作如下操作。

"指定矩形的第一个倒角距离＜默认值＞:"输入长度方向的倒角距离如图 1-3-1（a)中的 L1。

"指定矩形的第二个倒角距离＜默认值＞:"输入宽度方向的倒角距离如图 1-3-1（a)中的 L2。

⬛ 标高（E):确定矩形在三维空间内的基面高度。

⬛ 圆角（F):设定矩形四角为圆角。选择该项后,根据提示作如下操作。将得到如图 1-3-1（b)结果。

"指定矩形的圆角半径＜默认值＞:"输入矩形四角为圆角时的圆角半径 R,回车。

⬛ 厚度（T):设置矩形厚度,即 Z 轴方向的高度。

⬛ 宽度（W):设置所绘矩形实体的线条宽度。如图 1-3-1（c)所示。

"指定矩形的线宽＜默认值＞:"输入线宽值回车。

⬛ 面积（A):以矩形一个角点、矩形面积、矩形长或宽为方式绘制矩形。输入"A"后,根据提示作如下操作。

"输入以当前单位计算的矩形面积＜100.0000＞:"输入所绘矩形的面积回车。

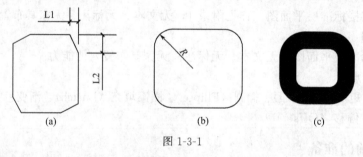

图 1-3-1

"计算矩形标注时依据［长度（L)/宽度（W)］＜长度＞:"输入"L"或"W"回车（如输入"L")。

"输入矩形长度＜10.0000＞:"输入矩形长度值。

⬛ 旋转（R):设定所绘制的矩形的旋转角度。

（4）注意事宜

◆ 用矩形（G)命令绘制出的矩形,AutoCAD 把它当作一个实体,其四条边是一条复合线,不能单独分别编辑,若要使其各边成为单一直线进行分别编辑,需使用"分解（X)"命令将其进行分解。

1.3.1.2 绘图命令——椭圆（Ellipse)

作用:可绘制任意尺寸的椭圆,可用于家具的绘制中。

步骤:启动椭圆（Ellipse)→选择绘图方式→绘制椭圆。

（1）启动命令

启动"椭圆"命令可用如下 3 种方法。

➢ 选择（菜单栏）【绘图（D）】→"椭圆（E）"→选取级联菜单中相应命令。如图1-3-2所示。

➢ 单击"绘图"工具栏上的"椭圆"按钮 ⬬。

➢ 命令窗口"命令:"输入 Ellipse（简捷命令 EL）并回车。

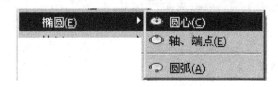

图 1-3-2

（2）具体操作

启动"椭圆"命令后，根据命令行提示按下述步骤进行操作。

① "指定椭圆的轴端点或［圆弧（A）/中心点（C）］:"选定椭圆的端点，回车。

② "指定轴的另一个端点:"选择轴的另一个端点，回车。

③ "指定另一条半轴长度或［旋转（R）］:"在屏幕上确定一点或输入半轴长度值并回车。确定另一条半轴长度。或输入 R，回车，出现如下提示：

"指定绕长轴旋转的角度:"在屏幕上指定点或输入一个有效范围为 0 至 90 的角度值。输入值越大，椭圆的离心率就越大。输入 0 将定义为圆。此是通过绕第一条轴旋转来创建椭圆。

（3）其他选项

其他选项含义如下。

⬛ 圆弧（A）：创建一段椭圆弧。选择该项后，根据提示作如下操作。

"指定椭圆弧的轴端点或［中心点（C）］:"确定端点。

"指定轴的另一个端点:"确定另一个端点。

⬛ 中心点（C）：用指定的中心点创建椭圆弧。选择该项后，根据提示作如下操作。

"指定椭圆的中心点:"确定中心点。

"指定轴的端点:"确定轴的端点。

（4）注意事宜

◆ 所绘制的椭圆的第一条轴的角度确定了椭圆弧的角度。第一条轴既可定义椭圆弧长轴也可定义椭圆弧短轴。

1.3.1.3 绘图命令——图案填充（Bhatch）

作用：可直观表示建筑材料。常用于需显示装饰材料、大比例建筑施工图（如墙体大样图）中。

步骤：启动图案填充（Bhatch）→进行相关设定并选择填充区域→进行图案填充选项卡的操作。

（1）启动命令

启动"图案填充"命令可用如下 3 种方法。

➢ 选择（菜单栏）【绘图（D）】→"图案填充（H）..."命令。

➢ 单击"绘图"工具栏上的"图案填充"按钮 ▨。

➢ 命令窗口"命令:"输入 Bhatch（简捷命令 BH）并回车。

启动"图案填充"命令后，弹出"图案填充和渐变色"对话框，如图 1-3-3 所示。对话

图 1-3-3

框中包括"图案填充"和"渐变色"两个选项卡，下面介绍该对话框中主要内容。

（2）"图案填充"选项卡

① 类型和图案选项组　"类型和图案"选项组：包括类型（Y）、图案（P）与样例等三个选项。如下所述。

a. "类型"下拉列表框　用于确定图案的类型，有如下 3 种填充类型。

➟ 预定义：按系统预定义图样填充。

➟ 用户定义：按用户自定义图样填充。

➟ 自定义：采用某个定制图样填充。

b. "图案（P）"下拉列表框　显示图案的名称。用户可以直接从该下拉列表框中选择图案名称，也可以单击右侧按钮，从弹出的"填充图像选项版"对话框中选取，如图 1-3-4 所示，该对话框共有 4 个选项卡，每个选项卡代表一类图案定义，每类下包含多种图案供用户选择。

c. 样例显示框　在"图案"中选中的图案样式会在该显示框中显示出来，方便用户查看所选图案是否合适。单击此图像框，同样会弹出"填充图像选项版"对话框（如图 1-3-4 所示），供用户选择图案。

② 角度和比例选项组　各个选项含义如下所述。

➟ "角度（G）"下拉列表框：设定图样填充时的旋转角度。

➟ "比例（S）"下拉列表框：设定图样填充时的比例。

用户可根据需要，选择所填图案的角度与比例。如图 1-3-5 所示，在其他都相同的情况下，（a）图设定角度为 45 度、比例为 1；（b）图设定角度为 0 度、比例为 0.5。

➟ "双向"复选框：该复选框在"类型"中选择"用户定义"时才起作用，即默认为一组平行线组成填充图案，选中时为两座相互正交的平行线组成的填充图案。

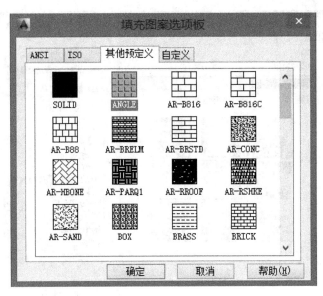

图 1-3-4

   "相对图纸空间"复选框：用于控制是否相对于图纸空间单位确定填充图案的比例。

   "间距"编辑框：该复选框同"双向"复选框，也是只有在"类型"中选择"用户定义"时才起作用，即用于确定填充平行线间的距离。

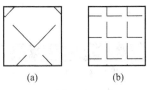

图 1-3-5

   "ISO 笔宽"下拉列表框：该列表框用于控制图案比例，但只有在用户选择了"ISO"类型的图案时才允许用户进行设置。

  ③ "图案填充原点"选项组 控制图案生成的起始位置。默认情况下，所有图案填充原点都相对于当前的 UCS 原点，也可以选择"指定的原点"及下面一级的选项重新指定原点。

  （3）渐变色选项卡

  渐变色是指从一种颜色平滑过渡到另一种颜色。渐变色选项卡可使用户对于填充区域进行渐变色填充，如图 1-3-6 所示渐变色选项卡。

  单击图 1-3-3（或图 1-3-6）右下角的 ⊙，将得到"图案填充和渐变色"展开对话框，如图 1-3-7 所示。

  （4）孤岛

  在进行图案填充时，位于图案填充边界内的封闭区域或文字对象将视为孤岛。

  ① 孤岛检测 确定是否检测孤岛。

  ② 孤岛显示样式 确定图案的填充方式。有三种方式。如下所述。

   普通：标准方式，从外向内隔层进行填充。

   外部：只将最外层填充。

   忽略：忽略边界内的孤岛，全部填充。

  （5）边界

  选择填充图案的填充边界，通常和孤岛配合使用。各选项如下所述。

  ① "添加：拾取点" 以拾取点的方式确定图案填充区域的边界。即要求用户在要填充区域内拾取一点，以此决定边界。

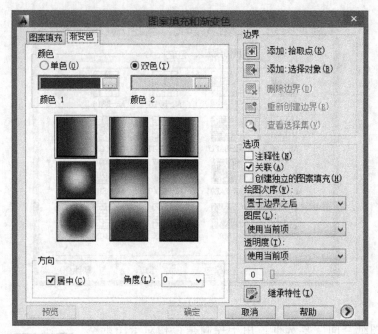

图 1-3-6

图 1-3-7

② "添加：选择对象"　以选取图形实体的方式确定图案填充区域的边界。

③ "删除边界"　删除以前确定的作为边界的对象。

④ "重新创建边界"　围绕选定的图案填充或填充对象创建多段线或面域。

⑤ "查看选择集"　用于用户查看已经确定了的边界，单击该按钮，可以切换到绘图界

面查看填充区域的边界，单击鼠标右键返回对话框。

⑥ 具体操作　以图 1-3-8（a）图形实体为例，操作边界的设定过程及其不同的填充效果。

a. 打开"图案填充和渐变色"展开对话框，如图 1-3-7 所示。

b. 图案填充方式　选择孤岛检测，孤岛显示样式定为"普通"，如图 1-3-7 所示。

c. 边界操作　采用"添加：拾取点"方式确定边界，用鼠标左键单击"添加：拾取点"按钮 ⊞。此时将回到绘图界面，光标变为十字，根据命令行提示可进行如下操作。

（a）"拾取内部点或［选择对象（S）/删除边界（B）］："选择所要填充图案的区域内任一点。如图 1-3-8（a）所示，选择 A 与 B 之间的任一点。

（b）"拾取内部点或［选择对象（S）/删除边界（B）］："回车，界面切换到图 1-3-7"图案填充与渐变色"对话框。

（c）在图 1-3-3"图案填充"选项卡中，类型和图案选项组设定如图中所设，角度设定为"45"，比例为"0.25"，按"确定"结束"图案填充"选项卡。将得到图（b）。

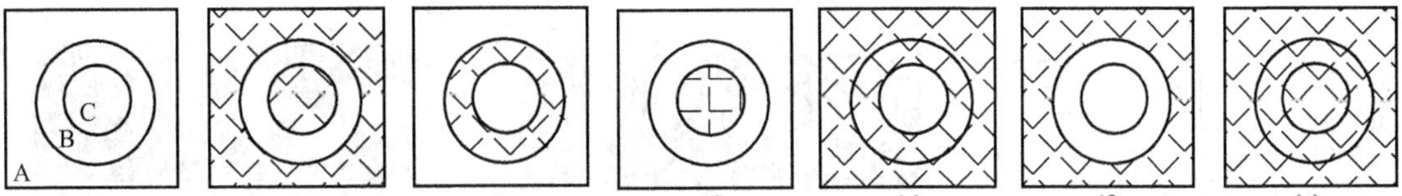

（a）　　（b）　　（c）　　（d）　　（e）　　（f）　　（g）

图 1-3-8

d. 其他选项　其他主要选项含义如下。

＊删除边界（B）：如在上述"（b）"选择该项，即输入"B"回车，将出现如下提示。"选择对象或［添加边界（A）］："选项边界 B，回车。

此时将得到图（e）；如果选择（a）中 C 并回车，将得到图（f）；选择 B 后，根据相同提示，又选择 C 并回车，将得到图（g）。

e. 注意事宜。

◆ 如存在众多边界时，通常选择"孤岛检测"、"普通"显示样式，运用"拾取点"法进行边界选择图案填充。如图 1-3-8（a）中拾取点选择在 A、B 之间时，此时，边界 A 及其被包括在边界 A 内的边界 B、边界 C 将同时被选上，以"从外向内隔层进行填充"的"普通"显示样式原则将得到（b）。如上述操作中的拾取点选择在 B、C 之间，此时，将得到图（c）；如果选择在 C 边界内，将得到图（d）。

◆ 只有闭合的图形实体，才会被选中作为边界处理。

（6）选项

⊥ 关联（A）：该复选框确定填充图样与边界的关系。选择了该复选框，当用于定义区域边界的实体发生移动或修改时，该区域内的填充图样将自动更新，重新填充新的边界；否则填充图案将与边界没有关联关系，即图案与填充区域边界将是两个独立实体。

⊥ 创建独立的图案填充（H）：当选择了该复选框时，则图案填充分解为一条条直线，并丧失关联性。

⊥ 绘图次序（W）：该下拉框用于指定填充图案的绘图顺序。

（7）继承特性

可选用图中已有的填充图样作为当前的填充图样，相当于格式刷。

（8）边界保留

该选项确定是否将边界保留为对象，并确定应用于边界对象的对象类型是多段线还是面域。

（9）允许的间隙

设置将对象用图案填充边界时可以忽略的最大间隙默认值为 0。此值指定对象必须是封闭区域而且没有间隙。

（10）继承选项

使用 Inherit Properties 创建图案填充时，控制图案填充原点的位置。

【实例 1-9】 如图 1-3-9 所示，阳台（a）需进行地面砖图案填充。具体操作如下所述。

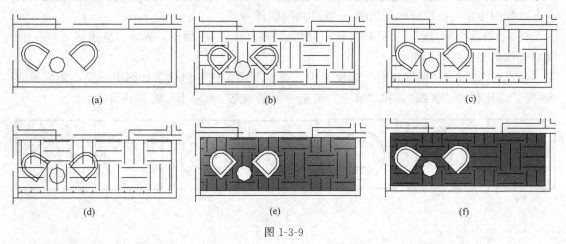

图 1-3-9

① 启动图案填充　弹出"图案填充和渐变色"对话框，并使之展开，如图 1-3-7 所示。

② 选择图案　打开"图案填充"选项卡，在"类型和图案"选项组中进行如图 1-3-10 所示选择进行操作；"在角度和比例"选项组中角度确定为"0"，比例暂定为"1"。

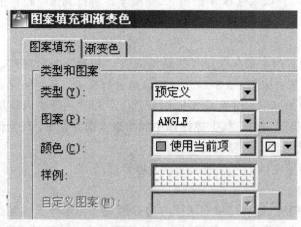

图 1-3-10

③ 设定填充区域　首先选择图案填充显示方式：选择孤岛检测，选择"外部"孤岛显示样式。再进行边界选择，具体如下操作。

🔲 单击"添加：拾取点"按钮，出现绘图界面，在图 1-3-9（a）中的阳台栏板内沿线、外墙外沿线、高差线等构成的闭合区域中任取一点（此点应在家具外沿线之外）。回车回到对话框。

🔲 在对话框中按确认按钮，即可结束命令操作，得图（c）。

对于图 1-3-9 中的（b）、（d）结果，应分别选择"普通"、"忽略"孤岛显示样式，即可得到图示图案填充效果。

④ 渐变色操作　此操作在"渐变色"选项卡中进行，如图 1-3-6 所示。根据需要，选择单色或双色，其他操作同"图案填充"中相应操作，如图（e）、（f）分别是选择单色、双色所得渐变色效果。

（11）注意事宜

◆ 在进行图案填充时，有时会出现填充图案为空或涂实效果，此时应调小比例或调大比例，直到达到合适的图案效果。

1.3.1.4　修改命令——偏移（Offset）

作用：在工程图中，可用来绘制一些距离相等、形状相似的图形，如环形跑道、人行道、阳台等实体图形。下拉菜单【绘图（D）】

步骤：启动偏移（Offset）→选择偏移方式→选择对象进行操作。

（1）启动命令

启动"偏移"命令可用如下 3 种方法。

➤ 选择（菜单栏）【修改（M）】→偏移（S）命令。

➤ 单击"修改"工具栏上的"偏移"按钮。

➤ 命令窗口"命令:"输入 Offset（简捷命令 O）并回车。

（2）具体操作

启动"偏移"命令后，根据命令行提示按下述步骤进行操作。

① "当前设置：删除源＝否　图层＝源　OFFSETGAPTYPE＝0

指定偏移距离或［通过（T）/删除（E）/图层（L）］＜5.0000＞:"输入偏移量并回车。可直接输入一个数值或通过两点之间的距离来确定偏移量。

② "选择要偏移的对象，或［退出（E）/放弃（U）］＜退出＞:"选取要偏移复制的实体目标。如选择图 1-3-11（a）中直线段 A，此时 A 变亮成虚线，如图 1-3-11（b）所示。

③ "指定要偏移的那一侧上的点，或［退出（E）/多个（M）/放弃（U）］＜退出＞:"在复制后的实体所在原实体一侧任选一点。如图 1-3-11（b）所示，选择直线段 A 的左侧任意一点。得图 1-3-11（c）。

④ "选择要偏移的对象，或［退出（E）/放弃（U）］＜退出＞:"继续选择实体或直接回车结束命令。

图 1-3-11

（3）其他选项

其他主要选项含义如下。

通过（T）：如果在上述"①"提示中输入 T 并回车，就可确定一个偏移点，从而使偏移复制后的新实体通过该点。此时，可按命令行提示作如下操作。

"选择要偏移的对象，或［退出（E）/放弃（U）］＜退出＞:"选择要偏移复制的图形实体。

"指定通过点或［退出（E）/多个（M）/放弃（U）］＜退出＞:"确定要通过的点。

"选择要偏移的对象，或［退出（E）/放弃（U）］＜退出＞:"选择实体以继续偏移或直接回车退出。

✦ 删除（E）：选择该项后，命令行将出现"在偏移后删除源对象吗？〔是（Y）/否（N）〕＜否＞："的提示，如果选择"是（y）"，即输入 Y，则表示，在图 1-3-11 中完成直线段 A 的偏移后，图（c）中的直线段 A 将被删除。

✦ 多个（M）：选择该项后表示，对于一个偏移对象，如直线段 A，可以多次连续执行"指定要偏移的那一侧上的点，或〔退出（E）/多个（M）/放弃（U）〕＜退出＞："提示，得到的系列偏移实体和原实体一起，将是一组等间距的平行线。如图 1-3-11（d）所示的直线段 A、D、E。

✦ 图层（L）：对偏移复制的实体是否和原实体在一个图层进行确定。

（4）注意事宜

◆ 偏移命令和其他的编辑命令不同，只能用直接拾取的方式一次选择一个实体进行偏移复制。可以偏移直线、圆弧、圆、椭圆和椭圆弧（形成椭圆形样条曲线）、二维多段线、构造线（参照线）和射线、样条曲线等图形实体。不能偏移点、图块、尺寸和文本等。

◆ 对于直线、单向线、构造线等实体，AutoCAD 将平行偏移复制，直线的长度保持不变。

◆ 对于圆、椭圆、椭圆弧等实体，AutoCAD 偏移时将同心复制。偏移前后的实体将同心。

◆ 多段线的偏移将逐段进行，各段长度将重新调整。

【实例】 如图 1-3-12 所示，在外墙图（a）中绘制阳台，如图（d）所示。阳台栏板内墙线：水平方向到轴线间距离为 1380mm；垂直方向与轴线重合。比例为 1：100。按如下步骤进行操作。

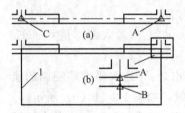 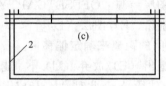 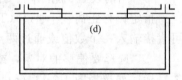

图 1-3-12

① 设置图层 按表 1-2-1 设置。当前图层为"细投影线"层，特性工具栏显示皆为"ByLayer（随层）"。绘图界面显示为 ⊞ ♀ ☼ ☆ ◻ ■ 细投影线 ▾ | ■ ByLayer ▾ | — ByLayer ▾ | — ByLayer ▾ 。

② 设置状态栏 设置"对象捕捉"：启用对象捕捉模式中的"端点（E）◻ ☑端点（E）"、"交点 ✕ ☑交点（I）"；启用状态栏中"正交"功能、"对象捕捉"功能。

③ 运用"矩形"命令绘制矩形 1 如图 1-3-12 中的（b）。首先启动"矩形"命令，根据命令行出现的提示进行如下操作。

a."指定第一个角点或〔倒角（C）/标高（E）/圆角（F）/厚度（T）/宽度（W）〕："选择（a）中的 C 点。

b."指定另一个角点或〔面积（A）/尺寸（D）/旋转（R）〕："输入"D"回车。

c."指定矩形的长度＜默认值＞："选择（1）中的 C 点；出现："指定第二点："选择（a）中的 A 点。

d."指定矩形的宽度＜默认值＞："输入 13.8 回车。其中 13.8＝1380÷100。

e."指定另一个角点或〔尺寸（D）〕："选择 CA 轴线的右下方任意一点。

④ 运用"偏移"命令绘制矩形 2，如图 1-3-12 中的（c）。启动"偏移"命令，根据命令行出现的提示进行如下操作。

a. "当前设置：删除源＝否　图层＝源　OFFSETGAPTYPE＝0

指定偏移距离或［通过（T）/删除（E）/图层（L）］＜5.0000＞:"选择（b）中的 A 点，出现"指定第二点:"，选择（b）中的 B 点。

b. "选择要偏移的对象，或［退出（E）/放弃（U）］＜退出＞:"选择矩形 1。

c. "指定要偏移的那一侧上的点，或［退出（E）/多个（M）/放弃（U）］＜退出＞:"选择矩形 1 外的任意一点。得到图 1-3-12（c）

d. "选择要偏移的对象，或［退出（E）/放弃（U）］＜退出＞:"回车退出。

⑤ 完善　对 1-3-12 中（c）进行修改，得到图 1-3-12（d）。具体操作如下。

a. 运用"分解"命令对矩形 1、矩形 2 进行分解。

b. 运用"删除"、"修剪"命令去掉多余线条。

1.3.2　绘制建筑标准层平面图

如图 1-3-13 所示，为某住宅标准层平面图，要求绘制如图所示的图形实体，不包括家具、文本、标注，图层设置按表 1-3-1 所示。绘制方法与步骤如下所述。

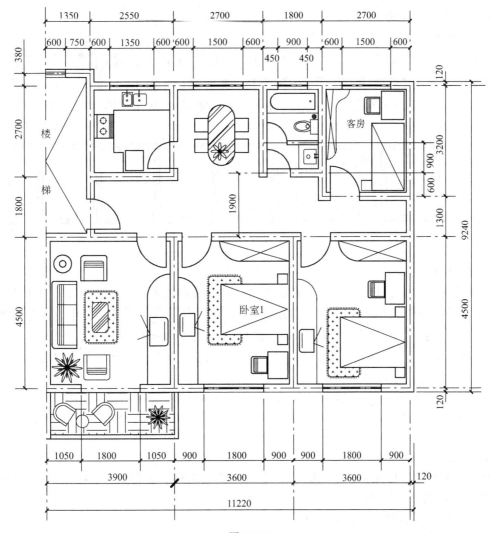

图 1-3-13

表 1-3-1　图层设置

名称	颜色	线型	线宽	备注
中心线	■红	ACAD_ISO4W100（点划线）	0.2mm	轴线
细投影线	□白	Continuous（实线）	0.2mm	工具/选项/显示/颜色为□白，颜色为■黑
中粗投影线	■绿	Continuous（实线）	0.6mm	被剖到投影线
虚线	■黄	ACAD_ISOO2W100（虚线）	0.2mm	
其他	自定	自定	自定	

1.3.2.1　图层、状态栏设置

（1）设置图层

根据表 1-3-1 图层设置要求，在"图层特性管理"对话框中设置图层。

（2）设置状态栏

设置"对象捕捉"：启用对象捕捉模式中的"端点（E） ☑端点(E)"；启用状态栏中"正交"功能、"对象捕捉"功能。

1.3.2.2　绘制北面房间

（1）绘制客房标准层平面图

1）绘制轴线

当前层设为"中心线"层。在绘图界面上，"图层"工具栏显示 ；"特性"工具栏显示为 ，此时颜色为■ByLayer（红色、随层）、线型为---- • ----ByLayer（随层）、线宽为----ByLayer（随层）。运用"矩形"命令绘制。如图 1-3-14（a）所示。

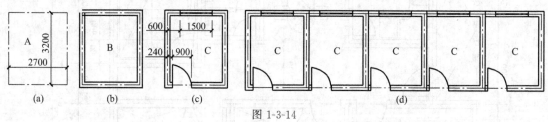

图 1-3-14

2）绘制墙线

① 图层设置　当前层设为"中粗投影线"层。在绘图界面上，"图层"工具栏显示 ；"特性"工具栏显示 。其中，颜色为■By-Layer（绿色，随层）、线型为----ByLayer（随层）、线宽为━━ByLayer（随层）。

② 设置多线样式　名称"墙线-随层"，其中图元中的颜色、线型均设为"ByLayer"并置为当前。具体仿 1.2.2.2 章节相应内容。

③ 绘制　运用"多线"绘制。当前设置为"当前设置：对正＝无，比例＝2.40，样式＝墙线-随层"，图 1-3-14（a）所示的轴线的四个交点作为绘制的起始端点。得图 1-3-14（b）。

3）绘制门窗

运用"分解"、"圆角"命令对图 1-3-14（b）进行分解、完善后，参照 1-2-33 及图 1-2-34 的绘制方法及步骤绘制窗、门。得图 1-3-14（c）。

（2）绘制 5 间客房标准层平面图

运用"复制"命令对图 1-3-14（c）进行复制，得到图 1-3-14（d）。复制时的复制对象

应选择有门窗的纵墙及一堵横墙，以免墙线、中心线重合。

（3）完善

运用"拉伸"、"删除"、"圆角"等命令修改图 1-3-14（d）为图 1-3-15，即 5C 修改为 C ＋C1＋C2＋C3＋C4。（可参照图 1-2-17～图 1-2-20 绘制方法及步骤）

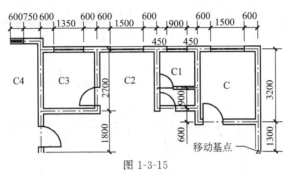

图 1-3-15

1.3.2.3 绘制南面房间

（1）绘制"卧室 1"标准层平面图

如图 1-3-13 所示的"卧室 1"，其尺寸为 3600mm×4500mm；具体绘制方法、步骤同 "1.3.2.2/（1）绘制客房标准层平面图"，得图 1-3-16（a）。

（2）绘制 3 间房间标准层平面图

运用"复制"命令复制图 1-3-16（a）"卧室 1"，得 1-3-16（b）中"卧室 2"；运用"镜像"命令镜像"卧室 1"得 1-3-16（b）中起居室。如图 1-3-16（b）所示。

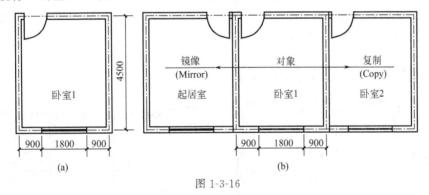

图 1-3-16

（3）完善

运用"拉伸"、"删除"、"圆角"等命令修改图 1-3-16（b），得图 1-3-17。

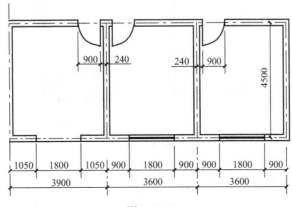

图 1-3-17

（4）绘制阳台

阳台栏板的绘制参看图 1-3-12 绘制方法及步骤；阳台楼面图案的填充参看图 1-3-9。得图 1-3-18。

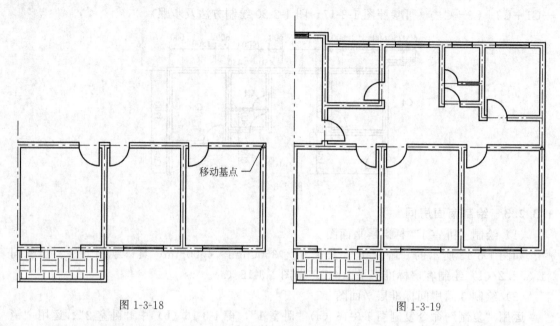

图 1-3-18   图 1-3-19

1.3.2.4　南、北房间合并

如图 1-3-20 所示，运用移动命令，使图 1-3-15＋图 1-3-18，并进行修剪、完善得图 1-3-19。即没有家具、文本、尺寸标注的图 1-3-13。

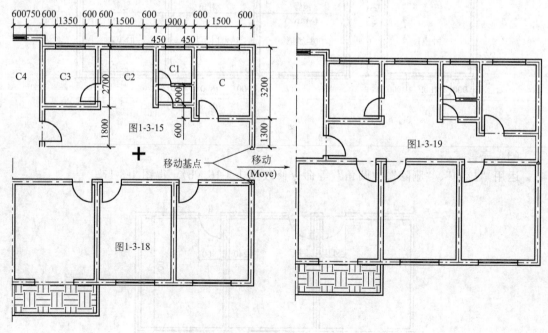

图 1-3-20

1.4　建筑屋顶平面图（无文本、尺寸）的绘制

【项目任务】

绘制某住宅楼屋顶平面图（详见附录1，无文本、无标注）。

【专业能力】

绘制建筑屋顶平面图（无文本、无标注）的能力。

【CAD知识点】

绘图命令：多线段（Pline）、正多边形（Polygon）。

修改命令：缩放（Scale）、打断（Break）。

1.4.1　绘图前的准备

1.4.1.1　绘图命令——多段线（Polyline）

可连续执行直线、圆弧等命令，并使直线与圆弧之间、圆弧与圆弧之间的连接平滑过渡。多段线由等宽或不等宽的直线段以及圆弧组成，AutoCAD把多段线看成是一个单独的实体。

作用：多段线在建筑施工图中可以用来绘制箭头、绘制各类实体的阴影、表示一定宽度或不等宽度的实体图形等。多段线可使图形的粗细直观地反映在AutoCAD绘图界面上。

步骤：启动多段线→设置多段线当前模式（或选择绘图方式）→绘制多段线。

（1）启动命令

启动"多段线"命令可用如下3种方法。

➤ 选择（菜单栏）【绘图（D）】→多段线（P）命令。

➤ 单击"绘图"工具栏上的"多段线"按钮 ⌐⊃。

➤ 命令窗口"命令:"输入Pline（简捷命令多PL）并回车。

（2）具体操作

启动"多段线"命令后，根据命令行提示按下述步骤进行操作。

①"指定起点:"选择多段线的起点

②"当前线宽为默认值。

指定下一个点或［圆弧（A）/半宽（H）/长度（L）/放弃（U）/宽度（W）］:"选择多段线的下一点。

③"指定下一点或［圆弧（A）/闭合（C）/半宽（H）/长度（L）/放弃（U）/宽度（W）］:"选择多段线下一点。

（3）其他选项

其他主要选项含义如下。

⊥ 闭合（CL）：该选项自动将多段线闭合，即将选定的最后一点与多段线的起点连起来，并结束命令。当多段线的宽度大于0时，若想绘制闭合的多段线，一定要用Close选项，才能使其完全封闭。否则，即使起点与终点重合，也会出现缺口。

⊥ 半宽（H）：该选项用于指定多段线的半宽值，绘制多段线的过程中，每一段都可以重新设置半宽值。

⊥ 长度（L）：定义下一段多段线的长度，AutoCAD将按照上一线段的方向绘制这一段多段线。若上一段是圆弧，将绘制出与圆弧相切的线段。

⊥ 放弃（U）：取消刚刚绘制的那一段多段线。

🠗 宽度（W）：该选项用来设置多段线的宽度值，选择该项后，将出现如下提示：

"指定起点宽度＜默认值＞："设置起点宽度。

"指定端点宽度＜默认值＞："设置终点宽度。

🠗 圆弧（A）：选择该选项后，出现以下提示：

"指定圆弧的端点或［角度（A）/圆心（CE）/方向（D）/半宽（H）/直线（L）/半径（R）/第二个点（S）/放弃（U）/宽度（W）］："

其中，角度（A）：指定圆弧的内含角；圆心（CE）：指定圆弧圆心；方向（D）：取消直线与弧的相切关系设置，改变圆弧的起始方向；直线（L）：返回绘制直线方式；半径（R）：指定圆弧半径；第二个点（S）：指定三点绘制弧；半宽（H）、放弃（U）与宽度（W）与"多线段"命令下的同名选项意义相同。

【实例 1-10】 绘制如图 1-4-1 所示的箭头。启动"多段线"命令后，根据命令行提示按下述步骤进行操作。

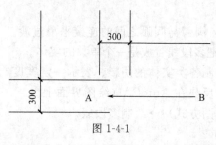

图 1-4-1

① "指定起点："选择 A 点。

② "当前线宽为默认值（上一次绘制多段线的线宽）指定下一个点或［圆弧（A）/半宽（H）/长度（L）/放弃（U）/宽度（W）］："输入"W"回车。

③ "指定起点宽度＜默认值＞："输入"0"回车。

④ "指定端点宽度＜0.0000＞："输入"3"回车。

⑤ "指定下一个点或［圆弧（A）/半宽（H）/长度（L）/放弃（U）/宽度（W）］："输入"L"回车。

⑥ "指定直线的长度："输入"3"回车。

⑦ "指定下一点或［圆弧（A）/闭合（C）/半宽（H）/长度（L）/放弃（U）/宽度（W）］："输入"W"回车。

⑧ "指定起点宽度＜3.0000＞："输入"0"回车。

⑨ "指定端点宽度＜0.0000＞："输入"0"回车。

⑩ "指定下一点或［圆弧（A）/闭合（C）/半宽（H）/长度（L）/放弃（U）/宽度（W）］："选择屏幕上 B 点并回车。结束"多段线"命令操作。

1.4.1.2 绘图命令——正多边形（Polygon）

作用：创建闭合的等边多段线，是绘制等边三角形、正方形、正八边形等图形的简单方法。

步骤：启动正多边形→选择绘制方式→确定相应参数，进行绘制操作。

（1）启动命令

启动"正多边形"命令可用如下 3 种方法。

➢ 选择（菜单栏）【绘图（D）】→正多边形（Y）命令。

➢ 单击"绘图"工具栏上的"正多边"按钮 ⬡。

➢ 命令窗口"命令："输入 Polygon（简捷命令 POL）并回车。

（2）具体操作

启动"正多边形"命令后，根据命令行提示按下述步骤进行操作。

① "命令：_polygon 输入边的数目＜当前默认边数＞："输入要绘制的正多边形边数。回车。

② "指定正多边形的中心点或［边（E）］："确定正多边形的中心点。

③ "输入选项［内接于圆（I）/外切于圆（C）］＜I＞："选择外切或内接方式。输入"I"为内接，输入"C"为外切，内接圆方式为默认项，可直接回车。

④ "指定圆的半径："确定外切圆或内接圆的半径，可直接在屏幕上确定半径在圆上一点，也可输入半径值回车。

内接于圆（I）方式是假想有一个圆，要绘制的正多边形内接于其中，即正多边形的每一个顶点都落在这个圆周上，操作完毕后，圆本身并不绘制出来。这种绘制方式需提供正多边形的 3 个参数：边数；外接圆半径，即正多边形中心至每个顶点的距离；正多边形中心点。

外切于圆（C）方式是假想有一个圆，要绘制的正多边形与之外切，即正多边形的各边均在假想圆之外，且各边与假想圆相切，操作完毕后，圆本身并不绘制出来。这种绘制方式需提供正多边形的 3 个参数：边数、内切圆圆心和内切圆半径。

（3）其他选项

其他选项含义如下。

🔲 边（E）：选择该项后，按如下提示进行操作。

"指定边的第一个端点："选择第一个端点。

"指定边的第二个端点："选择第二个端点；或输入边长值回车。

【实例 1-11】 绘制如图 1-4-2 所示的屋面水箱、上人孔平面图（比例为 1∶100）。

① 常规设置 图层选用按表 1-3-1 设置的图层。当前图层为细投影线层，特性工具栏显示皆为 ByLayer。绘图界面显示为 ▣☀︎✿❄️🔒▣■细投影线▼ ▣■ByLayer▼ ▬ByLayer▼ ▬ByLayer▼ 。设置"对象捕捉"，启用对象捕捉模式中的"端点（E）□ ☑端点(E)"、"中点（M）△ ☑中点(M)"；启用状态栏中"正交"功能、"对象捕捉"功能。

② 运用"矩形"命令绘制矩形 ABCD 尺寸为 2940mm×22800mm，如图 1-4-3（a）所示。

③ 绘制图 1-4-3 中的（b） 具体操作如下所述。

a. 运用"正多边形"命令绘制正方形 $A_1B_1C_1D_1$（尺寸为 1000mm×1000mm；选择"边（E）"选项进行操作）。

b. 运用"偏移"命令对 $A_1B_1C_1D_1$ 进行偏移（偏移距离输入"1.2"；偏移方向取 $A_1B_1C_1D_1$ 内任意一点）。

④ 绘制图 1-4-3 中的（c） 具体操作如下所述。

a. 运用"正多边形"命令绘制正方形 $A_2B_2C_2D_2$（比例为 1∶100，尺寸为 840mm×840mm；选择"边（E）"选项进行操作）。

b. 运用"偏移"命令对 $A_2B_2C_2D_2$ 进行偏移。启动"偏移"命令后，根据提示进行如下操作。

🔲 "当前设置：删除源＝否 图层＝源 OFFSETGAPTYPE＝0

指定偏移距离或［通过（T）/删除（E）/图层（L）］＜通过＞："输入 0.6 回车。

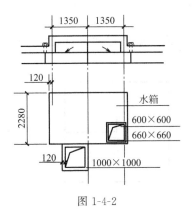

图 1-4-2

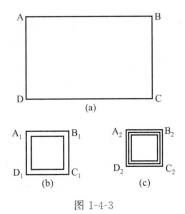

图 1-4-3

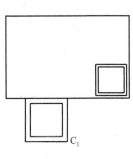

图 1-4-4

➍ "选择要偏移的对象，或〔退出（E)/放弃（U）〕＜退出＞:"选择矩形 $A_2B_2C_2D_2$。

➍ "指定要偏移的那一侧上的点，或〔退出（E)/多个（M)/放弃（U）〕＜退出＞:"输入 m 回车。

➍ "指定要偏移的那一侧上的点，或〔退出（E)/放弃（U）〕＜下一个对象＞:"选择 $A_2B_2C_2D_2$ 内任一点。得图 1-4-3（c）中中间的矩形。

➍ "指定要偏移的那一侧上的点，或〔退出（E)/放弃（U）〕＜下一个对象＞:"选择 $A_2B_2C_2D_2$ 内任一点，得图 1-4-3（c）中最小的矩形。退出命令操作。

⑤ 绘制图 1-4-4 具体操作如下。

a. 移动图 1-4-3（b）至图 1-4-3 中（a）位置。以图 1-4-3（b）中 B_1 为第一基点，第二点基点取矩形 ABCD 中的 CD 边的中点。如图 1-4-4 所示。

b. 移动 1-4-3（c）中的内部两个正方形至 1-4-4 图中位置。以图 1-4-3（c）图中 C_2 为第一基点，第二基点取（a）图中 C 点。如图 1-4-4 所示。

1.4.1.3 修改命令——缩放（Scale）

作用：在 X、Y 和 Z 方向按比例放大或缩小对象。对工程图进行缩放，可获得任意比例的工程图。

步骤：启动缩放（Scale）→选择缩放对象、基点→确定缩放比例系数进行缩放。

（1）启动命令

启动"缩放"命令可用如下 3 种方法。

➢ 选择（菜单栏）【修改（M）】→缩放（L）命令。

➢ 单击"修改"工具栏上的"缩放"按钮 。

➢ 命令窗口"命令:"输入 Scale（简捷命令 SC）并回车。

（2）具体操作

启动"缩放"命令后，以图 1-4-5 为例，根据命令行提示按下述步骤进行操作。

① "选择对象:"选择要进行比例缩放的实体。如图 1-4-5 选择矩形 ABCD。得图（b）。

② "选择对象:"继续选择或回车结束选择。本例中回车结束选择。

③ "指定基点:"确定缩放基点。通常选择图形的特征点。如图 1-4-5 选择矩形一角点 B。

④ "指定比例因子或〔复制（C)/参照（R）〕＜0.5674＞"输入比例缩放系数回车结束命令。输入 2 并回车，得图（c）。

（3）其他选项

其他主要选项含义如下。

➍ 复制（C）：保留缩放原图。上例中，如果选择该项，将得到图 1-4-5（d）。

➍ 参照（R）：输入"R"并回车。命令行将给出如下提示：

"指定参照长度＜1＞:"确定参考长度。可直接输入某长度值；或通过两个点确定一个长度；或直接回车，以单位 1 作为参考长度。

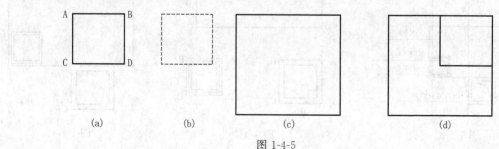

（a）　　　　　（b）　　　　　（c）　　　　　（d）

图 1-4-5

"指定新长度:"确定新长度。可直接输入某长度值。或确定一个点,该点和缩放基点连线的长度就是新长度。

【实例1-12】　　把3000mm×3900mm平面图由1:100比例改成1:200比例。如图1-4-6所示。启动缩放(Scale)命令后,根据命令行提示按下述步骤进行操作。

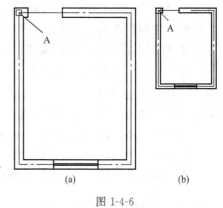

①"选择对象:"选择图1-4-6(a)图形实体。

②"选择对象:"回车结束选择。

③"指定基点:"选择图1-4-6(a)中A点(可选择任意一个特征点)。

④"指定比例因子或[复制(C)/参照(R)]<2>:"输入0.5(=100÷200)并回车,得图1-4-6(b)。

图1-4-6

(4)注意事宜

◆ 当用户不知道实体究竟要放大(或缩小)多少倍时,可以采用相对比例方式来缩放实体,该方式要求用户分别确定比例缩放前后的参考长度和新长度。新长度和参考长度的比值就是比例缩放系数,因此称该系数为相对比例系数。

◆ 由于AutoCAD提供了缩放(Scale)修改命令,故绘制工程图时,可按1:1比例绘制,通过缩放命令可得到所需要的任意比例工程图。

1.4.1.4　修改命令——打断(Break)

作用:可将一个实体(如圆、直线)从某一点打断,即"打断于点";也可删掉一个实体的某一部分,即"打断"。

步骤:启动打断(Break)→选择对象→确定对象打断点。

(1)启动命令

启动"打断"命令可用如下3种方法。

➢ 选择(菜单栏)【修改(M)】→打断(K)命令。

➢ 单击"修改"工具栏上的"打断"按钮 ⌷ 。

➢ 命令窗口"命令:"输入Break(简捷命令BR)并回车。

(2)具体操作

启动"打断"命令后,根据命令行提示按下述步骤进行操作。

①"命令:_break选择对象:"选择要删除某一部分的实体。

②"指定第二个打断点或[第一点(F)]:"选择要删除部分的第二点。选择该方式,就表示上一操作中选取实体的点作为第一点。

(3)其他选项

含义如下。

⊥第一点(F):表示重新输入要删除某一部分的实体的起始点。如输入"F"回车,则命令行出现如下提示:

"指定第一个打断点:"选取起点。

"指定第二个打断点:"选取终点。

(4)注意事宜

◆ AutoCAD删除对象在两个指定点之间的部分。如果第二个点不在对象上,则Auto-CAD将选择对象上与之最接近的点;因此,要删除直线、圆弧或多段线的一端,应在要删除的一端以外指定第二个打断点。

◆ 直线、圆弧、圆、多段线、椭圆、样条曲线、圆环以及其他几种对象类型都可以拆分为两个对象或将其中的一端删除。AutoCAD 按逆时针方向删除圆上第一个打断点到第二个打断点之间的部分，从而将圆转换成圆弧。

◆ 绘制工程图时，有时需把一个图形实体分成两部分，即删除其一点，则在运用"打断"命令时，只要把删除实体时输入的起始点选择同一点即可。此外，还可运用"打断于点"进行操作，单击"修改"工具栏上的"打断于点"按钮 🔲，即可启动此命令。启动后，可根据命令行提示作如下操作。

"命令：_ break 选择对象："选择要用点打断的实体。

"指定第二个打断点或［第一点（F）］：_ f

指定第一个打断点："选择打断点。

1.4.2 绘制建筑屋顶平面图

具体项目任务：如图 1-4-7 所示，为某住宅屋顶平面图，要求绘制如图所示的图形实体，绘图比例为 1：200，不包括文本、标注。绘制方法与步骤如下所述。

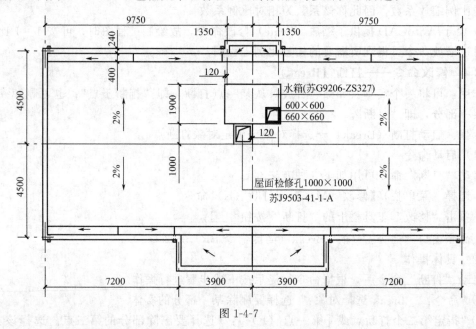

图 1-4-7

（1）准备工作

复制图 1-3-19，并对此镜像，得某住宅一个单元标准层平面图，如图 1-4-8 所示。

绘图界面中，当前图层为细投影线层，显示为 [🔳细投影线]；特性工具栏皆为 ByLayer，显示为 [🔳细投影线][■ByLayer][—ByLayer][—ByLayer]。

设置"对象捕捉"：启用对象捕捉模式中的"端点（E） 🔲 ☑端点(E)"；启用状态栏中"正交"功能、"对象捕捉"功能。

（2）绘制图 1-4-7 外轮廓线

① 设置多段线线宽　启动"多段线"命令→任意选择一点→输入 W 回车→输入 0 回车→输入 0 回车→单击鼠标右键在弹出的菜单条内选择确认结束命令操作。重新打开该命令，

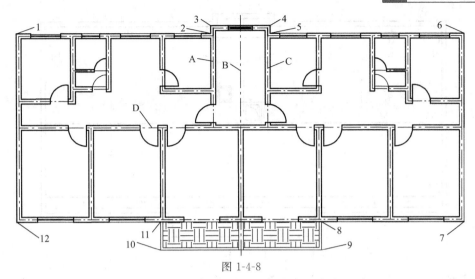

图 1-4-8

命令行将出现"当前线宽为 0.0000"的提示。

② 绘制 运用"多段线"命令绘制。在上述"当前线宽为 0.0000"的设置下，根据命令行的提示，依次选择图 1-4-8 中所示的点"1"、"2"、"3"、"4"、"5"、"6"、"7"、"8"、"9"、"10"、"11"、"12"，最后输入 C（表示闭合）回车，结束命令操作，得图 1-4-9 中的外轮廓线 E。

（3）绘制女儿墙、檐沟、水箱等投影线

① 绘制图 1-4-9 中"实体 F"、"实体 H" 运用"偏移"命令得到多段线 F、H。多段线 F：偏移对象为多段线 E，偏移距离为 2.4，偏移方向选取多线段 E 内任意一点；多段线 H：偏移对象为多段线 F，偏移距离为 4，偏移方向选取多段线 F 内任意一点。得图 1-4-9。

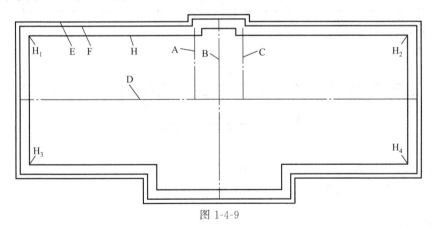

图 1-4-9

② 修改多线段 H 运用"打断于点"命令把多段线 H 在 H_1、H_2、H_3、H_4 处打断；运用"删除"命令删除直线段 H_1H_3、H_2H_4。

对于 H_1H_2 多段线运用延伸（Extent）命令 H_1、H_2 分别伸至多段线 F 相应一侧，并运用"拉伸"命令拉伸成直多段线。如图 1-4-10 所示。

对于多段线 H_3H_4 运用延伸（Extent）命令 H_3、H_4 分别伸至多线段 F 相应一侧。并运用拉伸"命令"拉伸成直多段线。如图 1-4-10 所示。

③ 绘制水箱、上人孔投影线 运用"复制"命令复制图 1-4-4，并运用"移动"命令把复制实体图形移动到图 1-4-10 中。移动第一基点为图 1-4-4 中的 C_1 点，第二基点为图 1-4-

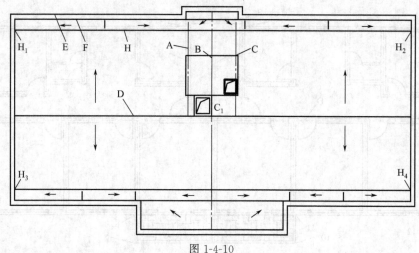

图 1-4-10

10 中的直线段 D 与直线段 B 的交点（如图 1-4-9 所示）。

④ 绘制箭头　运用"多段线"命令绘制箭头（可仿照图 1-4-1 绘制方法及步骤）。再运用"旋转"、"缩放"等命令得到各种类型的箭头，运用"移动"调整到合适的位置。如图 1-4-10 所示。

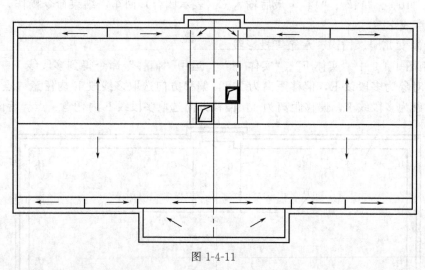

图 1-4-11

⑤ 完善　运用"直线"、"删除"、"修剪"等命令进一步完善图 1-4-10；运用"缩放"命令（缩放因子取 0.5）得到 1∶200 比例的图 1-4-11。

课后作业

绘制某住宅楼建筑平面图（详见附录 1，不包括无文本、无标注）。

课后拓展

1. 绘制某宿舍楼建筑平面图（详见附录 2，不包括无文本、无标注）。
2. 绘制某综合楼建筑平面图（详见附录 3，不包括无文本、无标注）。

2 建筑平面施工图的绘制

【项目任务】

运用图层、图块绘制某住宅楼建筑平面施工图并为之绘制图框、图标（详见附录1）。

【专业能力】

绘制建筑平面施工图的能力；绘制图框、图标的能力。

【CAD知识点】

绘图命令：直线（Line）、多线（Mutiline）、圆（Circle）、圆弧（Arc）、矩形（Rectang）、椭圆（Ellipse）、图案填充（Bhatch）、渐变色（Gradient）、多线段（Pline）、正多边形（Polygon）、创建块（Make Block）、插入块（Insert Block）、属性块（Wblock）、多行文字（Mtext）。

修改命令：删除（Erase）、修剪（Trim）、移动（Move）、复制（Copy）、镜像（Mirror）、分解（Explode）、延伸（Extent）、拉伸（Stretch）、圆角（Fillet）、倒角（Chamfer）、旋转（Rotate）、偏移（Offset）、缩放（Scale）、打断（Break）。

标准：视窗缩放（Zoom）与视窗平移（Pan）、对象特性（Properties）、特性匹配（'matchprop）。

工具栏：特性、查询（Inquiry）、图层（Layer）、标注、样式。

菜单栏：工具［选项（Options）-显示］、格式［图形界线（Limits）］、格式｛文字样式（Style）、绘图［单行文本（DText）、标注样式（Dimstyle）｝。

状态栏：正交（ORTHO）、草图设置（Drafting Settings)(包括捕捉与栅格、对象捕捉及追踪、极轴追踪、动态输入等的设置及其设置的开关）。

窗口"输入"命令：编辑多段线（PEdit）。

工具栏：图层、标注、样式。

菜单栏：格式｛文字样式（Style）、绘图［单行文本（DText）］，标注样式（Dimstyle）｝。

2.1 建筑平面图尺寸与文字的编辑

【项目任务】

标准、编辑建筑平面图文本、尺寸。

【专业能力】

标准、编辑建筑平面图文本、尺寸的能力。

【CAD 知识点】

绘图命令：多行文字（Mtext）。

工具栏：标注、样式。

标准：对象特性（Properties）、特性匹配（'matchprop）。

菜单栏：格式〈文字样式（Style）、绘图［单行文本（DText）］、标注样式（Dimstyle）〉。

2.1.1 标注与编辑建筑平面图文本

AutoCAD 2014 可以为图形进行文本标注和说明。对于已标注的文本，还提供相应的编辑命令，使得绘图中文本标注能力大为增强。

2.1.1.1 文字样式（Style）

文字样式是定义文本标注时的各种参数和表现形式。用户可以在文字样式中定义字体高度等参数，并赋名保存。可通过"文字样式"对话框来进行文字样式（Style）命令的操作。

（1）启动命令

启动"文字样式"命令可用如下 3 种方法。

➤ 选择（菜单栏）【格式（O）】→文字样式（S）…。

➤ 单击"样式"工具栏上的"文字样式…"按钮 ⚑。

➤ 命令窗口"命令："输入 Style（简捷命令 ST）并回车。

（2）对话框操作

启动"文字样式"命令后，弹出"文字样式"对话框，如图 2-1-1 所示。在该对话框中，用户可以进行字体样式的设置。下面介绍"文字样式"对话框中各项内容。

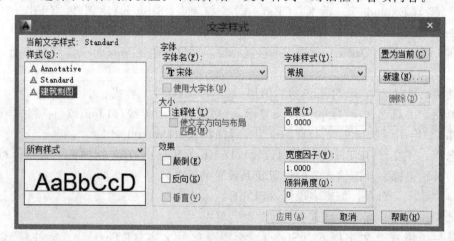

图 2-1-1

① 样式（S）选项组　显示图形中的样式列表。列表包括已定义的样式名并默认显示选择的当前样式。

② 按钮选项　主要按钮如下所述。

⚑ 新建（N）…按钮：用来创建新的字体样式，选择该按钮，将弹出"新建文字样式"对话框，如图 2-1-2 所示。在此对话框中输入"样式 1"按确定，此时"样式（S）"选

图 2-1-2

项组中将出现"样式1"选项，如图 2-1-3（a）。选择"应用（A）"按钮，回到绘图界面，在"样式"工具栏上的"文字样式..."下拉列表中将出现"样式1"样式名，如图 2-1-3（b）所示。

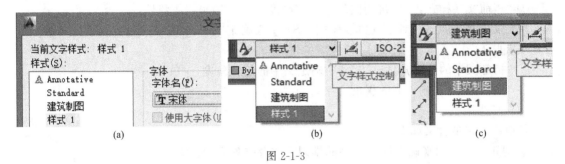

(a)   (b)   (c)

图 2-1-3

    ⬇ 删除（D）：用来删除已设定好的字体样式。

    ⬇ 置为当前（C）：将某一样式置为默认样式。如选择"建筑制图"，按此按钮，再选择关闭，回到绘图界面，则将在"样式"工具栏上的"文字样式..."列表中将显示"建筑制图"样式名，如图 2-1-3（c）所示。

    ③ 字体选项组（字体文件设置） 其中包含了当前 Windows 系统中所有的字体文件，如 Romans、仿宋体、黑体等，以及 AutoCAD 2014 中的 shx 字体文件，供用户选择使用。

    ④ 大小选项组 各个选项如下所述。

    ⬇ 注释性（I）：指定文字为注释性文字。

    ⬇ 使文字方向与布局匹配（M）复选框：指定图纸空间视口中的文字方向与布局方向匹配。

    ⬇ 高度（T）文本框：根据输入的值设置文字高度。

    ⑤ 效果选项组 设定字体的具体特征。

    ⬇ 颠倒（E）复选框：确定是否将文本文字旋转 $180°$。

    ⬇ 反向（K）复选框：确定是否将文字以镜像方式标注。

    ⬇ 垂直（V）复选框：控制文本是水平标注还是垂直标注。

    ⬇ 宽度因子（W）文本框：设定文字的宽度系数。

    ⬇ 倾斜角度（O）文本框：确定文字的倾斜角度。

    ⑥ 预览区 动态显示所设置的文字样式的样例文字，以便用户观察所设置的字体样式是否满足需要。

    （3）注意事宜

    ◆ 在使用汉字字体时需要去掉"使用大字体"前面的"√"，"shx"字体变为"字体名"，"大字体"变为"字体样式"，从"字体名"下拉列表可以选择所需要的汉字字体。

    ◆ 字体样式设置完毕后，便可以进行文本标注了。标注文本有两种方式，一种是单行标注（DText），即启动命令后每次只能输入一行文本，不会自动换行输入；另一种是多行标注（MText），一次可以输入多行文本。

2.1.1.2 标注单行文字（DText）

（1）启动命令

启动"标注单行文字"命令可用如下 2 种方法。

➤ 选择（菜单栏）【绘图（D）】→文字（X）→单行文字（S）命令。

➤ 命令窗口"命令:"输入 DText（简捷命令 DT）并回车。

（2）具体操作

启动"标注单行文本"命令后，根据命令行提示按下述步骤进行操作。

① "当前文字样式:'建筑制图' 文字高度: 2.5000 注释性: 否

指定文字的起点或〔对正（J）/样式（S）〕:"确定文本行基线的起点位置。可在屏幕上直接点取。

② "指定文字的旋转角度 ＜0＞:"确定文字的旋转角度。

③ "输入文字:"输入需编辑的文字。

（3）其他选项

其他主要选项含义如下。

⬥ 对正（J）：用来确定标注文字的排列方式及排列方向。

⬥ 样式（S）：用来选择"文字样式（Style）"命令定义的文字的字体样式。

（4）注意事宜

◆ 输入文字回车确认后，命令行会继续出现"输入文字（Enter text）:"提示，可在已输入文字下一行位置继续输入。也可在此提示下直接回车，结束本次单行文字（DText）命令。

◆ 用"单行文字"命令标注文本，可以进行换行，即执行一次命令可以连续标注多行，但每换一行即用光标重新定义一个起始位置时，再输入的文字便被作为另一实体。

◆ 如果用户在"建筑制图"文字样式中已经定义了旋转角度，那么在文字标注过程中，命令行将不再显示"指定文字的旋转角度 ＜0＞:"操作提示。

◆ 如果用户在"建筑制图"文字样式中没有定义其"高度"，即图 2-1-1 中的"图纸文字高度"选项中文本框中的值为默认值"0"，那么在文字标注过程中，命令行将显示"指定高度 ＜0＞:"操作提示。此时输入所需的文字高度回车即可进行下一步操作。

2.1.1.3 标注多行文字（MText）

用标注单行文字（DText）命令虽然也可以标注多行文本，但换行时定位及行列对齐比较困难，且标注结束后，每行文字都是一个单独的实体，不易编辑。AutoCAD 为此提供了标注多行文字（MText）命令，使用多行文字（MText）命令可以一次标注多行文字，并且各行文本都以指定宽度排列对齐，共同作为一个实体。这一命令在编写设计说明中非常有用。

（1）启动命令

启动"多行文字"命令可用如下 3 种方法。

➤ 选择（菜单栏）【绘图（D）】→文字（X）→ 多行文字（M）... 命令。

➤ 单击"绘图"工具栏上的"多行文字..."按钮 **A**。

➤ 命令窗口"命令:"输入 MText（简捷命令 MT）并回车。

（2）具体操作

启动"多行文字"命令后，AutoCAD 将根据所标注文本的宽度和高度或字体排列方式等这些数据确定文本框的大小，具体操作可根据命令行提示进行。

①"命令：_ mtext 当前文字样式'建筑制图' 当前文字高度：2.5；注释性：否

指定第一角点："在屏幕上确定一点作为标注文本框的第一个角点。如图 2-1-4 所示"A"点。

②"指定对角点或［高度（H）/对正（J）/行距（L）/旋转（R）/样式（S）/宽度（W）］："确定标注文本框的另一个对角点（如图 2-1-4 所示"B"点）并回车。此时将弹出如图 2-1-5 所示的"文字格式"对话框。

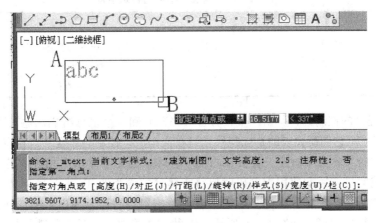

图 2-1-4

（3）其他选项

其他主要选项含义如下。

⚓ 高度（H）：设置标注文字的高度。

⚓ 对正（J）：设置文字排列方式。

⚓ 行距（L）：设置文字行间距。

⚓ 旋转（R）：设置文字倾斜角度。

⚓ 样式（S）：设置文字字体标注样式。

⚓ 宽度（W）：设置文字框的宽度。

这些选项可在命令行进行操作设置，也可在图 2-1-5 所示的"文字格式"对话框中直接进行设置。

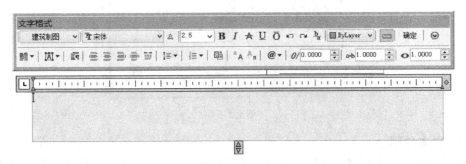

图 2-1-5

（4）"文字格式"对话框

在该对话框中，可以很方便地进行文本的输入、编辑等工作。在文本框中输入文字，首先只显示在文本框中，只有在输入完毕并关闭对话框以后，文本才显示在绘图区域中，并按照设置宽度排列。

2.1.1.4 特殊字符的输入

在工程绘图中，经常需要标注一些特殊字符，如表示直径的符号∅、表示地平面标高的正负号等。这些特殊字符不能直接从键盘上输入。AutoCAD 提供了一些简捷的控制码，通过从键盘上直接输入这些控制码，可以达到输入特殊字符的目的。AutoCAD 提供的控制码及其相对应的特殊字符见表 2-1-1。

表 2-1-1 控制码及其相应的特殊字符

控制码	相对应特殊字符功能
%%D	标注符号"度"(°)
%%P	标注正负号(±)
%%C	标注直径(∅)

AutoCAD 提供的控制码，均由两个百分号（%%）和一个字母组成。输入这些控制码后，屏幕上不会立即显示它们所代表的特殊符号，只在回车后，控制码才会变成相应的特殊字符。

控制码所在的文本如果被定义为 TrueType 字体，则无法显示出相应的特殊字符，只能出现一些乱码或问号；因此使用控制码时要将字体样式设为非 TrueType 字体。

也可直接插入字符：在打开的多行文本框内单击鼠标右键，弹出菜单，选择"符号"级联菜单中的相应符号即可，如图 2-1-6 所示。这种方式能够立即显示特殊符号。

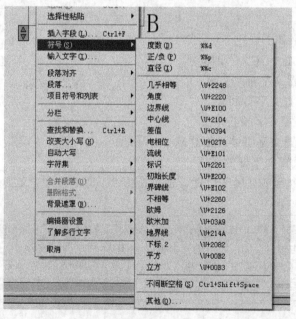

图 2-1-6

2.1.1.5 文本编辑

已标注的文本，有时需对其属性或文字本身进行修改，AutoCAD 提供了两个文本基本编辑方法，方便用户快速便捷地编辑所需的文本。这两种方法是 DDEDIT 命令和属性管理器。

（1）利用编辑（DDEDIT）命令编辑文本

① 启动命令 启动"DDEDIT"命令可用如下 2 种方法。

➤ 选择（菜单栏）【修改（M）】→对象（Object）→文字（T）→编辑（E）...。

➤ 命令窗口"命令:"输入 DDEDIT（简捷命令 ED）并回车。

② 具体操作 启动"DDEDIT"命令后，十字丝变成方框，根据命令行提示按下述步骤进行操作。

"选择注释对象或［放弃（U）］:"选择要修改的文本。如选择"放弃（U）选项，"可以取消上次所进行的文本编辑操作。

③ 注意事宜。

◆ 若选取的文本是用单行文字（DText）命令标注的文本，文本将被选中，如图 2-1-7 所示，此时只能对文字内容进行修改。

图 2-1-7

◆ 若用户所选的文本是用多行文字（MText）命令标注的多行文本，则弹出文字格式对话框，如图 2-1-8 所示。该对话框在前面已作过详细介绍，用户可在该对话框中对文本进行更加全面的编辑修改。

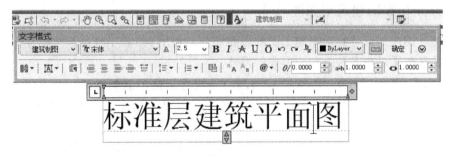

图 2-1-8

◆ 也可用鼠标左键直接双击文本。如图 2-1-7 所示选中文字或弹出图 2-1-8 所示的"文字格式"对话框，对文本进行编辑。

（2）利用属性管理器（Property Manager）编辑文本

① 启动命令 启动"属性管理器"命令可用如下 2 种方法。

➤ 选中文本→选择工具栏"标准"菜单中"特性"按钮 ▥ 。

➤ 选中文本→单击鼠标右键→弹出如图 2-1-9 列表→选择"特性（S）"。

② "特性"对话框操作 启动"属性管理器"命令后，界面会弹出如图 2-1-10 所示的

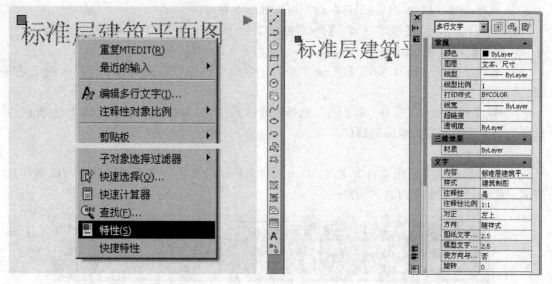

图 2-1-9   图 2-1-10

"特性"对话框。可对所选文本进行编辑。对话框中主要部分的功能介绍如下。

　　a. 基本选项卡　　该选项卡可对文本标注的颜色、图层、线型、线型比例、打印样式、线宽等进行编辑。

　　b. 文字选项卡　　该选项卡可对文字的内容、样式、对正、方向、宽度、高度、旋转、行距比例、行间距等进行编辑。

　　c. 图形选项卡　　该选项卡可对标注文本的位置（x、y、z 轴坐标）进行编辑。

　　(3) 注意事宜

　　◆ 在用"属性管理器"编辑图形实体时，允许一次选择多个文本实体，同时进行编辑、修改。而用编辑（DDEDIT）命令编辑文本实体时，每次只能选择一个文本实体。

2.1.2　标注与编辑建筑平面图尺寸

　　建筑施工图中的尺寸标注是施工图的重要部分，利用 AutoCAD 的尺寸标注命令，可以方便快速地标注图纸中各种方向、形式的尺寸。

2.1.2.1　尺寸标注的基础知识

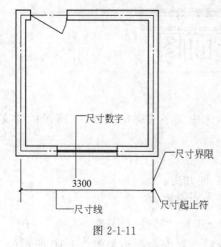

图 2-1-11

　　一个完整的尺寸标注通常由尺寸线、尺寸界线、尺寸起止符和尺寸数字四部分组成。图 2-1-11 列出了一个典型的建筑制图尺寸标注的各部分的名称。

　　一般情况下，AutoCAD 将尺寸作为一个图块，即尺寸线、尺寸界线、尺寸起止符和尺寸数字均不是单独的实体，而是构成图块的一部分。如果对该尺寸标注进行拉伸，那么拉伸后，尺寸标注的尺寸文本将自动发生相应的变化。这种尺寸标注称为关联性尺寸（Associative Dimension）。对于关联性尺寸，当改变尺寸标注样式时，在该样式基础上生成的所有尺寸标注都将随之改变。

如果一个尺寸标注的尺寸线、尺寸界线、尺寸箭头和尺寸文本都是单独的实体，即尺寸标注不是一个图块，那么这种尺寸标注称为无关联性尺寸（Non Associative Dimension）。

如果用户用 Scale 命令缩放关联性、非关联尺寸标注，对于关联性尺寸标注，尺寸文本将随尺寸线被缩放而缩放；对于非关联性尺寸标注，尺寸文本将保持不变，因此无关联性尺寸无法适时反映图形的准确尺寸，如图 2-1-12 所示。

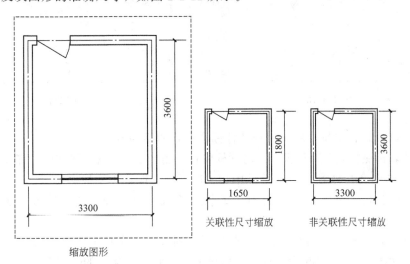

图 2-1-12

2.1.2.2　创建尺寸标注样式

（1）标注样式（Dimstyle）管理器对话框

尺寸标注样式控制着尺寸标注的外观和功能，在"标注样式管理器"中可以定义不同设置的标注样式并给它们赋名。下面以建筑制图标准要求的尺寸标注样式为例，学习创建尺寸标注样式的方法。

① 启动命令　打开标注样式管理器可通过启动"标注样式"命令实现，可用如下 3 种方法。

➤ 选择（菜单栏）【标注（D）】→标注样式（S）。

➤ 单击"样式"工具栏上的"标注样式..."按钮 。

➤ 命令窗口"命令:"输入 Dimstyle（简捷命令 D）并回车。

② "标注样式管理器"对话框　该对话框将在启动"标注样式"命令后弹出，如图 2-1-13 所示。对话框中相关的选项功能如下所述。

⬇ 样式（S）列表框：显示标注样式名称。

⬇ 列出（L）下拉列表框：控制在当前图形文件中，是否全部显示所有尺寸标注样式。若选择"所有样式"，则在"样式（S）"列表框显示所有样式名称；若选择"正在使用样式"，则在"样式（S）"列表框显示当前正在使用样式名称。

⬇ 预览图像框：以图形方式显示当前尺寸标注样式。

⬇ 置为当前（U）按钮：将选定的样式设置为当前样式。如图 2-1-13 所示，当前使用样式为"ISO-25"样式。

⬇ 新建（N）...按钮：创建新的尺寸标注样式。

⬇ 修改（M）...按钮：修改已有的尺寸标注样式。

⬇ 替代（O）...按钮：为一种标注样式建立临时性替代样式，以满足某些特殊要求。

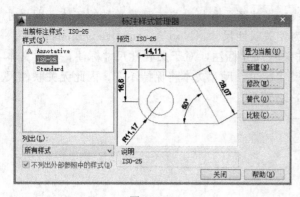

图 2-1-13

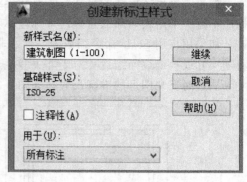

图 2-1-14

⬛ 比较（C）... 按钮：用于比较两种标注样式的不同点。

③"创建新标注样式"对话框　该对话框将在单击图 2-1-13 对话框中的"新建（N）..."按钮后弹出，如图 2-1-14 所示。对话框中相关的选项功能如下所述。

⬛ 新样式名（N）文本框：设置新建的尺寸样式名称，如图所示输入"建筑制图（1-100）"。

⬛ "基础样式（S）"下拉列表框：在此下拉列表框中选择一种已有的标注样式，新的标注样式将继承此标注样式的所有特点。用户可以在此标注样式的基础上，修改不符合要求的部分，从而提高工作效率。

⬛ 用于（U）下拉列表框：限定新标注样式的应用范围。

（2）新建标注样式对话框

单击"创建新标注样式"对话框"继续"按钮，将弹出"新建标注样式对话框"，如图 2-1-15 所示。用户可利用该对话框为新创建的尺寸标注样式设置各种所需的相关特征参数。在进行各个参数的确定时，对话框中的右上侧的预览会显示出相应的变化，应特别注意观察以便确定所作定义或者修改是否合适。下面以创建"建筑制图（1-100）"（绘图比例为 1：100）标注样式为例，说明相关选项卡设置，具体如下所述。

1）"线"选项卡

用户可在该选项卡中设置尺寸线、尺寸界线的几何参数。图 2-1-15 为建筑制图（1-100）标注样式中"线"选项卡设置。该选项卡中各选项的含义如下。

① 尺寸线选项组　设置尺寸线的特征参数。

⬛ 颜色（C）下拉列表框：设置尺寸线的颜色。选择随层（ByLayer），表示当前图层颜色。

⬛ 线宽（L）下拉列表框：设置尺寸线的线宽。选择随层（ByLayer），表示当前图层线宽。

⬛ 超出标记（N）增量框：尺寸线超出尺寸界线的长度。《房屋建筑制图统一标准》（GB/T 50001—2001）规定该数值一般为 0（但新标准允许根据个人习惯，略有超出 2.5 或者 3）。只有在"符号和箭头"选项卡中将"箭头"选择为"倾斜"（O）或"建筑标记（A）"时，"超出标记（N）"增量框才能被激活，否则将呈淡灰色显示而无效。

⬛ 基线间距（A）增量框：当用户采用基线方式标注尺寸时，可在该增量框中输入一个值，以控制两尺寸线之间的距离。《房屋建筑制图统一标准》规定两尺寸线间距为 7～10mm。如图输入 8mm。

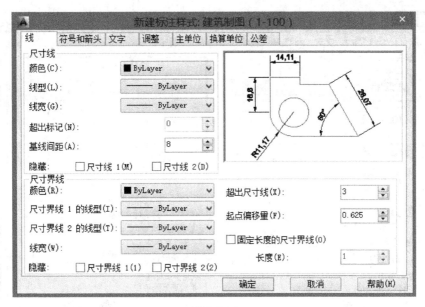

图 2-1-15

📥 隐藏选项：控制是否隐藏第一条、第二条尺寸线及相应的尺寸起止符。建筑制图时，通常选默认值，即两条尺线都可见。

② 尺寸界线选项组　设置尺寸界线的特征参数，其中颜色、线型、线宽等选项类似于尺寸线选项组中的相关选项，其他如下所述。

📥 超出尺寸线（X）增量框：用户可在此增量框中输入一个值以确定尺寸界线超出尺寸线的那一部分长度。《房屋建筑制图统一标准》规定这一长度宜为 2～3mm。如图输入 3mm。

📥 起点偏移量（F）增量框：设置标注尺寸界线的端点离开指定标注起点的距离。如图设置为默认值。

📥 隐藏选项：控制是否隐藏第一条或第二条尺寸界线。建筑制图时，有时为了不覆盖中心线，可根据需要进行设定。

2）符号和箭头（Arrowheads）选项卡

设置尺寸起止符的形状及大小。图 2-1-16 为建筑制图（1-100）标注样式中"符号和箭头"选项卡设置。该选项卡中各选项的含义如下。

① 箭头选项组　设置箭头的形状、大小等特征参数。

📥 第一个（T）下拉列表框：选择第一尺寸起止符的形状。下拉列表框中提供各种起止符号，以满足各种工程制图需要。建筑制图时，选择建筑标记（Architectural Tick）选项。当用户选择某种类型的起止符作为第一尺寸起止符时，AutoCAD 将自动把该类型的起止符默认为第二尺寸起止符而出现在第二个（2nd）下拉列表框中。

📥 第二个（D）下拉列表框：设置第二尺寸起止符的形状。

📥 引线（L）下拉列表框：设置指引线的箭头形状。

📥 箭头大小（I）增量框：设置尺寸起止符的大小。《房屋建筑制图统一标准》要求起止符号一般用中粗短线绘制，长度宜为 3mm。

② 圆心标记选项组　设置圆心标记参数。

📥 无（N）单选按钮：既不产生中心标记，也不采用中心线。

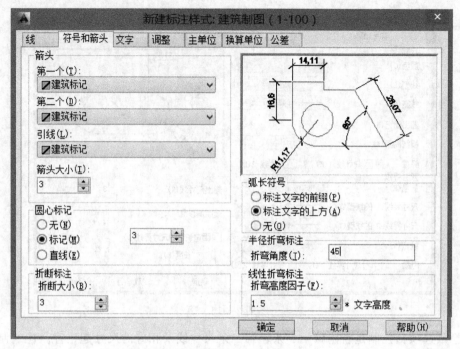

图 2-1-16

🔸 标记（M）单选按钮：中心标记为一个记号。

🔸 直线（E）单选按钮：中心标记采用中心线的形式。

🔸 折断大小增量框：设置中心标记和中心线的大小和粗细。

③ 弧长符号选项组　设置弧长符号参数。

🔸 标注文字的前缀（P）单选按钮：将弧长符号放在标注文字的前面。

🔸 标注文字的上方（A）单选按钮：将弧长符号放在标注文字的上方。

🔸 无（O）单选按钮：不显示弧长符号。

④ 半径折弯标注选项组　控制折弯半径标注的显示。在"折弯"角度文字框中可以输入连接半径标注的尺寸界线和尺寸线的横向直线角度。如图输入"45"。

3）文字选项卡

设置尺寸文本格式。图 2-1-17 为建筑制图（1-100）标注样式中的"文字"选项卡的设置。该选项卡中各选项的含义如下。

① 文字外观选项组　设置文字的样式、颜色、填充颜色、文字高度、分数高度比例和文字是否有边框等属性参数。建筑制图时，尺寸文本的字体高度一般为 2.5mm。

② 文字位置选项组　用于设置文字和尺寸线间的位置关系及间距。建筑制图时，一般按图 2-1-17 所示设置。特殊情况可根据需要进行调整。

③ 文字对齐（A）选项组：控制尺寸文本标注方向。建筑制图中通常选择"与尺寸线对齐"选项。

4）调整选项卡

设置尺寸标注特征，用户可在该选项卡内设置尺寸文本、尺寸起止符、指引线和尺寸线的相对排列位置。图 2-1-18 为建筑制图（1-100）标注样式的调整选项卡的设置。该选项卡中各选项的含义如下。

① 调整选项（F）选项组　用户可根据两尺寸界线之间的距离来选择具体的选项，以控

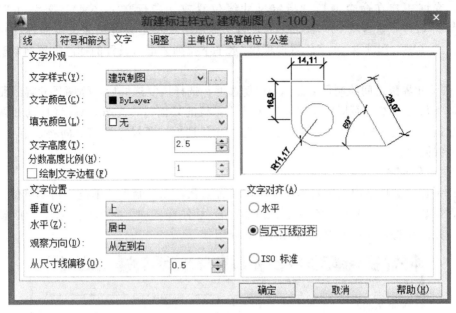

图 2-1-17

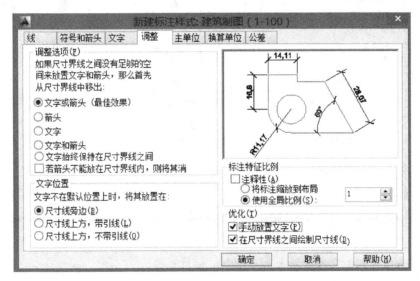

图 2-1-18

制将尺寸文本和尺寸起止符放置在两尺寸界线的内部还是外部。在建筑制图中，通常选择第一项。

② 文字位置选项组　设置当尺寸文本离开其默认位置时的放置位置。

③ 标注特征比例选项组　该选项组用来设置尺寸的比例系数。

🔸 注释性（A）复选框：控制将尺寸标注设置为注释性内容。

🔸 将标注缩放到布局单选按钮：确定图纸空间内的尺寸比例系数。

🔸 使用全局比例（S）增量框：用户可在该增量框中输入数值以设置所有尺寸标注样式的总体尺寸比例系数。

④ 优化（T）选项组　该选项组用来设置尺寸文本的精细微调选项。

🔸 手动放置文字（P）复选框：选择该复选框后，AutoCAD 将忽略任何水平方向的标注设置，允许用户在命令窗口"指定尺寸线位置或〔多行文字（M）/文字（T）/角度（A）/水平（H）/垂直（V）/旋转（R）〕:"提示下，手工设置尺寸文本的标注位置。否则，将按"文字"选项卡/文字位置选项组/水平下拉列表框所设置的标注位置自动标注尺寸文本。

👆 在尺寸界限之间绘制尺寸线（D）复选框：选择该复选框后，当两尺寸界线距离很近不足以放下尺寸文本，而把尺寸文本放在尺寸界线的外面时，AutoCAD 将自动在两尺寸界线之间绘制一条直线把尺寸线连通。若不选择该复选框，两尺寸界线之间将没有一条直线，导致尺寸线隔开。

5）主单位选项卡

用户可在该选项卡内设置基本尺寸文本各种参数，以控制尺寸单位、角度单位、精度等级、比例系数等。图 2-1-19 为建筑制图（1-100）标注样式中"主单位"选项卡所设置的公制尺寸参数。现将该选项卡中各选项的含义介绍如下。

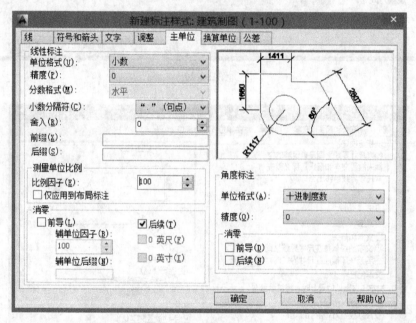

图 2-1-19

① 线性标注选项组　设置基本尺寸文本的特征参数。

👆 单位格式（U）下拉列表框：设置基本尺寸的单位格式。建筑制图中，选用小数选项。

👆 精度（P）下拉列表框：控制除角度型尺寸标注之外的尺寸精度。建筑制图中，精度选择为 0。

👆 分数格式（M）下拉列表框：设置分数型尺寸文本的书写格式。

👆 舍入（R）增量框：设置尺寸数字的舍入值。

👆 比例因子（E）增量框　控制线型尺寸的比例系数，等于绘图比例的倒数，如在本例中的用于绘图比例为 1∶100 图形尺寸标注的"建筑制图（1-100）"标注样式设置中，比例因子应输入"100"。

② 角度标注选项组　用户可根据需要确定角度标注的单位格式和精度。建筑制图中，通常选用"十进制度数"选项。

③ 消零选项组　控制尺寸标注时的零抑制问题。

做好上述各选项卡对话框后，按确定按钮。回到"标注样式管理器"对话框，如图 2-1-20（a）所示，单击"置为当前（U）"按钮，在"样式（S）"列表框中"建筑制图（1-100）"被选中。至此，就完成了绘图比例为 1：100 的图形尺寸标注样式的设置，按"关闭"按钮，即可回到绘图界面，进行 1：100 比列的图形尺寸的标注，此时在"样式"工具栏上的"标注样式（S）..."下拉列表里将出现"建筑制图（1-100）"标注样式名，且出现在"标注样式（S）..."文本框里，如图 2-1-20（b）所示。

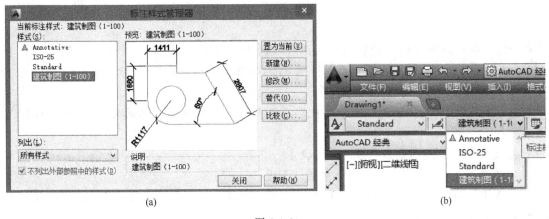

(a)　　　　　　　　　　　　　　　　　　(b)

图 2-1-20

6）注意事宜

◆ 对于其他比例图形的尺寸标注的标注样式的设置，可按照上述"建筑制图（1-100）"标注样式进行，只是，在"主单位选项卡"中，"比例因子（E）"选项中应输入绘图比例的倒数。

2.1.2.3　线性尺寸标注

线性（Linear）尺寸是建筑制图中最常见的尺寸，包括水平尺寸、垂直尺寸、平齐尺寸、旋转尺寸、基线标注和连续标注。下面将分别介绍这几种尺寸的标注方法。

（1）标注长度类尺寸

AutoCAD 把水平尺寸、垂直尺寸和旋转尺寸都归结为长度类尺寸。这 3 种尺寸的标注方法大同小异。AutoCAD 提供了线性标注（Dimlinear）命令来标注长度类尺寸。

① 启动命令　启动"线性标注"命令可用如下 3 种方法。

➢ 选择（菜单栏）【标注（N）】→线性（L）命令。

➢ 单击"标注"工具栏上的"线性"按钮。

➢ 命令窗口"命令："提示符下输入 DimLinear（简捷命令 DLI）并回车。

② 具体操作　启动"线性标注"命令后，根据命令行提示按下述步骤完成图 2-1-21 操作。

a."命令：_ dimlinear

指定第一条尺寸界线原点或 ＜选择对象＞："选择需标注尺寸实体的起始点。选择图（a）中 A 点。

b."指定第二条尺寸界线原点："选择需标注尺寸实体的终点。选择图（a）中 B 点。

c."指定尺寸线位置或［多行文字（M）/文字（T）/角度（A）/水平（H）/垂直（V）/旋转（R）］："选择一点以确定尺寸线的位置。选择图（a）中 AB 连线范围内的下方

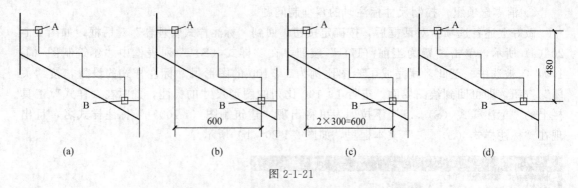

图 2-1-21

任意合适一点，得图（b），此时命令行出现"标注文字＝600"提示；如果选择图（a）中 AB 连线范围内的右方任意合适一点，得图（d），此时命令行出现"标注文字＝480"提示。

③ 其他选项　其他主要选项含义如下。

⬡ 多行文字（M）：通过"文字格式"对话框输入尺寸文本。如输入"2 * 300＝600"，得图（c）。

⬡ 文字（T）：通过命令行输入尺寸文本。

⬡ 角度（A）度：确定尺寸文本的旋转角度。

⬡ 水平（H）：标注水平尺寸。如选择该项，则选择任意一点，都将得到如图（b）中的水平尺寸标注。

⬡ 垂直（V）：标注垂直尺寸。如选择该项，则选择任意一点，都将得到如图（d）中的垂直尺寸标注。

⬡ 旋转（R）：确定尺寸线的旋转角度。

⬡ ＜选择对象＞：如果在"指定第一条尺寸界线原点或＜选择对象＞："提示下直接回车，就选择了该项，此时根据命令行提示作如下操作。

"选择标注对象："选择要标注尺寸的那一条边。然后根据提示确定尺寸线的位置结束命令。对于图 2-1-21 所示的标注，如果采用该种方法标注，则需事先作 AB 直线段作为辅助线，选择辅助线"AB"上任意点即可。

【实例 2-1】　标注如图 2-1-22（d）所示房屋平面图尺寸（绘图比例为 1∶100）。标注过程如图 2-1-22 所示，具体步骤如下。

a. 标注 900mm 窗间墙尺寸　如图 2-1-22（b）所示。

（a）打开"标注样式管理器"对话框，把在"2.1.2.2 创建尺寸标注样式"章节中创建的"建筑制图（1-100）"标注样式置为当前。

（b）启动"线性标注"命令后，根据提示按下述步骤操作。所得结果如图（b）所示。

"指定第一条尺寸界线原点或 ＜选择对象＞："选择墙角 D 处中心线交点。

"指定第二条尺寸界线原点："选择 $D_1 D_2$ 的中点，回车。

"指定尺寸线位置或［多行文字（M）/文字（T）/角度（A）/水平（H）/垂直（V）/旋转（R）］："选择尺寸线上任意一点。

"标注文字＝900"

b. 标注 240mm 墙尺寸　"建筑制图（1-100）"标注样式置为当前→启动"线性标注"命令→根据提示，依次选择 $A_1 A_2$ 线段的中点、墙角 A 处中心线交点分别作为第一条、第二条尺寸界线原点→根据提示，选择尺寸线上的任意一点。得图（b）。

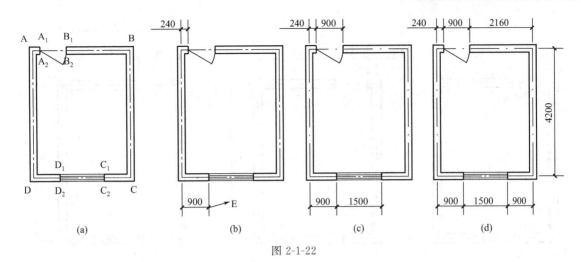

图 2-1-22

c. 标注 1500mm 窗尺寸　"建筑制图（1-100）"标注样式置为当前→启动"线性标注"命令→根据提示，选择 D_1D_2 线段的中点或已标注的 900 窗间墙"尺寸起止符 E"的中点→根据提示，选择 C_1C_2 直线段的中点 →根据提示，选择已标注的 900 窗间墙"尺寸起止符 E"的中点。得图（c）。

d. 标注 900mm 门尺寸　标注方法、步骤参照"标注 1500mm 窗尺寸"。得图（c）。

e. 标注其他尺寸　如图 2-1-22（d）所示，标注方法、步骤参考 c。

（2）基线标注

在建筑制图中，往往以某一尺寸线作为基准，其他尺寸都按该基准进行定位或画线，这就是基线标注。AutoCAD 提供了基线标注（Dimbaseline）命令方便用户标注这类尺寸。

① 启动命令　启动"基线标注"命令可用如下 3 种方法。

➤ 选择（菜单栏）【标注（N）】→基线（B）命令。

➤ 单击"标注"工具栏上的"基线"按钮 ⊢。

➤ 命令窗口"命令："输入 Dimbaseline（简捷命令 DBA）并回车。

② 具体操作　启动"基线标注"命令后，根据命令行提示按下述步骤进行操作。

a. "选择基准标注："选择基线标注的基线。

b. "指定第二条尺寸界线原点或［放弃（U）/选择（S）］＜选择＞："确定标注尺寸的第二尺寸界线起始点。

"标注文字＝3300"

c. "指定第二条尺寸界线原点或［放弃（U）/选择（S）］＜选择＞："继续确定第二尺寸界线起始点，直到基线尺寸全部标注完，按"Esc 键"退出基线标注为止。

③ 其他选项　其他主要选项含义如下。

⬣ 放弃（U）：如果在该提示下输入"U"并回车，将删除上一次刚刚标注的那一个基线尺寸。

⬣ 选择（S）：如果在该提示下直接回车或输入"S"后回车，命令操作将重新开始。

【实例 2-2】 标注如图 2-1-23（c）所示房屋平面图尺寸。具体操作如下。

a. 图 2-1-23（b）　运用"复制"命令复制图 2-1-22（d）得图 2-1-23（b）。

b. 标注 3300mm 轴线尺寸　运用"基线标注"命令进行标注，具体操作如下。

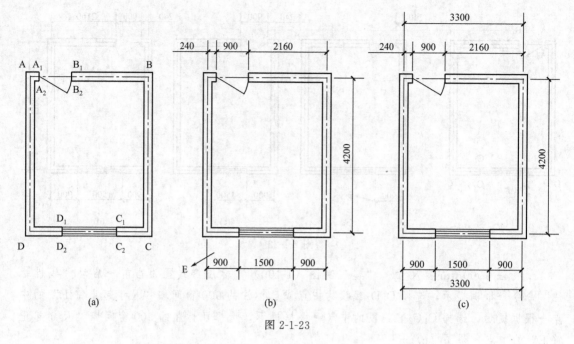

图 2-1-23

（a）打开"标注样式管理器"对话框，把在"2.1.2.2创建尺寸标注样式"章节创建的"建筑制图（1-100）"标注样式置为当前。

（b）启动"线性标注"命令后，根据提示按下述步骤操作。所得结果如图（c）所示。

"选择基准标注："选择图（b）中 900mm 尺寸 E。点击 E 的任意图素元素上任意点即可。

"指定第二条尺寸界线原点："选择 BC 中心线与 DC 中心线的交点，如图（c）所示。

"标注文字＝3300"

"指定第二条尺寸界线原点或［放弃（U）/选择（S）］＜选择＞："输入"S"并回车。

"选择基准标注："选择 2-1-23（b）中 AA_1 240mm 尺寸代表 DA 中心线的尺寸界限。

"指定第二条尺寸界线原点或［放弃（U）/选择（S）］＜选择＞："选择 CB 中心线与 AB 中心线的交点。

"标注文字＝3300"

"指定第二条尺寸界线原点或［放弃（U）/选择（S）］＜选择＞："回车结束命名。得图（c）。

（3）连续标注

除了基线标注之外，还有一类尺寸，它们也是按某一"基准"来标注尺寸的，但该基准不是固定的，而是动态的。这些尺寸首尾相连（除第一个尺寸和最后一个尺寸外），前一尺寸的第二尺寸界线就是后一尺寸的第一尺寸界线。AutoCAD 把这种类型的尺寸称为连续尺寸。为方便用户标注连续尺寸，AutoCAD 提供了连续标注（Dim continue）命令。开始连续标注时，要求用户先要标出一道尺寸。

① 启动命令　启动"连续标注"命令可用如下 3 种方法。

➢ 选择（菜单栏）【标注（N）】→连续（C）命令。

➢ 单击"标注"工具栏上的"连续"按钮 。

➢ 命令窗口"命令："输入 Dim continue（简捷命令 DCO）并回车。

② 具体操作 启动"连续标注"命令后，根据命令行提示按下述步骤进行操作。

a. "选择连续标注："选择连续尺寸群中的第一个尺寸的第一条尺寸界线。

b. "指定第二条尺寸界线原点或［放弃（U）/选择（S）］＜选择＞："确定第二尺寸界线起始点。

c. "指定第二条尺寸界线原点或［放弃（U）/选择（S）］＜选择＞："确定第二个尺寸的第二尺寸界线起始点。或按 Esc 键结束"连续标注"命令操作。

如果在该提示下输入 U 并回车，即选择 Undo 选项，AutoCAD 将撤销上一连续尺寸的标注，然后命令行还将出现"指定第二条尺寸界线原点或［放弃（U）/选择（S）］＜选择＞："提示。如果在该提示下直接按回车键或输入"S"后回车，命令行提示："选择连续标注："选择新的连续尺寸群中的第一个尺寸的第一个尺寸界线。就又开始了新的连续尺寸群的尺寸标注，操作同上所述。

【**实例 2-3**】 标注如图 2-1-24（c）所示房屋平面图尺寸。操作方法、步骤如下所述。

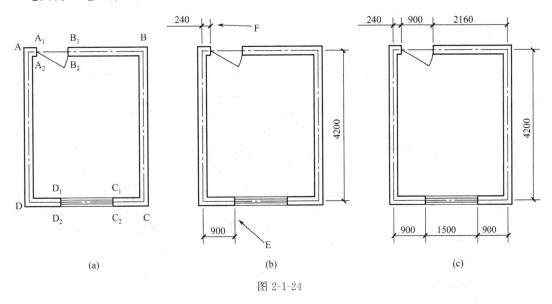

(a)　　　　　　　　　(b)　　　　　　　　　(c)

图 2-1-24

a. 打开"标注样式管理器"对话框，把在"2.1.2.2 创建尺寸标注样式"章节创建的"建筑制图（1-100）"标注样式置为当前。

b. 图 2-1-24（b） 运用"复制"命令复制图 2-1-22（b）得图 2-1-24（b）。或在图 2-1-24（a）中用"线性标注"命令标注 240mm 墙尺寸、900mm 窗间墙尺寸得图 2-1-24（b）。

c. 标注其他尺寸 启动"连续标注"命令后，根据提示按下述步骤操作。所得结果如图（c）所示。

（a）"选择连续标注："选择图（b）900mm 窗间墙尺寸的"尺寸界线 E"。

（b）"指定第二条尺寸界线原点或［放弃（U）/选择（S）］＜选择＞："选择 $C_1 C_2$ 中点。

"标注文字＝1500"

（c）"指定第二条尺寸界线原点或［放弃（U）/选择（S）］＜选择＞："选择 BC 与 DC 中心线交点。

"标注文字＝900"

（d）"指定第二条尺寸界线原点或［放弃（U）/选择（S）］＜选择＞："回车或输入

"S"回车。

（e）"选择连续标注："选择240mm墙尺寸的"尺寸界线F"。

（f）"指定第二条尺寸界线原点或［放弃（U）/选择（S）］＜选择＞："选择 B_1B_2 中点。

"标注文字＝900"

（g）"指定第二条尺寸界线原点或［放弃（U）/选择（S）］＜选择＞："选择 AB 与 CB 中心线交点。

"标注文字＝2160"

（h）"指定第二条尺寸界线原点或［放弃（U）/选择（S）］＜选择＞："回车结束命令操作。

2.1.2.4 编辑尺寸标注

AutoCAD 提供了多种方法以方便用户对尺寸标注进行编辑，下面将逐一介绍这些方法及命令。

（1）利用特性管理器编辑尺寸标注

用户可通过"特性"对话框对尺寸标注的相关参数进行更改、编辑。如图 2-1-25 所示，把（a）图中的窗洞尺寸"1500"修改文字样式为"建筑制图"、文字为"窗洞尺寸"。

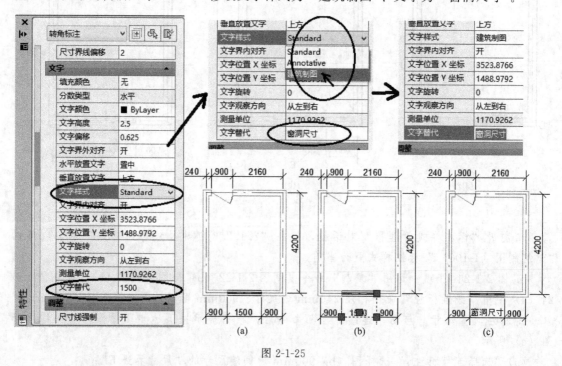

图 2-1-25

① 具体操作　如下所述。

a. 选择要编辑的尺寸标注，如图 2-1-25（b）所示，单左击尺寸标注"1500"。

b. 打开"特性"对话框，单击"标准"工具栏上的"对象特性"按钮 ▤ ，打开如图 2-1-25 所示的"特性"对话框。

c. 在"特性"对话框中，选择转角标注中的文字列表框，在文字替代一栏输入"窗洞尺寸"；在文字样式下拉列表框选择"建筑制图"。

d. 关闭"特性"对话框，得到图 2-1-25（c）编辑过的图形尺寸。

② 注意事宜

◆ "特性"对话框还可对图文图层、文本等多种特性进行修改编辑。

◆ 如对图文图层、文本、尺寸等特性进行规并修改编辑，可以用特性匹配('matchprop)命令完成，单击"标准"工具栏上的"特性匹配"按钮 ，根据命令行提示，进行如下操作。

a. "选择源对象:"选择要修改编辑成（相关特性）的图文对象。

b. "当前活动设置： 颜色 图层 线型 线型比例 线宽 厚度 打印样式 标注 文字 填充图案 多段线 视口 表格材质 阴影显示 多重引线选择目标对象或 [设置（S）]:"选择要被编辑修改（相关特性）的图文对象。

c. "选择目标对象或 [设置（S）]:"继续选择要被编辑修改（相关特性）的图文对象。或回车结束命令操作。

（2）利用编辑标注（Dim Edit）命令编辑尺寸标注

① 启动命令 启动"编辑标注"命令通常采用以下 2 种方法。

➢ 单击"标注"工具栏上的"编辑标注"按钮 。

➢ 命令窗口"命令:"输入 Dim edit（简捷命令 DED）并回车。

② 具体操作 启动"编辑标注"命令后，出现如下提示。

"输入标注编辑类型 [默认（H）/新建（N）/旋转（R）/倾斜（O）] ＜默认＞:"要求用户输入需要编辑的选项。

③ 其他选项 其他主要选项含义如下。

默认（H）：将尺寸文本按"标注样式"所定义的位置、方向重新放置。执行该选项，命令行"选择对象:"提示，选择要编辑的尺寸标注即可。

新建（N）：更新所选择的尺寸标注的尺寸文本。执行该选项，AutoCAD 将打开文字"格式"对话框。用户可在该对话框中更改新的尺寸文本。单击 OK 按钮关闭对话框后，命令行出现"选择对象:"提示，选择要更改的尺寸文本即可。

旋转（R）：旋转所选择的尺寸文本。执行该选项后，依据命令行提示作如下操作。

"指定标注文字的角度:"输入尺寸文本的旋转角度。

"选择对象:"选择要编辑的尺寸标注即可。

倾斜（O）：实行倾斜标注，即编辑线性尺寸标注，使其尺寸界线倾斜一个角度，不再与尺寸线相垂直。常用于标注锥形图形。执行该选项后，依据命令行提示作如下操作。

"选择对象:"选择要编辑的尺寸标注。

"输入倾斜角度（按 ENTER 表示无）:"输入倾斜角度即可。

（3）利用编辑标注文字（Dimtedit）命令更改尺寸文本位置

① 启动命令 启动"编辑标注文字"命令可用如下 3 种方法。

➢ 下拉标注菜单【标注（N）】→对齐文字（X）→角度（A）命令。

➢ 单击"标注"工具栏上的"编辑标注文字"按钮 。

➢ 命令窗口"命令:"输入 Dimtedit（简捷命令 DIMTED）并回车。

② 具体操作 启动"编辑标注文字"命令后，根据命令行提示按下述步骤进行操作。

a. "选择标注:"选择要修改的尺寸标注。

b. "指定标注文字的新位置或 [左（L）/右（R）/中心（C）/默认（H）/角度（A）]:"确定尺寸文本的新位置。

③ 其他选项　其他主要选项含义如下。

↳ 左（L）：更改尺寸文本沿尺寸线左对齐。

↳ 右（R）：更改尺寸文本沿尺寸线右对齐。

↳ 中心（C）：将所选的尺寸文本按居中对齐。

↳ 默认（H）：将尺寸文本按 Dimstyle 所定义的默认位置、方向重新放置。

↳ 角度（A）：旋转所选择的尺寸文本。输入 A 并回车后，命令行出现"指定标注文字的角度："提示，输入尺寸文本的旋转角度即可。

（4）更新尺寸标注

用户可将某个已标注的尺寸按当前尺寸标注样式所定义的形式进行更新。AutoCAD 提供了标注（DIM）下的更新（Update）命令来实现这一功能。

① 启动命令　启动"更新"命令通常采用以下 3 种方法。

➢ 下拉【标注（N）】更新（U）命令。

➢ 单击"标注"工具栏上的"更新"按钮 ⊟ 。

➢ 命令窗口"命令："输入 DIM 并回车→在"标注（Dim）："提示下输入 Update（简捷命令 UP）并回车。

② 具体操作　启动"更新"命令后，根据命令行提示按下述步骤进行操作。

a."选择对象："选择要更新的尺寸标注。

b."选择对象："继续选择尺寸标注或按回车键结束操作，回到"标注（Dim）："提示，输入 E 并回车，返回到"命令："状态。

通过上述操作，AutoCAD 将自动把所选择的尺寸标注更新为当前尺寸标注样式所设置的形式。

2.2　建筑平面施工图的快速绘制

【项目任务】

运用图层、图块绘制建筑平面施工图（如图 2-2-12 所示）。

【专业能力】

运用图层、图块绘制建筑平面施工图能力（不包括文本，无尺寸）。

【CAD 知识点】

绘图命令：创建块（Make Block）、插入块（Insert Block）、属性块（Wblock）。

2.2.1　绘图前的准备

2.2.1.1　块（Block）的操作

图块是用一个图块名命名的一组图形实体的总称。在 AutoCAD 中，用户可以把一些在建筑制图中需要反复使用的图形（如门窗、标高符号等）定义为图块，即以一个可缩放图形文件的方式保存起来，以达到重复利用的目的。AutoCAD 总是把图块作为一个单独的、完整的对象来操作。用户可以根据实际需要将图块按给定的缩放系统和旋转角度插入到任一指定位置，也可以对整个图块进行复制、移动、旋转、比例缩放、镜像、删除和阵列等操作。

（1）块定义（Block 或 Bmake）

要定义一个图块，首先要绘制组成图块的实体。然后用块定义（Block 或 Bmake）命令来定义图块的插入点，并选择构成图块的实体。

① 启动命令　启动"块定义"命令可用如下 3 种方法。

➤ 选择（菜单栏）【绘图（D）】→块（k）→创建（M）...

➤ 单击"绘图"工具栏上的创建块按钮 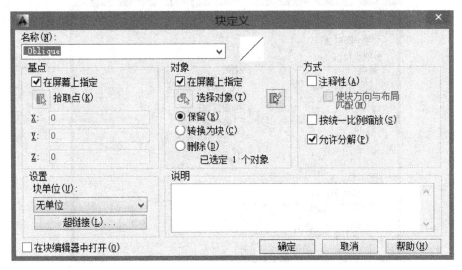。

➤ 命令窗口"命令:"输入 Block（或 Bmake，简捷命令 B）并回车。

② "块定义"对话框　启动"块定义"命令后，弹出"块定义"对话框，如图 2-2-1 所示。对话框中各选项功能如下所述。

图 2-2-1

a. 名称（N）文本框　在文本框中可输入图块名。

b. 基点选项组　确定插入点位置。单击"拾取点（K）"按钮，将返回绘图屏幕选择插入基点。

c. 对象选项组　选择构成图块的实体及控制实体显示方式。

🔸 保留（R）单选按钮：用户创建完图块后，将继续保留这些构成图块的实体，并把它们当作一个个普通的单独实体来对待。

🔸 转换为块（C）单选按钮：用户创建完图块后，将自动把这些构成图块的实体转化为一个图块。

🔸 删除（D）单选按钮：用户创建完图块后，将删除所有构成图块的实体目标。

d. 方式选项组　各个选项如下所述。

🔸 注释性（A）复选框：指定块是否为注释性对象。

🔸 按统一比例缩放（S）复选框：是否按统一比例进行缩放。

🔸 允许分解（P）复选框：指定块是否可以分解。

e. 设置选项组中的块单位（U）下拉列表框　设置从 AutoCAD 设计中心（Design Center）拖曳该图块时的插入比例单位。

f. 说明文本框　可在其中输入与所定义图块有关的描述性说明文字。

（2）图块存盘（Wblock）

用创建块（Block 或 Bmake）定义的图块，可在图块所在的当前图形文件中使用，但不能被其他图形引用。为了使图块成为公共图块（可供其他图形文件插入和引用），AutoCAD 提供了写块（Write Block 或 Wblock）图块存盘命令，将图块单独以图形文件（＊.DWG）

的形式存盘。用写块（Wblock）定义的图形文件和其他图形文件无任何区别。

① 启动命令　启动"图块存盘"命令可用如下方法。

➤ 命令窗口"命令："输入 Wblock（简捷命令 B）并回车。

② "写块"对话框　启动"图块存盘"命令后，弹出"写块"对话框，如图 2-2-2 所示。对话框中各选项功能如下所述。

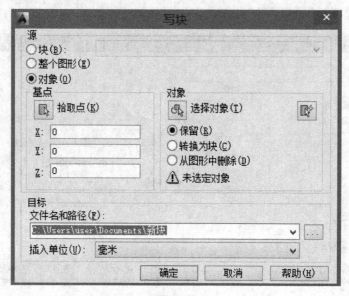

图 2-2-2

a. 源选项组　各个选项如下所述。

🔸 块（B）单选按钮及下拉列表框：将把已用创建块（Block 或 Bmake）命令定义过的图块进行图块存盘操作。此时，可以从块下拉列表框中选择所需的图块。

🔸 整个图形（E）单选按钮：将对整个当前图形文件进行图块存盘操作，把当前图形文件当作一个独立的图块来看待。

🔸 对象（O）单选按钮：把选择的实体目标直接定义为图块并进行图块存盘操作。

b. 基点选项组　确定图块的插入点。

c. 对象选项组　选择构成图块的实体目标。

d. 目标选项组　设置图块存盘后的文件名、路径以及插入单位等。

🔸 文件名和路径（F）文本框：可在该文本框内设置图块存盘后的文件名及其路径，默认的文件名为新块.Dwg；用户可直接单击 ▦ 按钮，将弹出"浏览图形文件"对话框，如图 2-2-3 所示，也可直接在该对话框中设置图块存盘路径。

🔸 插入单位（U）下拉列表框：设置该图块存盘文件插入单位。

（3）插入块（Insert Block）

图块的重复使用是通过插入图块的方式实现的。所谓插入图块，就是将已经定义的图块插入到当前的图形文件中。在插入图块（或文件）时，必须确定 4 组特征参数，即要插入的图块名、插入点位置、插入比例系数和图块的旋转角度。

① 启动命令　启动"插入块"命令可用如下 3 种方法。

➤ 选择（菜单栏）【插入（I）】→块（B）...

➤ 单击"绘图"工具栏上的"插入块"按钮 🔲。

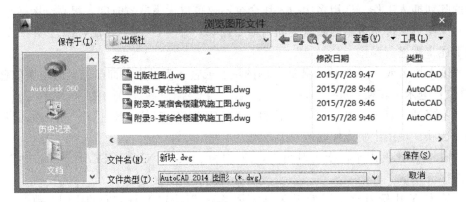

图 2-2-3

➤ 命令窗口"命令:"输入 Insert（简捷命令 I）并回车。

② "插入"对话框　启动"插入块"命令后，弹出"插入"对话框，如图 2-2-4 所示。对话框中各选项功能如下所述。

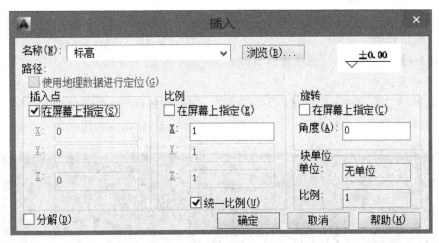

图 2-2-4

a. 名称（N）下拉列表框　输入或选择所需要插入的图块或文件名。主要可对当前文件中的块定义（Block 或 Bmake）下的块图形进行选择。

b. 浏览（B）按钮　单击此按钮即可打开选择图形文件对话框，选择需要插入的图块名或文件名。主要针对通过图块存盘（Wblock）形成的图块进行选择。如图 2-2-10 所示，可在此对话框中的名称（name）文本框中选择任意图形文件（＊＊＊.DWG），单击"打开"按钮，返回到插入对话框，此时，图 2-2-4 中的名称（name）文本框即出现＊＊＊字样。

c. 插入点选项组　确定图块的插入点位置。

d. 比例选项组　确定图块的插入比例系数。

e. 旋转选项组　确定图块插入时的旋转角度。选择"在屏幕上指定（C）"复选框，表示将在命令行中直接输入图块的旋转角度；如不选择"在屏幕上指定（C）"复选框，可在"角度（A）"文本框中输入具体的数值以确定图块插入时的旋转角度。

f. 分解（D）复选框　选择此复选框，表示在插入图块的同时，将把该图块分解，使其成为各单独的图形实体，否则插入后的图块将作为一个整体。

③ 利用"多次插入块（MINSERT）"命令插入图块　多次插入块命令实际上是进行多

个图块的阵列插入工作。运用多次插入块命令不仅可以大大节省时间，提高绘图效率，而且还可以减少图形文件所占用的磁盘空间。命令窗口"命令："输入 MINSERT 并回车，根据提示按下述步骤进行操作。

a. "输入块名或［?］:"确定要插入的图块名或输入问号来查询已定义的图块信息。

"单位：毫米　转换："　　　1.0000

b. "指定插入点或［基点（B）/比例（S）/X/Y/Z/旋转（R）］:"确定插入点位置或选择某一选项。现用十字光标确定一插入点。

c. "输入 X 比例因子，指定对角点，或［角点（C）/XYZ（XYZ）］<1>:"确定 X 轴方向的比例系数。

d. "输入 Y 比例因子或 <使用 X 比例因子>:"确定 Y 轴方向的比例系数。

e. "指定旋转角度 <0>:"确定旋转角度。

f. "输入行数（---）<1>:"确定行数。

g. "输入列数（｜｜｜）<1>:"确定列数。

h. "输入行间距或指定单位单元（---）:"确定行间距。

i. "指定列间距（｜｜｜）:"确定列间距。

2.2.1.2　项目任务

【**实例 2-4**】　运用图层、图块绘制如图 2-2-8（a）所示平面图。

（1）制作定义块

制作名称为"窗-居中 1500mm（240 墙）"、"门-居左 900mm（240 墙）"的定义块。

① 绘制如图 2-2-5 所示的窗-居中 1500mm、门-居左 900mm 的图形。

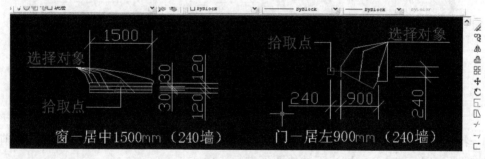

图 2-2-5

② 启动块定义（Block）命令，弹出块定义对话框，如图 2-2-6 所示，在名称文本框输入窗-居中 1500mm（240 墙）。

③ 单击拾取点按钮，回到图 2-2-5 绘图界面，拾取窗-居中 1500mm（240 墙）中的中心线的中点，此时块定义对话框重又弹出。

④ 单击选择对象按钮，回到图 2-2-5 绘图界面，选择窗-居中 1500mm（240 墙）中"选择对象"的相关图形，回车结束选择，此时块定义对话框重又弹出。在对话框中选择"保留（R）"单选按钮。

⑤ 设置选项组的单位下拉列表框中选择毫米；在说明文本框中输入"比例 1:100"。

块定义对话框成为图 2-2-6，按确定。完成窗-居中 1500mm（240 墙）块定义。以相同步骤完成门-居左 900mm（240 墙）块定义。

（2）制作写块

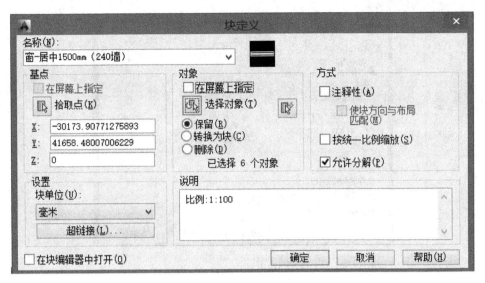

图 2-2-6

制作名称为"窗-居中 1500mm（240 墙）"、"门-居左 900mm（240 墙）"的"写块"，并把写块存在"E："盘上。

① 绘制如图 2-2-5 所示的窗-居中 1500mm（240 墙）、门-居左 900mm（240 墙）的图形。

② 启动写块命令，弹出写块对话框，如图 2-2-2 所示。源选项组中选择对象；在目标选项组中，文件名和路径（F）文本框输入"E：\ 门-居左 900mm（240 墙）.dwg"；插入单位（U）选择"毫米"。

③ 单击拾取点按钮，回到图 2-2-5 绘图界面，拾取门-居左 900mm（240 墙）中的中心线的左端点，此时写块对话框重又弹出。

④ 单击选择对象按钮，回到图 2-2-5 绘图界面，选择门-居左 900mm（240 墙）中"选择对象"的相关图形，回车结束选择，此时写块对话框重又弹出。在对话框中选择"从图形中删除（D）"单选按钮。

⑤ 在插入单位（U）下拉列表框中选择"毫米"。

写块对话框成为图 2-2-7 时，按确定。完成门-居左 900mm（240 墙）写块定义。以相同步骤完成窗-居中 1500mm（240 墙）写块定义。

（3）绘制如图 2-2-8（a）所示的平面图

① 图层设置　根据表 1-3-1 图层设置要求，在"图层特性管理"对话框中设置图层。

② 设置状态栏　设置"对象捕捉"：启用对象捕捉模式中的"端点（E）□ ☑端点(E)"、"中点 △ ☑中点(M)"；启用状态栏中"正交"功能、"对象捕捉"功能。

③ 绘制轴线　如图 2-2-8（b）所示。当前层设为中心线层，在绘图界面上，"图层"工具栏"图层控制"选择"中心线"层；对象特性工具栏中颜色为"■ByLayer（红色，随层）"、线型为"———•———ByLayer（随层）"、线宽为"———ByLayer（随层）"。

④ 绘制门、窗　按下述方法步骤绘制。

a. 绘制门　激活插入块（Insert）命令，弹出插入对话框。在对话框中作如图 2-2-9 改动后按确定，在绘图屏幕上的插入点选择在图 2-2-8（b）中的门插入点处（中心线段的左端

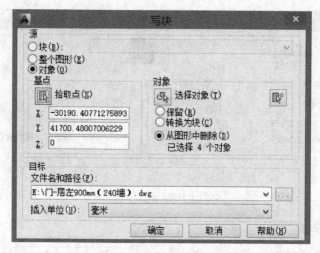

图 2-2-7

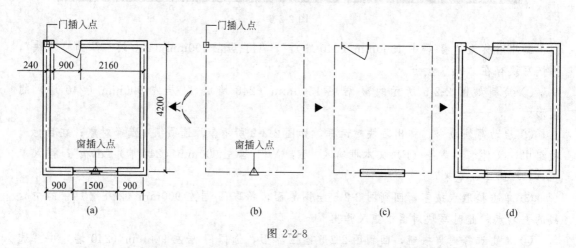

图 2-2-8

图 2-2-9

点处）。得图 2-2-8（c）中的门。

  b. 绘制窗　激活插入块（Insert）命令，弹出插入对话框。单击浏览，出现图 2-2-10 所示的选择图形文件对话框，查找窗-居中 1500mm（240 墙）写块所在的位置，选择"窗-居中 1500mm（240 墙）.dwg"写块。按"打开"按钮。此时插入对话框中（如图 2-2-11 所

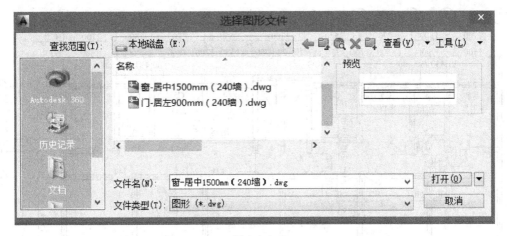

图 2-2-10

图 2-2-11

示）的名称（N）文本框将出现"窗-居中 1500mm（240 墙）"。对话框中的其他选项同图 2-2-11 所示，按"确定"按钮。在绘图屏幕上的插入点选择在图 2-2-8（b）中的窗的插入点处（轴线线段的中点）。得图 2-2-8（c）中的窗。

⑤ 绘制墙线　如图 2-2-8（d）所示。当前层设为"中粗投影线"层，其中在绘图界面上，"图层"工具栏"图层控制"选择"中粗投影线"层；对象特性工具栏中颜色为"■ByLayer（绿色，随层）"、线型为"——ByLayer（随层）"、线宽为"——ByLayer（随层）"。

2.2.2　运用图块绘制建筑平面施工图

项目任务：绘制如图 2-2-12 所示的某住宅楼标准层平面建筑施工图。其中图层满足表 2-2-1 要求。

绘制方法与步骤如下所述。

（1）图层设置

在"图层特性管理"对话框中设置图层。满足如表 2-2-1 所示条件。

（2）设置状态栏

设置"对象捕捉"：启用对象捕捉模式中的"端点（E） □ ☑端点(E)、中点（M）△ ☑中点(M)"；启用状态栏中"正交"功能、"对象捕捉"功能。

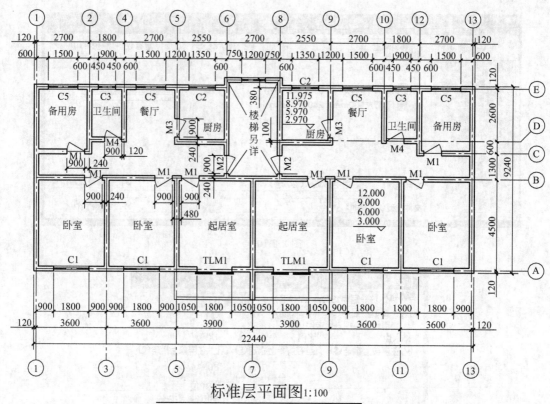

标准层平面图 1:100

注：未标柱的墙体厚度皆为240mm，辅线居中；卫生间、阳台标高同厨房

图 2-2-12

表 2-2-1 图层设置

名称	颜色	线型	线宽	备注
中心线	■红	ACAD_ISO4W100（点划线）	0.2mm	
细投影线	白□	Continuous（实线）	0.2mm	工具/选项/显示/颜色为□白，颜色为■黑
中粗投影线	■绿	Continuous（实线）	0.6mm	被剖切到的轮廓线
辅助线	■洋	Continuous（实线）	0.2mm	
文本、尺寸	白□	Continuous（实线）	0.2mm	工具/选项/显示/颜色为□白，颜色为■黑
图块	白□	Continuous（实线）	0.2mm	工具/选项/显示/颜色为□白，颜色为■黑
虚线	黄■	ACAD_ISO2W100（实线）	0.2mm	根据需要设置
粗投影线	■青	Continuous（实线）	0.9mm	
其他	■蓝	Continuous（实线）	0.2mm	根据需要设置

（3）绘制轴线

如图 2-2-13（a）所示。当前层设为中心线层；在绘图界面上，"图层"工具栏的"图层控制"选择"中心线"层；"特性"工具栏中颜色为"■ByLayer（红色，随层）"、线型为"—— · ——ByLayer（随层）"、线宽为"——ByLayer（随层）"。

（4）块操作

① 制作块　根据需要制作相关图块。制作图块时，根据《建筑制图》相关规定，选择不同的图层进行图块中相关图形的绘制。制作如表 2-2-2 所示的块。

表 2-2-2 块的制作

类别					备注
窗块	窗—900(240墙) 选择对象 拾取点 120 120 30 30 900	窗—1200(240墙) 选择对象 拾取点 120 120 30 30 1200	窗—1350(240墙) 选择对象 拾取点 120 120 30 30 1350	窗—1500(240墙) 选择对象 拾取点 120 120 30 30 1500	窗—1800(240墙) 选择对象 拾取点 120 120 30 30 1800
					1.△表示线段的中点 2.比例 1:100
门块	门—水平右轴(240墙) 选择对象 拾取点 900 240 240	门—水平左轴(240墙) 选择对象 拾取点 900 240 240	门—垂直上轴(240墙) 拾取点 选择对象 240 900	门—垂直下轴(240墙) 选择对象 拾取点 240 900 240	推拉门—1800(240墙) 选择对象 拾取点 120 120 1800
杂块	标高符号 选择对象 拾取点 @3<45 @3<-145 备注：1.□表示线段的端点 2.比例 1:1	阳台栏板(左轴 3900*1500) 拾取点 选择对象 3900 1500 120 备注：1.□表示线段的端点 2.比例 1:100，栏板 厚:120	定位轴线(水平) 拾取点 选择对象 A 800 800 800 800 备注：1.□表示线段的端点 2.比例 1:1	箭头(水平) 选择对象 拾取点 备注：1.□表示线段的中点 2.比例 1:1	

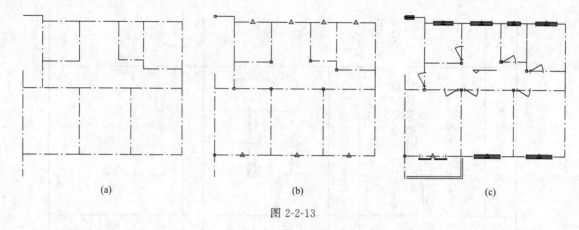

图 2-2-13

② 插入块　当前层设为"图块"层；在绘图界面上，"图层"工具栏"图层控制"选择"图块"层；"特性"工具栏中颜色为□ByBlock（白，随块）、线型为——ByBlock（随块）、线宽为——ByBlock（随块）。在图 2-2-13（a）中插入相应门、窗、阳台等按表 2-2-2 制作的相应的块。得到图 2-2-13（c）。

③ 注意事宜。

◆ 操作中插入图块在屏幕上的插入点取插入图块所要插入的相应墙段中心线的中点或端点。如图 2-2-13（b）中所标示的图块的插入点。其中□代表端点；△代表中点。

（5）绘制建筑投影线

① 绘制中粗墙线　具体操作如下所述。

a. 图层设置　当前层设为"中粗投影线"层：在绘图界面上，"图层"工具栏"图层控制"选择"中粗投影线"层；"特性"工具栏中颜色为"■ByLayer（绿，随层）"、线型为"——ByLayer（随层）"、线宽为"——ByLayer（随层）"。

b. 设定"多线"样式　样式名为"墙线-随层"；偏移（S）为 0.5、颜色为"ByLayer（随层）"、线性为"ByLayer（随层）"；置为当前。

c. 绘制　运用"多线"命令在图 2-2-13（c）上绘制被剖切到的墙线，得图 2-2-14（a）。其中"多线"命令当前设置为"对正＝无，比例＝2.40，样式＝墙线-随层"；"墙线-随层"样式中，颜色、线型均设置为"ByLayer"（随层）；绘制时以中心线（轴线）为轨迹线。

d. 修改　在图层工具条中：显示"中粗投影线"层，其他图层显示关闭。得图 2-2-14（b）；并对此图形依次进行分解、修剪、圆角，得到图 2-2-14（c）；打开其他图层显示，如

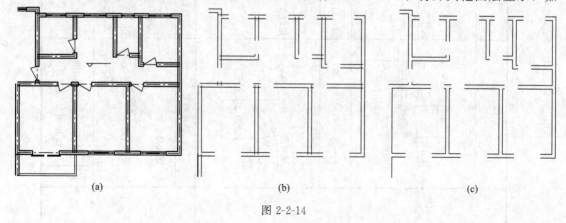

图 2-2-14

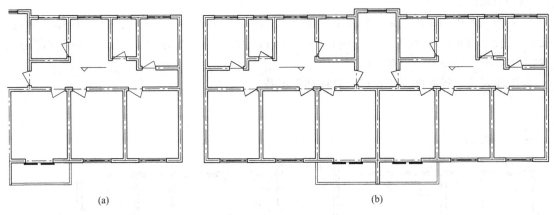

(a)   (b)

图 2-2-15

图 2-2-15（a）。

② 绘制细投影线　具体操作如下所述。

a. 图层设置　当前层设为"细投影线"层；在绘图界面上，"图层"工具栏"图层控制"选择"细投影线"层；"特性"工具栏中颜色为"□ByLayer"（白，随层）、线型为"——ByLayer"（随层）、线宽为"——ByLayer"（随层）。

b. 绘制　运用直线命令绘制厨房、卫生间和阳台的高差线。如图 2-2-15（a）所示。

③ 单元绘制　运用"镜像"命令镜像复制图 2-2-15（a），得图 2-2-15（b）。

（6）文本编辑

当前层设为"文本、尺寸"层；在绘图界面上，"图层"工具栏的"图层控制"选择"文本、尺寸"层；"特性"工具栏中颜色为"□ByLayer（白，随层）"、线型为"——ByLayer（随层）"、线宽为"——ByLayer（随层）"。运用"多行文字"命令，进行文本编辑。如图 2-2-16 所示。

运用"直线"命令，绘制楼梯间处的辅助线。

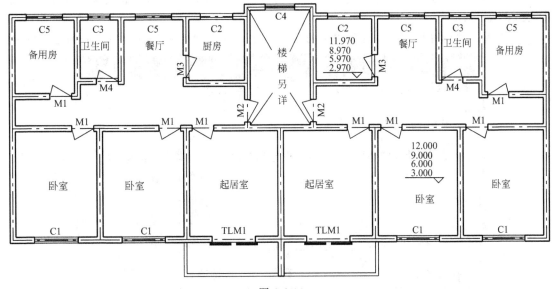

图 2-2-16

（7）标注尺寸

当前层设为"图块"层；在绘图界面上，"图层"工具栏的"图层控制"选择"图块"层；"特性"工具栏中颜色为□"ByLayer"（白，随层）、线型为"——ByLayer"（随层）、线宽为"——ByLayer"（随层）。

① 插入块　得到如图 2-2-17。具体如下操作。

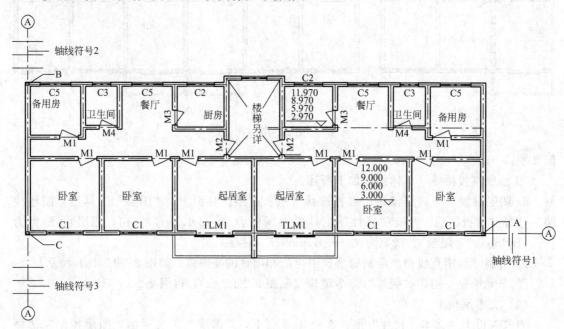

图 2-2-17

a. 插入"轴线符号 1"　激活"块插入"命令，弹出"插入"对话框，作如图 2-2-18 设定。按确定后，在绘图界面上（如图 2-2-17），插入点取外纵、横墙中心线的交点 C。

b. 插入"轴线符号 2"　激活"块插入"命令，弹出"插入"对话框，如图 2-2-18 所示，设定旋转角度为 90 度。按确定后，在绘图界面上（如图 2-2-17），插入点取外纵、横墙中心线的交点 B。

c. 插入"轴线符号 3"　激活"块插入"命令，弹出"插入"对话框，如图 2-2-18 所

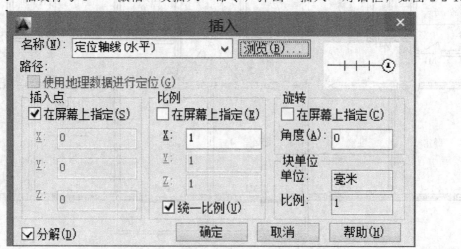

图 2-2-18

示，设定旋转角度为－90度。按确定后，在绘图界面上（如图 2-2-17），插入点取外纵、横墙中心线的交点 C。

② 绘制轴线符号　复制轴线符号 1、2、3，并根据图 2-2-16，对轴线进行文本编辑，得到图 2-2-19。

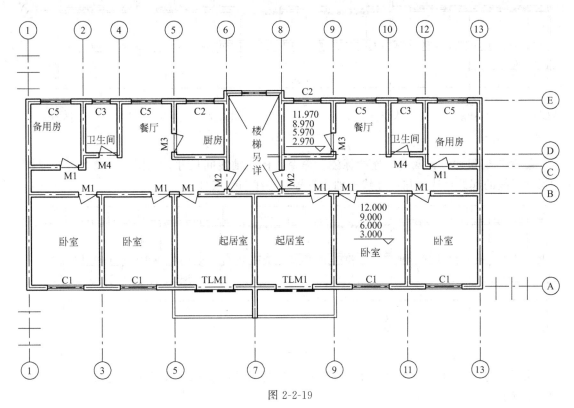

图 2-2-19

③ 标注尺寸　当前层设为"文本、尺寸"层；绘图界面上，"图层"工具栏的"图层控制"选择"文本、尺寸"层；"特性"工具栏中颜色为"□ByLayer（白，随层）"、线型为"——ByLayer（随层）"、线宽为"——ByLayer（随层）"。具体操作如下。

a. 创建尺寸标注样式　按"2.1.2.2 创建尺寸标注样式"章节步骤创建比例为 1∶100 的尺寸标注样式，命名为"建筑制图（1-100）"，并置为当前。

b. 标注 A 轴墙体　激活"基线标注"命令，基线选择轴线符号中的中心线作为尺寸界限，标注如图 2-2-20 所示 A 轴墙体尺寸。运用"连续标注"命令依次完善第一道（900）、第二道（3600）尺寸标注。

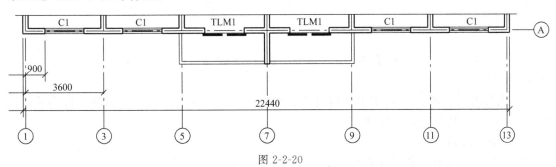

图 2-2-20

第一道尺寸线：激活"连续标注"命令，标注如图 2-2-21 所示 A 轴墙体尺寸。当轴线符号中的中心线作为尺寸线时，选择的尺寸界线的起始点选择在尺寸线与轴线符号中心线的交点处。

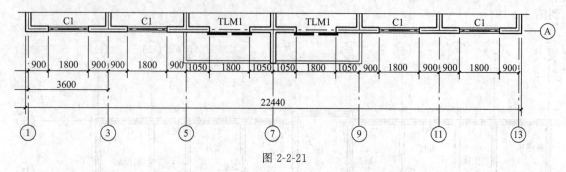

图 2-2-21

第二道尺寸线：激活"连续标注"命令，标注轴线间尺寸，如图 2-2-22 所示。选择的尺寸界线的起始点选择在尺寸线与轴线符号中心线的交点处。

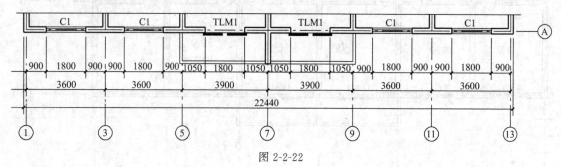

图 2-2-22

第三道尺寸线：利用"线性标注"在第三道尺寸线上标注建筑外墙总长尺寸，如图 2-2-20 所示。

完善：删除轴线符号中的辅助性，利用"线性标注"在第二道尺寸线上标注墙体厚度尺寸。得到图 2-2-23。

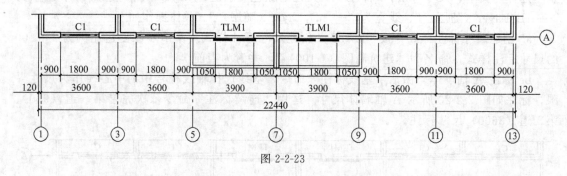

图 2-2-23

c. 其他轴墙体　同 A 轴墙体的标注步骤，标注 13 轴墙体；标注 E 轴墙体。如图 2-2-24 所示的图形。

d. 图形内门、窗、内墙尺寸　利用"线性标注"命令标注，模仿"标注长度类尺寸"章节，如图 2-1-22 所示范例标注。

（8）完善编辑

得图 2-2-12 所示某住宅建筑平面施工图——"标准层平面图"。

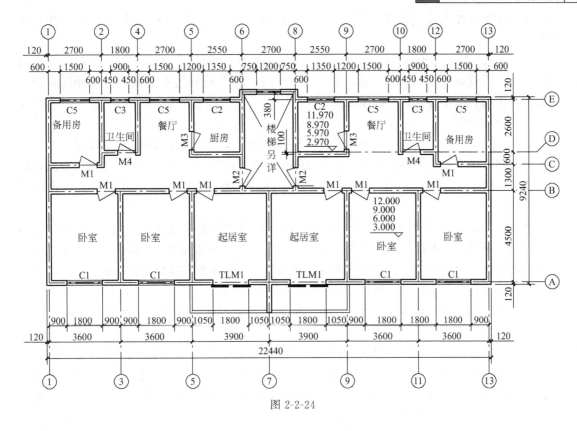

图 2-2-24

2.3 图幅、图框、图标的绘制

【项目任务】

为某住宅楼建筑施工图——平面图绘制图框、图标。

【专业能力】

为建筑施工图——平面图绘制图框、图标的能力。

【CAD 知识点】

窗口"输入"命令：编辑多段线（PEdit）。

2.3.1 绘图前的准备

多段线是 AutoCAD 中一种特殊的线条，其绘制方法在前面已做过介绍。作为一种图形实体，多段线也同样可以使用 Move、COpy 等基本编辑命令进行编辑，但这些命令却无法编辑多段线本身所独有的内部特征。AutoCAD 专门为编辑多段线提供了一个命令，即 PEdit（编辑多段线）。使用 PEdit 命令，可以对多段线本身的特性进行修改，也可以把单一独立的首尾相连的多条线段合并成多段线。

（1）启动命令

启动"编辑多段线"命令可用如下方法。

➤ 命令窗口"命令："输入 PEdit（简捷命令 PE）。

（2）具体操作

启动"编辑多段线"命令后，根据命令行提示按下述步骤进行操作。

①"选择多段线或〔多条（M）〕:"选择编辑对象，可以拾取一条多段线、直线或圆弧。

②"输入选项〔打开（O）/合并（J）/宽度（W）/编辑顶点（E）/拟合（F）/样条曲线（S）/非曲线化（D）/线型生成（L）/放弃（U）〕:"选择这些选项，可以修改多段线的长度、宽度，使多段线打开或闭合等。

（3）选项介绍

🔹 闭合（C）/打开（O）：闭合或打开一条多段线，如果正在编辑的多段线是非闭合的，上述提示中会出现 Close 选项，可使用该选项使之封闭。同样，如果是一条闭合的多段线，则上述提示中第一个选项不是 Close 而是 Open，使用 Open 选项可以打开闭合的多段线。

🔹 合并（J）：该选项可以将其他的多段线、直线或圆弧连接到正在编辑的多段线上，从而形成一条新的多段线。选择该选项后，命令行出现"选择对象:"提示，要求用户选择要连接的实体，可选择多个符合条件的实体进行连接，这多个实体应是首尾相连的。选择完毕后，回车确认，AutoCAD 便将这些实体与原多段线连接。

🔹 宽度（W）：修改多段线宽度。但只能使一条多段线具有统一的宽度，而不能分段设置。

🔹 编辑顶点（E）：选择多段线的顶点。可对多段线的顶点、插入点、断点等进行编辑。

🔹 拟合（F）/样条曲线（S）/非曲线化（D）：拟合与还原多段线。拟合（F）是对多段线进行曲线拟合，就是通过多段线的每一个顶点建立一些连续的圆弧，这些圆弧彼此在连接点相切；样条曲线（S）可以原多段线的顶点为控制点生成样条曲线；曲线化（D）可以把曲线变直。

🔹 线型生成（L）：调整线型比例。该选项用来控制多段线为非实线状态时的显示方式，即控制虚线或中心线等非实线型的多段线角点的连续性。

（4）注意事宜

◆ 启动"编辑多段线"命令后，如果选择的线不是多段线，AutoCAD 将出现如下提示。

"选定的对象不是多段线，是否将其转换为多段线？＜Y＞:"

如果使用默认项 Y，则将把选定的直线或圆弧转变成多段线，然后继续出现上述的"编辑多段线（PEdit）"下属各选项。

2.3.2 绘制工程图纸的图框、图标

图幅、图框、图标是施工图的组成部分。本节将以 A3 标准图纸的格式绘制为例，学习图幅、图框、图标的绘制过程，进一步熟悉 AutoCAD 的基本命令及其应用。A3 标准图纸的格式如图 2-3-1 所示。

2.3.2.1 新建图层

图层名：A3 模板；图层相关设置：颜色为灰（8 号色）、线型为"Continuous"、线宽为"0.2mm"。设为当前。

2.3.2.2 设置绘图界限

AutoCAD 的绘图范围，计算机系统没有规定。但是如果把一个很小的图样放在一个很大的绘图范围内就不太合适，也没有这个必要。所以设置绘图界限的过程，也就是买好图纸

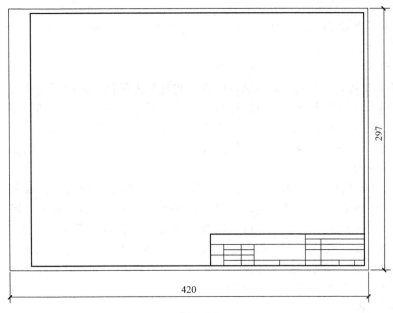

图 2-3-1

后裁图的过程：即根据图样大小，选择合适的绘图范围。一般来说，绘图范围要比图样较大一些，对于 A3 图纸，设置 500×400 绘图界线即可。具体操作如下。

① 命令窗口"命令："提示下，输入"LIMITS"（设置绘图界限命令）并回车。

②"指定左下角点或 ［开（ON）/关（OFF）］＜0.0000，0.0000＞："直接回车。

③"指定右上角点 ＜420.0000，297.0000＞："输入 500，400 并回车。

④"命令："输入 Zoom（视图缩放命令）并回车。

⑤"［All/Center/Dynamic/Extents/Previous/Scale/Window］＜real time＞："输入 A 并回车。

这时虽然屏幕上没有发生什么变化，但绘图界限已经设置完毕，而且所设的绘图范围已全部呈现在屏幕上。

2.3.2.3 绘图幅

A3 标准格式图幅为 420mm×297mm，可以利用"直线"命令以及相对坐标来完成图幅，采用 1∶100 的比例绘图。

（1）具体绘制

启动"直线"命令后，根根据命令行提示按下述步骤进行操作。

①"_ line 指定第一点："在屏幕左下方单击，得图 2-3-2 中 A 点。

②"指定下一点或 ［放弃（U）］："输入@0，297 并回车。得图 2-3-2 中直线段 AB。

③"指定下一点或 ［放弃（U）］："输入@420，0 并回车。得图 2-3-2 中直线段 BC。

④"指定下一点或 ［闭合（C）/放弃（U）］："输入@0，—297 并回车。得图 2-3-2 中

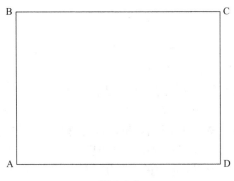

图 2-3-2

直线段 CD。

⑤ "指定下一点或 [闭合（C）/放弃（U）]:" 输入 C 并回车（将 D 点和 A 点闭合），完成图幅绘制。得图 2-3-2。

（2）相关说明

◆ 为了便于掌握，在学习 AutoCAD 阶段，将建筑图的尺寸暂时分为两类：工程尺寸和制图尺寸。工程尺寸是指图样上有明确标注的，施工时作为依据尺寸。如开间尺寸、进深尺寸、墙体厚度、门窗大小等。而制图尺寸是指国家制图标准规定的图纸规格、一些常用符号及线型宽度尺寸等。如轴圈编号大小、指北针符号尺寸、标高符号、字体的高度、箭头的大小以及粗细线的宽度要求等。

◆ 采用 1:100 的比例绘图时，对于这两种尺寸可作如下两种约定：第一，将所有制图尺寸扩大 100 倍。如在绘图幅时，输入的尺寸是 59400×4200。而在输入工程尺寸时，按实际尺寸输入。如开间的尺寸是 3600mm，就直接输入 3600，这与手工绘图正好相反；第二，将所有制图尺寸按实际尺寸输入。如在绘图幅时，输入的尺寸是 297×420。而在输入工程尺寸时，缩小 100 倍，如开间的尺寸是 3600mm，我们就输入 36，这与手工绘图正好相同。

◆ 还可采用 "矩形" 等命令简捷地绘制图幅。

2.3.2.4 绘制图框

因为图框线与图幅线之间有相对尺寸，所以绘制图框时，可以根据图幅尺寸，执行 "复制"、"剪切"、"编辑多段线" 等命令来完成。具体操作如下。

（1）复制图幅线

① 具体绘制 启动 "复制" 命令后，根根据命令行提示按下述步骤进行操作。

a. "选择对象:" 选择直线段 AB 并回车。

b. "指定基点或 [位移（D）/模式（O）/多个（M）] <位移>:" 在线段 AB 附近选择任意一点，如选择 B 点。

c. "指定第二个点或 <使用第一个点作为位移>:" 输入 @25，0（或选中正交，靶心拖向 B 点的右方，直接输入 25）并回车。得到如图 2-3-3（a）所示的图形。

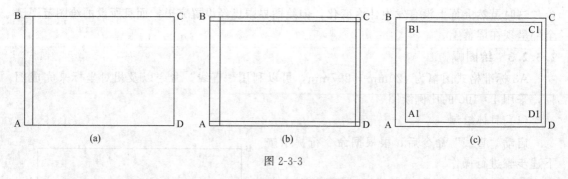

图 2-3-3

d. 命令窗口 "命令（Command）:" 直接回车，重复执行拷贝命令，即重复上述 "b.~c." 步骤，依次对 BC、CD、AD 线段进行复制，复制位移由 25 改为 5，分别得到 BC、CD、AD 等直线段的复制直线段，如图 2-3-3（b）所示。

② 相关说明。

◆ 在利用相对坐标进行拷贝方向与 X、Y 轴的方向一致，输入的坐标为正值；当拷贝方向与 X、Y 的正方向相反时，输入的坐标为负值。

◆ F8 为 "正交" 切换键。若处于 "正交" 状态，"复制" 时光标由基点拖向复制方向，可直接输入复制位移，不必输入相对坐标。

◆ 还可运用"偏移"等命令绘制图框。

（2）剪切图框线

① 具体绘制　启动"剪切"命令后，将多余线段剪掉。获得如图 2-3-3（c）所示图形。

② 相关说明。

◆ 还可运用圆角（Fillet）命令等命令对图形进行修剪。

◆ 在修剪时，如图形过小，可用缩放（Zoom）命令将图形局部放大，以便操作。

◆ 把光标停留在图形某一部位后，转动鼠标滚轮，也可以将图形此部位放大或缩小。

◆ 缩放图形的操作只是视觉上的变化，而图形的实际尺寸并没有什么变化。

（3）加粗线框

制图标准要求图框线为粗线，宽度为 0.9～1.2mm，将执行"编辑多段线"命令来完成线条的加粗。启动"编辑多段线"后，根据命令行提示按下述步骤进行操作。

① "PEDIT 选择多段线或［多条（M）］:"选择线段 A_1B_1。

② "是否将直线和圆弧转换为多段线？［是（Y）/否（N）］?＜Y＞:"回车（将线段 A_1B_1 变成多段线）。

③ "输入选项［闭合（C）/打开（O）/合并（J）/宽度（W）/拟合（F）/样条曲线（S）/非曲线化（D）/线型生成（L）/放弃（U）］:"输入 W 并回车。

④ "指定所有线段的新宽度:"输入 0.9 并回车（输入线宽）。

⑤ "输入选项［闭合（C）/打开（O）/合并（J）/宽度（W）/拟合（F）/样条曲线（S）/非曲线化（D）/线型生成（L）/放弃（U）］:"回车，返回到命令窗口"Command:"。

重复同样的操作步骤，可以把线段 B_1C_1、C_1D_1、A_1D_1 分别加粗，得到如图 2-3-4（a）所示的图形。

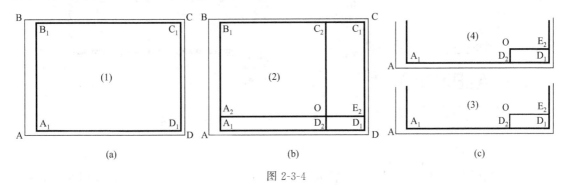

图 2-3-4

2.3.2.5　绘制图标

图标的绘制与图框的绘制一样，也是通过"复制"、"剪切"、"编辑多段线"等命令完成。

（1）复制图线

启动"状态栏"中"正交"的功能，运用"复制"命令依次复制 C_1D_1、A_1D_1 多段线，复制位移分别为向左 180 个单位、向上 40 个单位，得到 C_2D_2、A_2E_2（两线段相交为 O 点），如图 2-3-4（b）所示。

也可用"偏移"命令完成，偏移位移参数同上复制位移参数。

（2）剪切图线

运用"修剪"命令，修剪图 2-3-4（b）中的 C_2D_2、A_2E_2 两线段，得到图标外框，如图

2-3-4（c）所示。

（3）编辑线宽

制图标准规定，图标外框线为中实线，它的宽度应为 0.6mm，可运用"编辑多段线"命令将如图 2-3-4（c）/（3）中的 C_2D_2、A_2E_2 两多段线宽度改为 0.6 mm，得到图 2-3-4（c）/（4）。

用同样的方法可以完成图标内线的操作。即首先将线段 $0E_2$、$0D_2$ 向下、向右拷贝要求距离，将拷贝所得的图线变窄（即编辑线宽），再通过修剪，最后得到如图 2-3-1 所示的图形，完成 A3 模板的绘制。

2.3.2.6　填写标题栏

文字标注是施工图的重要组成部分。本节以填写标题栏为例，进一步学习、巩固 Auto-CAD 的文字字体类型设置及标注的基本方法。

（1）定义文字样式

标注文本之前，必须先给文本字体定义一种样式，字体的样式包括所用的字体文件、字体大小以及宽度系数等参数。具体操作如下。

① 命令窗口"Command:"输入 Style（设置文字样式命令）并回车，出现"文字样式"对话框，单击对话框中的"新建(N)…"按钮，弹出"新建文字样式"对话框，如图 2-3-5 所示。

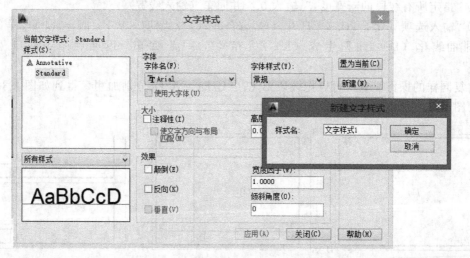

图 2-3-5

② 在"新建文字样式"对话框中输入"文字样式 1"，按"确定"按钮，关闭此对话框。回到"文字样式"对话框，此时样式（S）中出现"字体样式 1"样式名。如图 2-3-6 所示。

③ 在图 2-3-6 中，关掉"使用大写体"复选框，打开字体名（F）下拉列表框，选择"T 仿宋—GB2312"字体文件；在宽度因子（W）文本框输入 0.7；在高度（T）文本框输入 2.5。

④ 单击"应用（A）"按钮，再依次按"置为当前（C）"、"关闭（C）"按钮，关闭对话框，结束"文字样式…"命令操作，回到绘图界面。此时在"样式"工具栏的"文字样式控制"窗口将显示"文字样式 1"文字样式名。

（2）输入文字

文字样式定义完成后，就可以填写标题栏内的内容了。具体操作如下。

① 命令窗口"命令:"输入 MText 并回车。

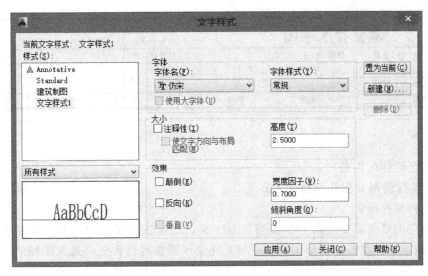

图 2-3-6

② "命令： _ mtext" 当前文字样式：文字样式 1 当前文字高度：2.5。

"指定第一角点："在图标附近任选一点作为标注起点。

③ "指定对角点或［高度（H）/对正（J）/行距（L）/旋转（R）/样式（S）/宽度（W）］:" 单击另一点，和第一角点形成多行文字的初始范围。出现如图 2-3-7 所示的 "文字格式" 对话框。

图 2-3-7

④ 在文本框中，字体高度由 "2.5" 改为 "7"。输入 "职业技术学院"。输入完成后，按确定。

⑤ 重复上述 "①～④" 步骤，完成 "姓名"、"日期""设计制图"、"校对审核"、"设计项目"、"设计阶段"、"编号"、"比例"、"图号"、"第 张"、"年"、"版" 等标题栏内文字的输入。其中在文字格式（如图 2-3-7 所示）对话框中的字体高度由 "7" 改为 "2.5"。

⑥ 移动、整理文本，得到如图 2-3-8 所示的标题栏。

（3）相关说明

◆ 可以根据自己的绘图习惯和需要，设置几个最常用的字体样式，需要时只需从这些字体样式中进行选择，而不必每次都重新设置，这样可大大提高作图效率。

◆ 为了提高作图速度，通常先把图样上需要的文字及说明按照同一规格进行输入（或者复制），然后再通过缩放文本，改变文本大小来满足图面需要（或者通过修改文本命令修

职业技术学院					设计项目					
设计	姓名	日期			设计阶段					
制图										
校对	姓名	日期			编　号					
审核			比例	图号	第　张	共　张		年		版

图 2-3-8

改文字来满足绘图的需要）。

2.3.2.7　保存图形并退出 AutoCAD

（1）文件保存形式

每次绘完图后都需要把绘好的图形保存下来，以便下次操作时打开。为了能够在不同 AutoCAD 版本中顺利打开图形文件，须对文件保存形式进行设定，通常把图形文件以较低 AutoCAD 版本形式保存，可以避免在较高版本绘图环境下绘图直接保存后，在较低版本下图形文件打不开的情况发生，设定图形文件保存形式在"选项"对话框中完成。具体操作如下。

① 打开"选项"对话框，选择"打开和保存"选项卡，如图 2-3-9 所示。

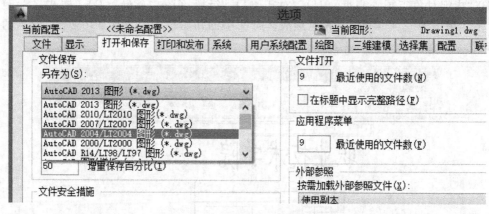

图 2-3-9

② 在"文件保存"选项组中的"另存为（S）"下拉列表框中（如图 2-3-9 所示）选择可能会用到的较低的 AutoCAD 版本，如选择"AutoCAD2004/LT2004 图形（*.dwg）"保存形式（或更低版本）。

③ 按对话框中的确定按钮，关闭对话框，回到绘图界面。

也可用"图形另存为"对话框中的"文件类型（T）"下拉立表框中选择相应的较低版本。如图 2-3-10 所示。

（2）文件保存

文件保存形式设定后，按下述操作保存文件。

① 命令窗口"命令:"输入 Save 回车，打开"图形另存为"对话框，如图 2-3-10 所示。

② 在"保存于（I）"下拉菜单中选择"桌面"，如图 2-3-10 所示。

③ 在"文件名（N）"文本框中"Drawing1.dwg"重命名为"A3 模板.dwg"。按"保存（S）"按钮。

在"①"操作中也可直接按菜单栏中的文件，选择下拉菜单中的保存（或另存为）或

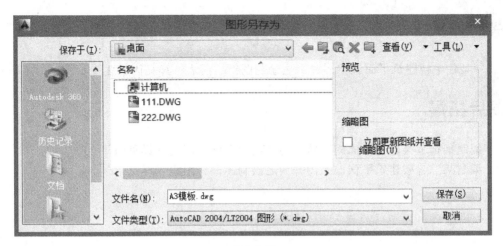

图 2-3-10

"标准"工具栏中的保存（S）按钮，打开"图形另存为"对话框。

2.3.2.8 为建筑平面施工图添加图框

建筑平面施工图的绘图界面（如图 2-2-12 绘图界面），运用"WBlock"命令，把"A3模板"图形文件以块的形式插入图 2-2-12 绘图界面中，再运用"移动"命令进行适当调整即可得到如图 2-3-11 所示的带有图框的建筑施工图——标准层平面图。

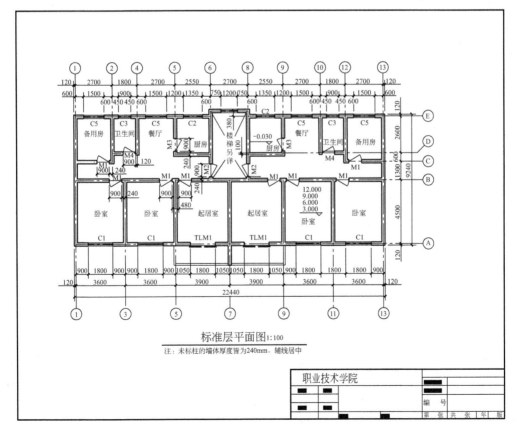

图 2-3-11

课后作业

绘制某住宅楼建筑平面施工图并为之绘制图框、图表（详见附录 1）。

课后拓展

1. 编制某宿舍楼建筑平面施工图并为之绘制图框、图表（详见附录 2）。
2. 编制某综合楼建筑平面施工图并为之绘制图框、图表（详见附录 3）。

3 建筑立面施工图的绘制

【项目任务】

绘制某住宅楼建筑立面施工图（详见附录1）。

【专业能力】

绘制建筑立面施工图的能力。

【CAD 知识点】

绘图命令：直线（Line）、多线（Mutiline）、圆（Circle）、圆弧（Arc）、矩形（Rectang）、椭圆（Ellipse）、图案填充（Bhatch）、渐变色（Gradient）、多线段（Pline）、正多边形（Polygon）、创建块（Make Block）、插入块（Insert Block）、属性块（Wblock）、多行文字（Mtext）。

修改命令：删除（Erase）、修剪（Trim）、移动（Move）、复制（Copy）、镜像（Mirror）、分解（Explode）、延伸（Extent）、拉伸（Stretch）、圆角（Fillet）、倒角（Chamfer）、旋转（Rotate）、偏移（Offset）、缩放（Scale）、打断（Break）。

标准：视窗缩放（Zoom）与视窗平移（Pan）、对象特性（Properties）、特性匹配（'matchprop）。

工具栏：特性、查询（Inquiry）、图层（Layer）、标注、样式。

菜单栏：工具［选项（Options）-显示］、格式［图形界线（Limits）］、格式｛文字样式（Style）、绘图［单行文本（DText）］、标注样式（Dimstyle）｝。

状态栏：正交（ORTHO）、草图设置（Drafting Settings)(包括捕捉与栅格、对象捕捉及追踪、极轴追踪、动态输入等的设置及其设置的开关）。

窗口"输入"命令：编辑多段线（PEdit）。

3.1 绘图前的准备

【项目任务】

绘制立面图中的窗洞（如图 3-1-2 所示）；绘制某住宅楼平面图中的家具（如图 3-1-7 所示）。

【专业能力】

绘制建筑图中有规律图形的能力。

【CAD 知识点】

修改命令：阵列（Array）。

3.1.1 AutoCAD绘图基本知识

3.1.1.1 修改命令——阵列（Array）

尽管"复制"命令可以一次复制多个图形，但要复制呈规则分布的图形目标仍不是特别方便。AutoCAD提供了阵列图形功能，以便用户快速准确地复制呈规则分布的图形。

（1）作用

进行工程制图时，会把对象按矩形、环形的方式或沿某一路径排列。可快速、准确地绘制呈规则分布的图形。

（2）步骤

启动阵列→设置阵列当前模式（或选择阵列方式）→输入阵列相关规则。

（3）启动命令

启动"阵列"命令，打开"阵列"对话框可用如下3种方法。

➤ 选择（菜单栏）【修改（M）】→阵列（A）→"矩形阵列"（或"路径阵列"、或"环形阵列"）。

➤ 单按"修改"工具栏上的"阵列"按钮 ，使其展开 →选择阵列类型。

➤ 命令窗口"命令:"输入Array（简捷命令AR）并回车。

阵列分为矩形阵列（ArrayRect）、环形阵列（ArrayPolar）、路径阵列（ArrayPath）等三种方式。具体内容如下所述。

3.1.1.2 矩形阵列（ArrayRect）

（1）具体操作

启动矩形阵列后，命令行提示如下。

"命令: ARRAYRECT

选择对象:"

"类型＝矩形 关联＝是

为项目数指定对角点或［基点（B）/角度（A）/计数（C）］＜计数＞:"

（2）选项说明

矩形阵列最常用的操作是：首先给定基点，系统默认的基点是对象的质心，如果需要修改基点，执行B选项；然后执行"计数（C）"选项给出矩形阵列的行数和列数，以及行间距和列间距；如果需要按一定角度阵列，执行A选项，以设置行轴的角度（列与行垂直）。

当各选项都设置好以后，命令行会出现如下提示：

按Enter键接受或［关联（AS）/基点（B）/行（R）/列（C）/层（L）/退出（X）］＜退出＞:

阵列的关联（AS选项）是指阵列中创建的项目是否保持关联性，如果保持关联性，则它们作为一个整体存在，这样便于对阵列结果的修改；如果不关联，则阵列中的各项目保持独立。

"层（L）"选项用于三维中的阵列，用于设置在高度方向上阵列的层数和层间距。

对于行、列、基点的设置如果需要修改，继续执行相应的选项，如果不修改，按回车键确认。

（3）注意事宜

◆ 行间距、列间距、阵列角度有正、负之分。行间距为正值时，向上复制阵列；为负值时，向下复制阵列。列间距为正值时，向右复制阵列；为负值时，向左复制阵列。阵列角度为正值时，向上旋转复制阵列；为负时，向下旋转复制阵列。

（4）完成项目任务

补全如图 3-1-2 所示的三间房二层南立面图中的窗的绘制。条件：层高 3000mm；绘图比例为 1∶100，如图 3-1-1（a）、（b）所示。绘图方法、步骤如下所述。

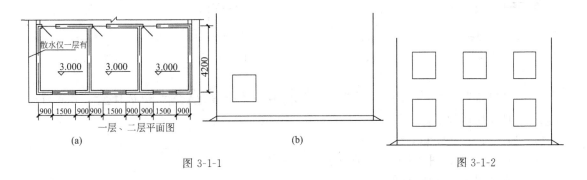

图 3-1-1　　　　　　　　　　　　　　　图 3-1-2

单按"修改"工具栏上的"阵列"按钮，使其展开 →选择，根据命令行提示，作如下操作。

① "命令：_ arrayrect

选择对象："找到 1 个［选择图 3-1-1（b）中的矩形对象］

② "选择对象："（回车）

③ "类型＝矩形　关联＝是

为项目数指定对角点或［基点（B）/角度（A）/计数（C）］＜计数＞:"（回车，执行计数选项）

④ "输入行数或［表达式（E）］＜4＞:"2（输入行数，回车）

⑤ "输入列数或［表达式（E）］＜4＞:"3（输入列数，回车）

⑥ "指定对角点以间隔项目或［间距（S）］＜间距＞:"（回车，执行间距选项）

⑦ "指定行之间的距离或［表达式（E）］＜90＞:"30（输入行间距，回车）

⑧ "指定列之间的距离或［表达式（E）］＜690＞:"33（输入列间距，回车）

⑨ "按 Enter 键接受或［关联（AS）/基点（B）/行（R）/列（C）/层（L）/退出（X）］＜退出＞:"（回车，命令结束）

此时图 3-1-1（b）将变为图 3-1-2。

3.1.1.3　环形阵列（Arraypolar）

环形阵列（ARRAYPOLAR）的阵列对象将按指定的中心点均匀分布。环形阵列的常用操作依次为：选定阵列对象，指定阵列中心点，给定阵列的项目数、项目间的角度和填充角度（环形阵列的角度）。

（1）注意事宜

◆ 环形阵列时，输入的角度为正值，沿逆时针方向旋转；反之，沿顺时针方向旋转。环形阵列的复制份数也包括原始形体在内。

（2）完成项目任务

① 如图 3-1-3 所示的椅子、茶几，绘出如图 3-1-4、图 3-1-5 的图形。绘图方法、步骤如下所述。

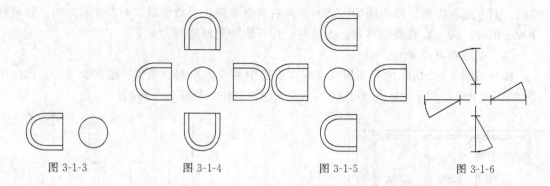

图 3-1-3   图 3-1-4   图 3-1-5   图 3-1-6

单按"修改"工具栏上的"阵列"按钮，使其展开 →选择，根据命令行提示，具体操作如下。

a. "命令：_ arraypolar
选择对象："选择图 3-1-3 左中的椅子

b. "选择对象："指定对角点：找到 7 个

c. "选择对象："回车，结束选择

d. "类型＝极轴　关联＝是
指定阵列的中心点或［基点（B）/旋转轴（A）］："选择图 3-1-3 右中的茶几的圆心

e. "输入项目数或［项目间角度（A）/表达式（E）］＜4＞："4（或者回车，此时 4＝默认值）

f. "指定填充角度（＋＝逆时针、－＝顺时针）或［表达式（EX）］＜360＞："回车（此时角度＝默认值）

g. "按 Enter 键接受或［关联（AS）/基点（B）/项目（I）/项目间角度（A）/填充角度（F）/行（ROW）/层（L）/旋转项目（ROT）/退出（X）］："输入"ROT"，回车（直接回车结束命令。可得到图 3-1-4。）

h. "是否旋转阵列项目？［是（Y）/否（N）］＜是＞："输入"n"（回车）

i. "按 Enter 键接受或［关联（AS）/基点（B）/项目（I）/项目间角度（A）/填充角度（F）/行（ROW）/层（L）/旋转项目（ROT）/退出（X）］："回车（直接退出，得到图 3-1-5。）

同理，可由图 3-1-6 左，运用环形阵列（ARRAYPOLAR）命令，可以得到图 3-1-6。

② 用环形阵列完成酒店房间的布置，将图 3-1-7 所示的图形阵列为图 3-1-8 所示的形式。

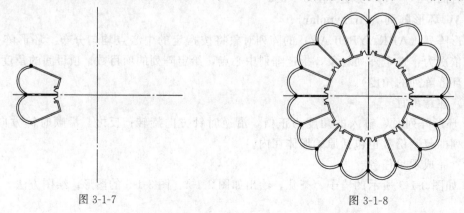

图 3-1-7   图 3-1-8

单按"修改"工具栏上的"阵列"按钮▦｜，使其展开 ▦ 〜 ✦ ▦ →选择 ✦，根据命令行提示，具体操作如下。

a. "命令：_ arraypolar

选择对象:"选择图 3-1-7 中所示酒店房间

b. "选择对象:"指定对角点：找到 29 个（选择图 3-1-7 所示的房间图形）

c. "选择对象:"（回车）

"类型＝极轴　关联＝是

指定阵列的中心点或［基点（B）/旋转轴（A）］:"（捕捉十字线的交点作为阵列中心点）

d. "输入项目数或［项目间角度（A）/表达式（E）］<4>:"8（输入项目数，回车）

e. "指定填充角度（＋＝逆时针、－＝顺时针）或［表达式（EX）］<360>:"（回车，确认填充角度为 360°）

f. "按 Enter 键接受或［关联（AS）/基点（B）/项目（I）/项目间角度（A）/填充角度（F）/行（ROW）/层（L）/旋转项目（ROT）/退出（X）］:"（回车，结束命令，结果如图 3-1-8 所示）

3.1.1.4　路径阵列（Arraypath）

路径阵列（ARRAYPATH）是沿路径或部分路径均匀分布对象。路径可以是直线、多段线、三维多段线、样条曲线、螺旋、圆弧、圆或椭圆等图形。

路径阵列的常用操作是：选择阵列的对象，指定阵列的路径，指定沿路径阵列的方向，指定阵列的项目数、阵列间距等。

3.1.2　相关专业知识

建筑施工图中，立面图与平面图、剖面图密切相关。立面图中建筑构造的水平方向的尺寸及其定位皆与平面图中的相应尺寸一致，而垂直方向的尺寸及其定位皆与剖面图中的相应尺寸一致，因此，图 3-2-1 某住宅楼的 1～13 轴立面图可借助于其平面图确定窗、阳台、散水等建筑构造水平方向上的尺寸及其定位。

3.2　建筑立面施工图的绘制

【项目任务】

详见下面各章节。

【专业能力】

绘制某住宅楼建筑立面施工图的能力。

3.2.1　绘制建筑正立面施工图

项目任务：绘制如图 3-2-1 所示的某住宅楼 1～13 轴立面图（正立面图）。条件：可参考某住宅楼的建筑平面施工图。

（1）建立图形文件

打开"2/2.3/2.3.2"建立的"A3 模板 .dwg"，再另存为"住宅楼正立面建筑施工图"图形文件。

（2）设定图层

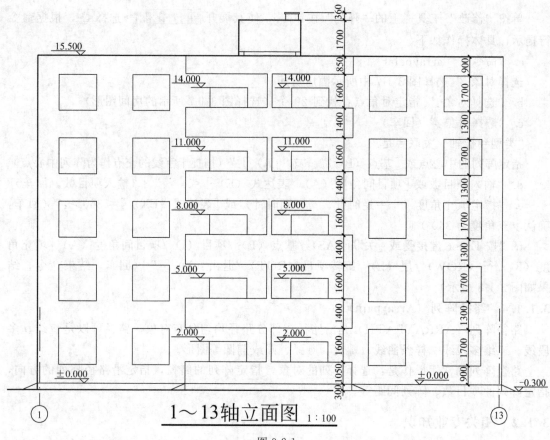

1～13轴立面图 1:100

图 3-2-1

在原有图层的基础上，按表 3-2-1 设定新图层。

表 3-2-1 图层设置

名称	颜色	线型	线宽	备注
中心线	■红	ACAD_ISO4W100（点划线）	0.2mm	
细投影线	□白	Continuous（实线）	0.2mm	工具/选项/显示/颜色为□白，颜色为■黑
中粗投影线	■绿	Continuous（实线）	0.6mm	被剖切到的轮廓线
辅助	■洋红	Continuous（实线）	0.2mm	
文本、尺寸	□白	Continuous（实线）	0.2mm	工具/选项/显示/颜色为□白，颜色为■黑
图块	□白	Continuous（实线）	0.2mm	工具/选项/显示/颜色为□白，颜色为■黑
虚线	■黄	ACAD_ISO2W100（虚线）	0.2mm	根据需要设置
粗投影线	■青	Continuous（实线）	0.9mm	地平线
其他	■蓝	Continuous（实线）	0.2mm	根据需要设置
A3 模板	■灰 8	Continuous（实线）		原有图层

（3）设置状态栏

设置"对象捕捉"：启用对象捕捉模式中的"端点（E） □ ☑端点(E)、中点（M）△ ☑中点(M)"；启用状态栏中"正交"功能、"对象捕捉"功能。

（4）作水平方向建筑构造定位、定尺寸的辅助线

复制某住宅楼标准层平面图，如图 2-2-12 所示，运用"直线"命令绘制散水，并运用删除（Erase）、修剪（Trim）等命令，得到图 3-2-2。

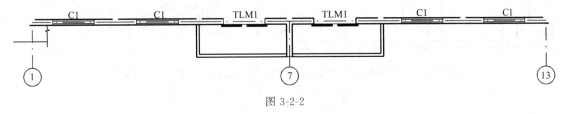

图 3-2-2

（5）绘制一层立面

① 绘制一户型一层立面　其中包括地平线、C1、TLM1、阳台等，具体方法、步骤如下。

a. 绘制地平线　"粗投影线"层设为当前层；特性随层，运用"直线"命令绘制地平线，如图 3-2-3 所示。

b. 绘制垂直方向辅助线　"辅助"层设为当前层，特性随层；运用"直线"命令绘制建筑构造垂直方向的定位辅助线，如图 3-2-3 所示。

c. 图 3-2-3 的绘制　在"细投影线"层运用"直线"、"复制"等命令，绘制组成 C1、TLM1 的宽度线、高度线；绘制散水与地平线交线（在图形上为一点）、与建筑在立面图上的交线；在"中粗投影线"层绘制阳台、外墙、阳台分户墙轮廓线。得图 3-2-3。

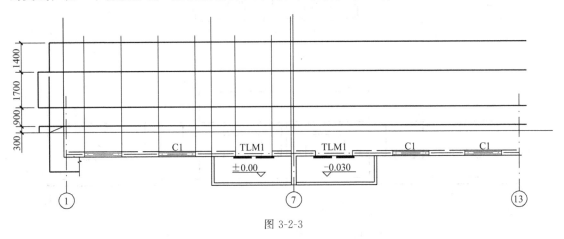

图 3-2-3

d. 图 3-2-4 的绘制　运用"删除"、"修剪"等命令，对图 3-2-3 进行完善。得图 3-2-4。

e. 图 3-2-5 的绘制　进行如下操作。

🔸 运用"特性匹配（′matchprop）"命令对图 3-2-4 所示线条进行操作。源对象：图 3-2-4 所示阳台栏板垂直投影线；目标对象：阳台外栏板水平投影线（如图 3-2-4 所指）。

🔸 运用"拉伸"命令对阳台图 3-2-4 所示对象进行拉伸操作。对象 1：一层阳台挡板上沿线（如图 3-2-4 所指），方向向上 100mm；对象 2：TLM1 洞口高度向下收缩 600mm。如图 3-2-5 所示。

🔸 运用"复制"命令，复制外墙处散水线至阳台挡板处。如图 3-2-5 所示。

② 绘制一单元一层立面　运用"镜像"命令镜像复制图 3-2-5 中有价值图线，并对图中的辅助线进行清理得到一单元一层立面图，如图 3-2-6 所示。

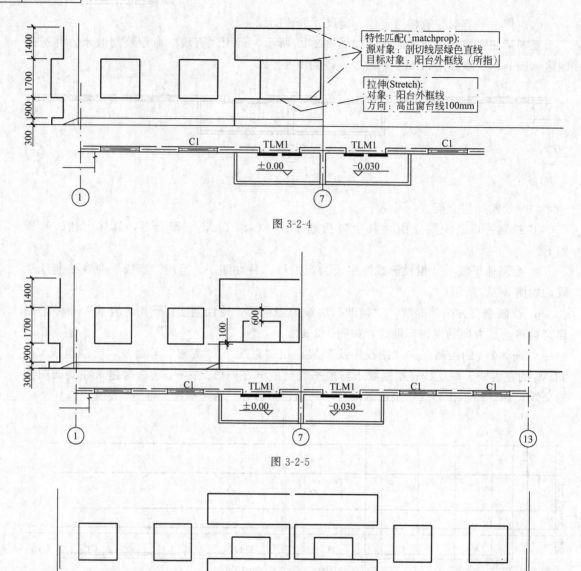

图 3-2-4

图 3-2-5

图 3-2-6

（6）绘制五层立面

① 矩形阵列操作　对象：图 3-2-6 中一层的窗和分户墙、二层阳台挡板；行数：5；列数：1；行偏移：3000mm（输入 30）；列偏移：0；阵列角度：0。

② 缩放操作　对象：最上面的阳台挡板；收缩距离：500mm（输入 5）。得到图 3-2-7。

③ 圆角操作　完成外墙线的绘制。

（7）完善

① 绘制水箱　在"细投影线"层，运用"直线段"或"矩形"等命令绘制水箱。如图 3-2-1 中的水箱。其中水平方向的尺寸在该住宅楼屋顶平面图中查找。

② 文本、尺寸标注　在标注层进行标注尺寸、标高、图名等文本编辑。如图 3-2-1 中的

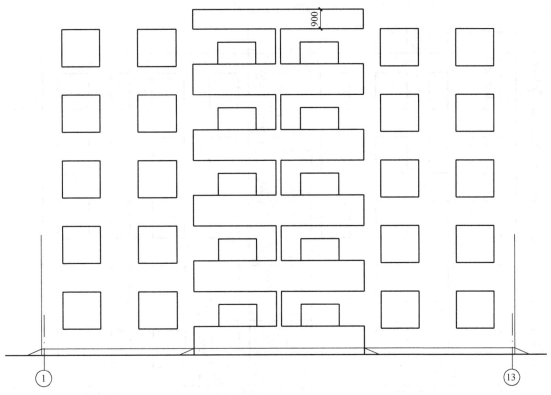

图 3-2-7

文本。

③ 进一步完善　得到如图 3-2-1 所示的"1～13 轴立面图"。

（8）存盘

存盘退出 AutoCAD 2014 绘图界面。

3.2.2　绘制建筑背立面施工图

项目任务：绘制如图 3-2-8 所示的某住宅楼 13～1 轴立面图（背立面图）。条件：可参考某住宅楼的建筑平面施工图。

（1）建立图形文件

打开"2/2.3/2.3.2"建立的"A3 模板 .dwg"，再另存为"住宅楼背立面建筑施工图"图形文件。

（2）设定图层

在原有图层的基础上，按表 3-2-1 设定新图层。

（3）设置状态栏

设置"对象捕捉"：启用对象捕捉模式中的"端点（E）□ ☑端点(E)、中点（M）△ ☑中点(M)、垂足（P） ╚ ☑垂足(P)、最近点（R） ✕ ☑最近点(R)"；启用状态栏中"正交"功能、"对象捕捉"功能。

（4）绘制墙、地平线、散水等轮廓线

① 地平线　图层："粗投影线"层；特性：随层；命令："直线"命令。

② 墙轮廓线　图层："中粗投影线"层；特性：随层；命令："直线"、"复制"或"偏

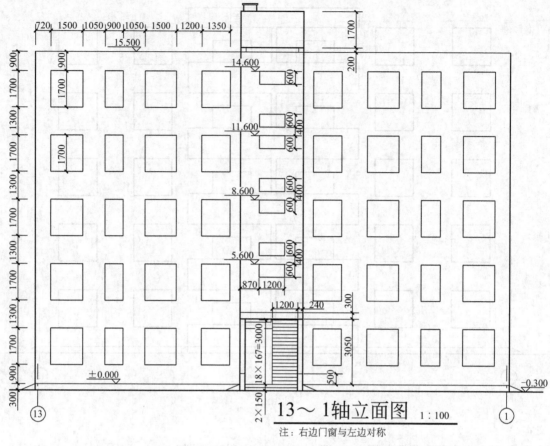

13～1轴立面图 1 : 100

注：右边门窗与左边对称

图 3-2-8

移"等命令。

③ 散水线　图层："细投影线"层；特性：随层；命令："矩形"、"直线"、"删除"、"镜像"等命令。操作如下。

■ 以 A 点为矩形"正交"状态下的右下角点，绘制长×宽＝700mm×300mm 的矩形。

■ 绘制矩形左下角点与右上角点的对角线 BC；并以 C 为起点，绘制 C 到直线 a 的垂线 CD；复制 CB 至 DE；删除所绘制的矩形。

■ 以 FG 中垂线为中轴镜像散水线 BC、CD、DE 等，得到其他散水线。如图 3-2-9（a）所示。

（5）绘制门窗

① 门窗位置线　图层：辅助层；命令："直线"、"复制"或"偏移"等命名。如图 3-2-9（b）所示。

② 绘制门窗　图层：细投影线层；命令："矩形"命令。

③ 修缮　运用"删除"命令，删除"（1）"步骤中所绘图线。得到如图 3-2-9（c）所示门窗。

④ 一层门窗　以 FG 中垂线为中轴"镜像"上述"（c）"步骤所得门窗，得一层门窗。

⑤ 五层门窗　图层：细投影线层；命令："阵列"命令；阵列类型：矩形阵列；对象：步骤"（4）"所得门窗；行数：5；列数：1；行偏移：3000mm（输入 30）；列偏移：0；阵列角度：0。得到不包括楼梯间门窗的五层门窗。如图 3-2-10 所示。

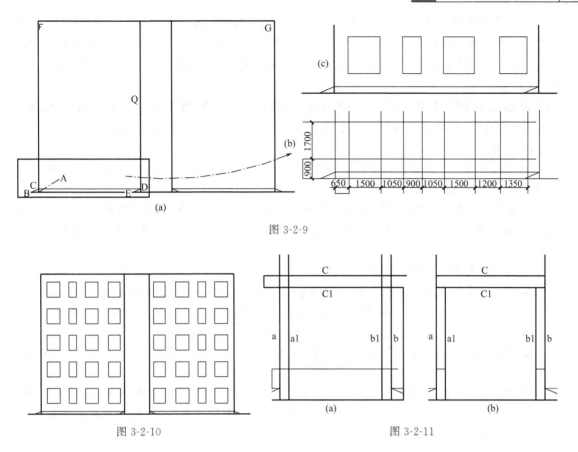

图 3-2-9

图 3-2-10   图 3-2-11

（6）楼梯间的绘制

① 入口墙及雨篷的绘制　如下所述。

■ 图层："中粗投影线"层；根据图 3-2-8 所示尺寸，运用"直线"命令绘制雨篷 C1、C；运用偏移（Offset）命令绘制入户墙线 a 与 a1、b 与 b1。如图 3-2-11（a）所示。

■ 运用"修剪"命令修善图 3-2-11（a），得图 3-2-11（b），完成入口墙及雨篷的绘制。

② 室内地坪、台阶与入口平台梁绘制　在"细投影线"图层，运用"直线"、"复制"、"移动"、"修剪"、"列阵"等命令进行操作。具体如下所述。

■ 运用"直线"命令绘制室内地坪线 d；运用"复制"命令向上、向下复制直线 d，绘制入口 2 层楼面投影线 e 及台阶线，复制距离分别为 3000mm、150mm，如图 3-2-12（a）所示。

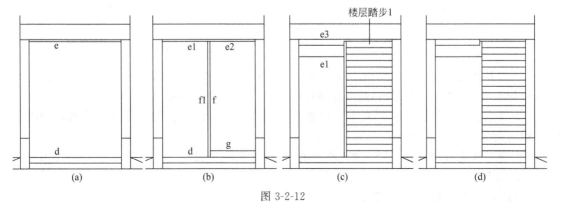

图 3-2-12

⬇ 运用"多线"命令，绘制 f1、f 平行线，间距为 60mm，起点与终点为直线 d、e 的中点，得到梯段外框线 f；复制 d，向上，距离为 166.666…，并对此修剪得梯段第一个踏步线 g。运用"打断于点 ⌐" 命令，在 f1 与 e 交点处打断，e 分为 e1、e2 直线段。如图 3-2-12（b）所示。

⬇ 矩形阵列。对象：图 3-2-12（2）中的直线 g；行数：17；列数：1；行偏移：166.666…mm（输入 1.66666）；列偏移：0；阵列角度：0。得梯段踏步高差线，如图 3-2-12（c）所示。

⬇ 运用"移动"命令，向下移动距离为 400mm，得图（c）中 e1，并复制 e1，向上复制至第一踏步之间的位置，得 e3，如图（c）所示。

⬇ 运用"延伸"、"圆角"命令，修改 f1、e3，得楼层 2 第一跑梯段的投影线；运用"延伸"命令延伸（c）图中 e1 至一楼梯段边缘（f 直线段），得平台梁投影线。如图 3-2-12（d）所示。

③ 窗户的绘制　具体操作如下所述。

⬇ 在"辅助"层以雨篷线 a 的中点 A 向上绘制长 1650mm 的垂线 AA1；在"细投影线"层，以 A1 为矩形左下角绘制 1200mm×600mm 的矩形 b，如图 3-2-13（a）所示。

⬇ 移动矩形 b 使之底边与 A1 点重合，如图 3-2-13（b）所示。

⬇ 删除辅助线 AA1；复制矩形 b，向上，距离为 1000mm，得矩形 c。如图 3-2-13（c）所示。

⬇ 矩形阵列。阵列类型：矩形阵列；对象：图 3-2-13（c）中的矩形 b、c；行数：4；列数：1；行偏移：3000mm（输入 30）；列偏移：0；阵列角度：0。删除不需要的最顶部窗，得楼梯间窗，如图 3-2-8 所示。

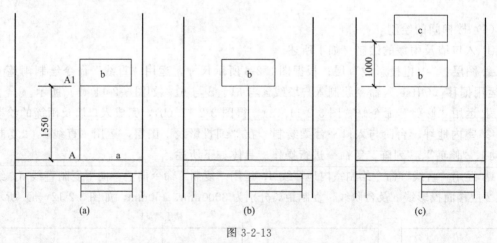

图 3-2-13

（7）其他

① 绘制水箱　在"细投影线"层，运用"直线"或"矩形"等命令绘制水箱，如图 3-2-8 中的水箱。其中水平方向的尺寸在该住宅楼屋顶平面图中查找。

② 文本、尺寸标注　在"文本、尺寸"层进行尺寸、标高、图名等文本编辑，如图 3-2-8 中的文本。

③ 进一步完善　得到如图 3-2-8 所示的"13～1 轴立面图"。

（8）存盘

存盘退出 AutoCAD 绘图界面。

课后作业

绘制某住宅楼建筑立面施工图（详见附录 1）。

课后拓展

1. 绘制某宿舍楼建筑立面施工图（详见附录 2）。
2. 绘制某综合楼建筑立面施工图（详见附录 3）。

4 建筑剖面施工图的绘制

【项目任务】

绘制某住宅楼建筑剖面施工图（详见附录1）。

【专业能力】

绘制建筑剖面施工图的能力。

【CAD知识点】

绘图命令：直线（Line）、多线（Mutiline）、圆（Circle）、圆弧（Arc）、矩形（Rectang）、椭圆（Ellipse）、图案填充（Bhatch）、渐变色（Gradient）、多线段（Pline）、正多边形（Polygon）、创建块（Make Block）、插入块（Insert Block）、属性块（Wblock）、多行文字（Mtext）。

修改命令：删除（Erase）、修剪（Trim）、移动（Move）、复制（Copy）、镜像（Mirror）、分解（Explode）、延伸（Extent）、拉伸（Stretch）、圆角（Fillet）、倒角（Chamfer）、旋转（motate）、偏移（Offset）、缩放（Scale）、打断（Break）。

标准：视窗缩放（Zoom）与视窗平移（Pan）、对象特性（Properties）、特性匹配（'matchprop）。

工具栏：特性、查询（Inquiry）、图层（Layer）、标注、样式。

菜单栏：工具［选项（Options）-显示］、格式［图形界线（Limits）］、格式｛文字样式（Style）、绘图［单行文本（DText）］、标注样式（Dimstyle）｝。

状态栏：正交（ORTHO）、草图设置（Drafting Settings）（包括捕捉与栅格、对象捕捉及追踪、极轴追踪、动态输入等的设置及其设置的开关）。

窗口"输入"命令：编辑多段线（PEdit）。

4.1 建筑不带楼梯剖面施工图的绘制

【项目任务】

绘制如图4-1-1所示某住宅楼建筑剖面施工图。

【专业能力】

绘制某住宅楼不带楼梯的建筑剖面施工图的能力。

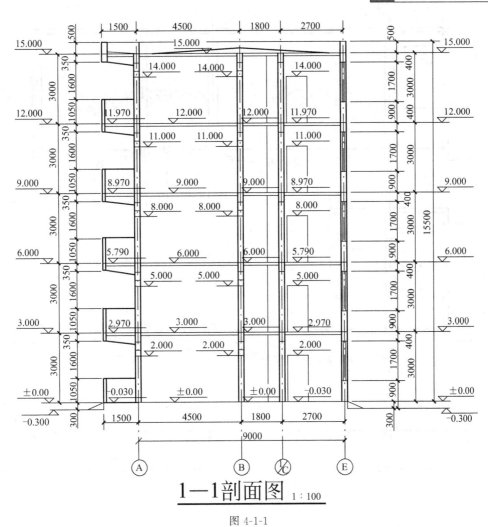

$$1—1剖面图 \quad 1:100$$

图 4-1-1

4.1.1 原图绘制

（1）建立图形文件

打开"2/2.3/2.3.2"建立的"A3模板.dwg"，另存为"住宅1-1剖面（不带楼梯）建筑施工图"图形文件。

（2）设定图层

在原有图层的基础上，按表3-2-1设定新图层。

（3）设置状态栏

设置"对象捕捉"：启用对象捕捉模式中的"端点（E） □ ☑端点(E)、中点（M） △ ☑中点(M)、垂足（P） ⊥ ☑垂足(P)、最近点（R） ⊠ ☑最近点(R)"；启用状态栏中"正交"功能、"对象捕捉"功能。

（4）绘制地平线

如图4-1-2（a）、（b）所示。图层："粗投影线"层；特性：均为"ByLayer"（随层）；命令："直线"命令。图4-1-2（a）为考虑地平线高差绘制的图线；图4-1-2（b）为忽略地平线高差绘制的图线。

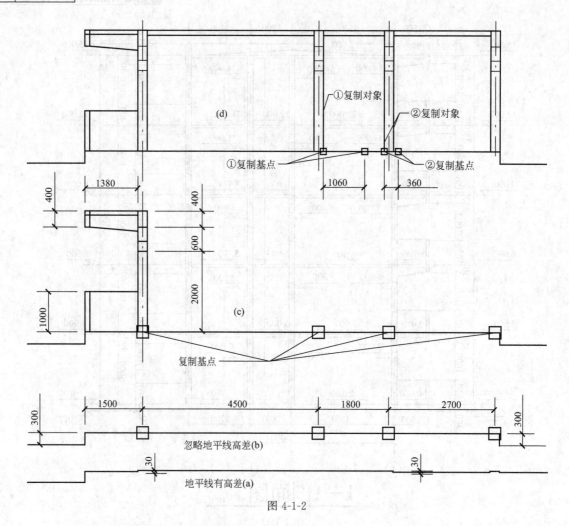

图 4-1-2

（5）绘制一层剖面图

如图 4-1-2 所示。具体操作如下所述。

① 绘制 A 轴线处一层图线　运用"多线"、"直线"、"复制"等命令绘制。如图 4-1-2 （d）所示。

a. 绘制门框线　运用"多线"命令在"细投影线"图层绘制长度为 2000mm、宽度为 240mm 的门框垂直投影线；运用"直线"命令在"中粗投影线"图层绘制长为 240mm 的门框水平剖切线。如图 4-1-2（c）所示。

b. 绘制墙、梁等图线　运用"多线"命令在"中粗投影线"图层以"①"的门框垂直投影线中点为起点连续绘制宽度为 240mm，长度分别为 600mm、400mm 的垂直墙、梁线；运用"复制"命令在"中粗投影线"图层复制水平门框线为墙、梁水平剖切投影线。如图 4-1-2（c）所示。

② 绘制阳台　运用"多线"、"直线"、"复制"等命令绘制。如图 4-1-2（c）所示。

a. 绘制剖切投影线　在"中粗投影线"图层，运用"多线"命令绘制长为 1380mm 的阳台板剖切投影线、长为 400mm 的阳台联系梁垂直剖切投影线、长为 1000mm 的阳台栏板垂直剖切投影线；运用"直线"命令绘制长为 120mm 的阳台联系梁水平剖切投影线、阳台栏板水平剖切投影线。如图 4-1-2（c）所示。

　　b. 绘制细投影线　在"细投影线"层，运用"直线"命令绘制阳台挑梁梁底投影线、阳台栏板水平投影线。如图 4-1-2（c）所示。

　　③ 绘制其他轴线处一层图线。如图 4-1-2（d）、图 4-1-3、图 4-1-4、图 4-1-5 等所示。

　　a. 复制　A 轴线处墙分别复制到 B、1/C、E 等轴线处。如图 4-1-2（d）所示。

　　b. 绘制一层顶板　在"中粗投影线"图层，运用"多线"命令绘制 A 与 B 轴线间、B 与 1/C 轴线间、1/C 与 E 轴线间的二层楼板投影线。如图 4-1-2（d）所示。

　　c. 绘制 B 与 1/C 轴线间投影线　如图 4-1-2（d）所示，复制对象 1，复制距离为 1060mm，得到图 4-1-3（a）中的对象 1，并对其进行延伸，延伸至二层楼板底面，得到 B 与 1/C 轴线间投影线。如图 4-1-3（b）所示。

　　d. 绘制 1/C 与 E 轴线间门框投影线　如图 4-1-2（d）所示，复制对象 2，复制距离为 360mm，得到图 4-1-3（a）中的对象 2、3；移动对象 3，使之与对象 2 之间的距离为 900mm；在"细投影线"层，运用"直线"命令绘制门框顶投影线，得到 1/C 与 E 轴线间门框投影。如图 4-1-3（b）所示。

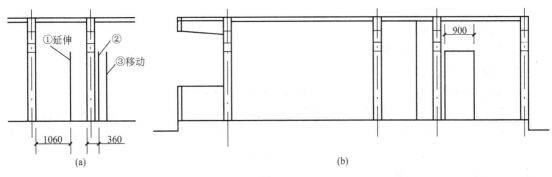

图 4-1-3

　　e. 完善 1/C 轴线墙　图 4-1-4（a）为图 4-1-3 中的 1/C 轴线墙，删除门顶两段过梁水平线，得到图 4-1-4（b）；向下拉伸圈梁下面的墙的剖切投影线，距离：从图 4-1-4（b）中垂直门框线顶端至底端，得到 1/C 轴线墙的底层图形线。如图 4-1-4（c）所示。

　　f. 完善 E 轴线墙　图 4-1-5（a）为图 4-1-3 中的 E 轴线墙，删除门顶两段过梁水平线，向上拉伸圈梁下面的墙的剖切投影线，距离：从图 4-1-5（a）中垂直门框线顶端至圈梁底端水平线，得到图 4-1-5（b）；向上移动垂直门框线，距离：900mm，"修剪"命令修剪多余门

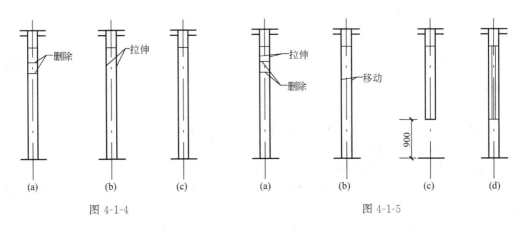

图 4-1-4　　　　　　　　　　　　　　　　　图 4-1-5

框线，并运用"直线"命令在"中粗投影线"图层绘制水平窗台线，得到图 4-1-5 （c）；分别在"细投影线"层、"中粗投影线"层运用多线命令绘制垂直窗扇线、垂直窗下墙线，比例分别 80mm、240mm，得到 E 轴线墙的底层图形线。如图 4-1-5 （d）所示。

g. 其他 在"文本、尺寸"层，插入标高块并进一步完善。得图 4-1-6。

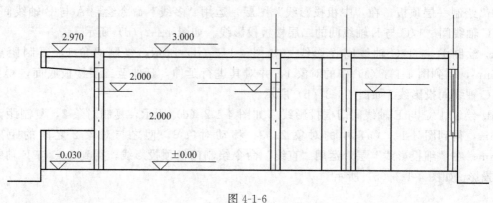

图 4-1-6

（6）绘制五层剖面图

如图 4-1-1 所示。具体操作如下。

① 绘制二～五层剖面图

a. 运用"拉伸"命令，把图 4-1-6 中的轴线向上拉伸，拉伸长度为 12.5。

b. 运用"阵列"命令。阵列类型：矩形阵列；阵列对象：图 4-1-6 中除地平线及其上的标高、轴线以外的所有图形文件，如图 4-1-7 所示；阵列行数：输入"5"；阵列列数：输入"1"；行间距：输入"30"（30mm＝层高 3000mm×绘图比例 1∶100）；列偏移：输入"0"；阵列角度：输入"0"。具体操作如下。

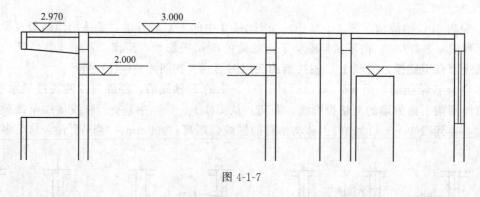

图 4-1-7

单按"修改"工具栏上的"阵列"按钮▣，使其展开▣ ◿ ▧ ▣→选择▣，根据命令行提示，作如下操作。

（a）"命令：_arrayrect

选择对象:"找到 ＊＊个（选择图 4-1-7 中所有对象）

（b）"选择对象:"（回车）

（c）"类型＝矩形 关联＝是

为项目数指定对角点或［基点（B）/角度（A）/计数（C）］＜计数＞:"回车（执行计数选项）

（d）"输入行数或［表达式（E）］＜4＞:"5（输入阵列行数，回车）

(e) "输入列数或［表达式（E）］＜4＞:"1（输入整列列数，回车）

(f) "指定对角点以间隔项目或［间距（S）］＜间距＞:"回车（执行间距选项）

(g) "指定行之间的距离或［表达式（E）］＜90＞:"30（输入行间距，回车）

(h) "按 Enter 键接受或［关联（AS）/基点（B）/行（R）/列（C）/层（L）/退出（X）］＜退出＞:"回车（命令结束）

② 完善屋顶部分 得到如图 4-1-8（c）所示的屋顶图形文件，绘制步骤与方法如下。

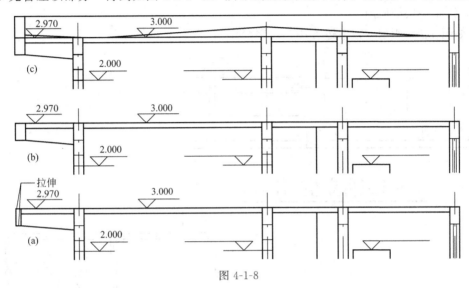

图 4-1-8

a. 修改阳台雨篷联系梁的水平剖切投影线 如图 4-1-8（a）所示，对图中所指对象进行拉伸；拉伸距离：水平联系梁的水平剖切投影线的端点依次作为起点、终点。得到图 4-1-8（b）所示阳台雨篷联系梁的水平剖切投影线。

b. 绘制女儿墙部分图线 具体操作如下所述。

女儿墙垂直剖切投影线。运用"多线"命令，图层："中粗投影线"层；设置：对正＝上，比例＝2.40，样式＝墙线-随层；距离为 500mm；端点如图 4-1-8（b）所示；方向：垂直向上。

女儿墙水平剖切投影线。仍在"中粗投影线"层，运用"直线"命令绘制。

未剖切到的女儿墙投影线。在"细投影线"层，运用"直线"命令绘制。得如图 4-1-8（c）所示的女儿墙的图形文件。

c. 屋顶建筑起坡投影线 在"细投影线"层运用"直线"命令绘制。

（7）标注尺寸

① 水平尺寸 同平面图中纵向尺寸标注。

② 垂直尺寸 类似于平面图中横向尺寸标注。可先完全按平面图中横向尺寸标注，其中，定位轴线块在屏幕上的插入点为楼、地面与外墙外投影线的交点。标注结束后按下述方法进行修改、完善。

⤵ 删除所有定位轴线块中的圆。

⤵ 运用"特性匹配"命令，把定位轴线块中的点划线改为细实线。

⤵ 在相应位置加上标高标记。

（8）文本编辑

⤵ 进行标高编辑。

⬥ 进行图名编辑。

（9）完善

修改与图 4-1-1 不同之处。得到如图 4-1-1 所示的"1-1 剖面图"。存盘退出 AutoCAD 绘图界面。

4.1.2 运用已有图形文件绘制

（1）绘制一层剖面图

① 如图 4-1-9 所示，按下述方法、步骤操作。

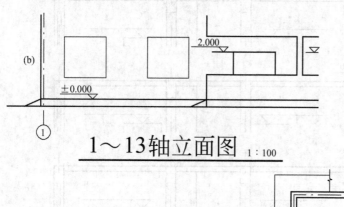

$1\sim13$ 轴立面图 $1:100$

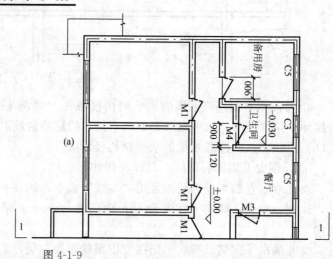

图 4-1-9

⬥ 复制底层平面图，并在底层平面图 1-1 剖切符号处，把平面图切为两部分，留下 1-1 剖面图投影方向的部分，并旋转 90 度，得到图 4-1-9（a）所示图形。

⬥ 复制"$1\sim13$ 轴立面图"，并保留图 4-1-9（b）所示部分图形文件（包括一层的阳台、门窗等）。

⬥ 运用图 4-1-9（a），拉出所绘 1-1 剖面图的水平方向的定位图形；运用图 4-1-9（b），拉出所绘 1-1 剖面图的垂直方向的定位图形；再对图形进行修剪、完善；得到如图 4-1-6 所示的一层剖面图。

② 注意事宜　绘制过程中，原则是剖切到的建筑构造组成的投影线在"中粗投影线"图层中绘制，未剖切到的建筑构造组成的投影线在"细投影线"图层中绘制。地平线在"粗投影线"图层中。

（2）其它

同 4/4.1/4.1.1 中相关绘制部分。

4.2 建筑带楼梯剖面施工图的绘制

【项目任务】

绘制如图 4-2-1 所示某住宅楼建筑剖面施工图。

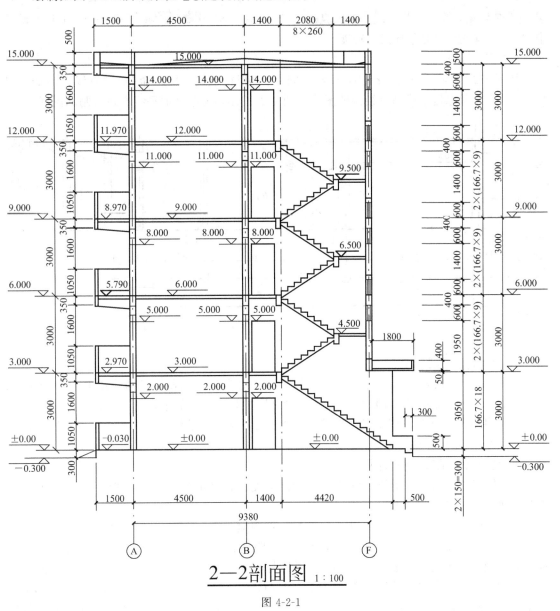

2—2剖面图 1:100

图 4-2-1

【专业能力】

绘制某住宅建筑带楼梯剖面施工图的能力。

4.2.1 原图绘制

（1）建立图形文件

打开"2/2.3/2.3.2"建立的"A3模板.dwg"，另存为"住宅2-2剖面（带楼梯）建筑施工图"图形文件。

（2）设定图层

在原有图层的基础上，按表 3-1-1 设定新图层。

（3）设置状态栏

设置"对象捕捉"：启用对象捕捉模式中的"端点（E） ☐ ☑端点(E)、中点（M） △ ☑中点(M)、垂足（P） ┗ ☑垂足(P)、最近点（R） ☒ ☑最近点(R)"；启用状态栏中"正交"功能、"对象捕捉"功能。

（4）绘制地平线

如图 4-2-2（a）、图 4-2-2（b）所示。图层："粗投影线"层；命令："直线"命令。图 4-2-2（a）为考虑地平线高差绘制的图线；图 4-2-2（b）为忽略地平线高差绘制的图线。

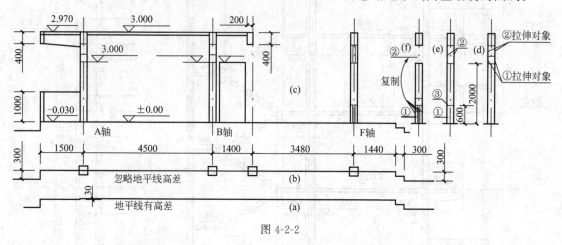

图 4-2-2

（5）绘制一层剖面图

① 绘制 A 轴线处一层图线　运用"多线"、"直线"、"复制"等命令绘制。如图 4-2-2（c）所示。绘制方法、步骤同"4.1.1 原图绘制"中第 5 步中的①。

② 绘制阳台　运用"多线"、"直线"、"复制"等命令绘制。如图 4-2-2（c）所示。绘制方法、步骤同 4.1.1 第 5 步中的②。

③ 绘制其他轴线处一层剖面图线。

a. B 轴线处一层剖面图线　以 A 轴线处图线复制到 B 轴线处。得到如图 4-2-2（c）中所示的 B 轴线处一层剖面图线。

b. F 轴线处一层剖面图线　以 A 轴线处图线复制到 F 轴线处，得到图 4-2-2（d）。在图 4-2-2（d）中，拉伸对象①，方向：垂直向下，距离：1400mm；拉伸对象②，方向：垂直向下，距离：使拉伸后的长度为 600mm，得到图 4-2-2（e）。在图 4-2-2（e）中，删除对象②；在对象①中运用"多线"命令，绘制窗扇（设置：对正＝无，比例＝0.80，样式＝墙线-随层）；复制对象③，向上 240mm，得到图 4-2-2（f）。在图 4-2-2（f）中，把①处对象复制到②处，得到 F 轴线处一层剖面图线。如图 4-2-2（c）F 轴所示。

c. 绘制二层楼板　在"中粗投影线"图层，运用"多线"命令绘制 A 与 B 轴线间、B 轴线与楼梯楼层平台梁间二层楼板。如图 4-2-2（c）所示。

d. 绘制楼梯二层楼层平台梁　在"中粗投影线"层，运用"矩形"命令绘制。如图 4-2-2（c）所示。

（6）绘制五层剖面图

如图 4-2-1 所示。绘制方法与步骤如下所述。

① 忽略梯段及休息平台，绘制二～五层剖面图　绘制方法与步骤同"4/4.1/4.1.1/6/(1) 相关章节"。

② 完善屋顶部分　绘制方法、步骤同"4.1.1/（6）/②相关章节"。得到如图 4-2-1 所示的屋顶图形文件。

③ F 轴入口处处理　如图 4-2-3 所示，绘制方法与步骤如下所述。

⚓ 如图 4-2-3（a）所示，删除 F 轴处 3600mm 以下的所有图形文件，并运用移动命令垂直向上移动对象①210mm，得到图 4-2-3（b）。

⚓ 在图 4-2-3（b）中拉伸对象②，方向：垂直向下，距离：550mm，得到图 4-2-3（c）。

⚓ 在图 4-2-3（c）中运用多线命令绘制雨篷厚度投影线，图层："中粗投影线"层，设置：对正＝下，比例＝0.80，样式＝墙线-随层，以图示位置为基点。并分别在"中粗投影线"层、"细投影线"层绘制雨篷挡板水平投影线。得到图 4-2-3（d）。

⚓ 在图 4-2-3（d）中运用直线，在"细投影线"层绘制入口处墙体的投影线，得到图 4-2-3（e）。

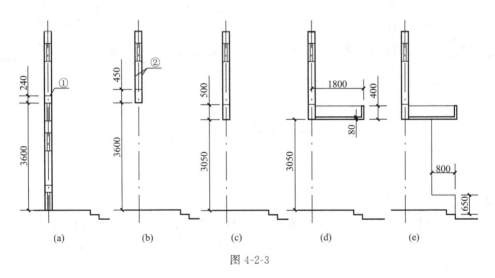

图 4-2-3

④ 绘制梯段及休息平台　如图 4-2-5 所示。

a. 绘制标准梯段与楼梯休息平台　绘制方法与步骤如图 4-2-4（a）所示。具体步骤如下所述。

⚓ 运用"直线"命令在"细投影线"层绘制踏步投影线 A。

⚓ 复制 A，得到一梯段踏步投影线 B。

⚓ 镜像 B，得到两梯段踏步投影线 C。

⚓ 绘制、移动梯段板板底投影线得到两梯段投影线 E。

⚓ 运用"特性匹配"命令使第二梯段投影线成为"中粗投影线"层图形文件，并在"中粗投影线"层运用"直线"命令绘制休息平台及休息平台梁投影线得 F。

⚓ 运用"移动"命令把 F 图形文件移动到上述①、②、③步骤所得的忽略梯段及休息平台的二～五层带楼梯剖面图中，得到 G 图形文件。如图 4-2-4（a）所示。

b. 运用"阵列"命令阵列 G 图形文件　阵列对象：图中 G 图形文件；阵列行数：输入"4"；阵列列数：输入"1"；行偏移：输入"30"（30mm＝层高 3000mm×绘图比例 1：100）；

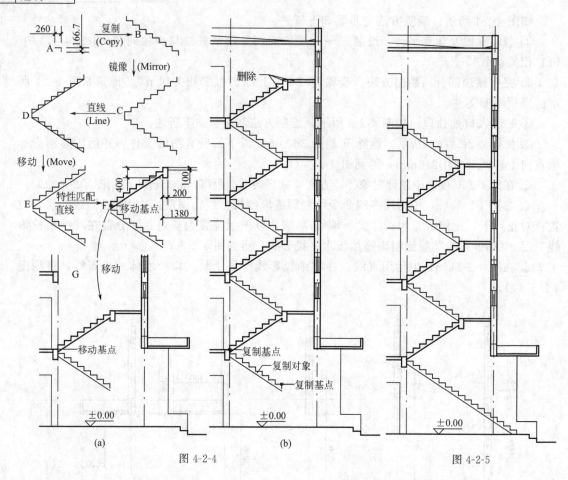

图 4-2-4

图 4-2-5

阵列角度：输入"0"。得到图 4-2-4（b）。

  c. 完善 如图 4-2-4（b）所示，删除顶层梯段及休息平台、平台梁图形文件；运用"复制"、"延伸"等命令完善一层梯段图形文件。得图 4-2-5 所示的楼梯间图形文件。

（7）标注尺寸

① 水平尺寸 同平面图中纵向尺寸标注。

② 垂直尺寸 类似于平面图中横向尺寸标注。可先完全按平面图中横向尺寸标注，其中，定位轴线块在屏幕上的插入点为楼、地面与外墙外投影线的交点。标注结束后按下述方法进行修改、完善。

  ✦ 删除所有定位轴线块中的圆。

  ✦ 运用"特性匹配"命令，把定位轴线块中的点划线改为细实线。

  ✦ 在相应位置加上标高标记。

（8）文本编辑

  ✦ 进行标高编辑。

  ✦ 进行图名等编辑。

（9）完善

进一步完善，修改与图 4-2-1 不同之处。得到如图 4-2-1 所示的"2-2 剖面图"。存盘退出 AutoCAD 绘图界面。

4.2.2 运用已有图形文件绘制

4.2.2.1 运用已有平面图、立面图绘制

（1）绘制一层剖面图（不包括楼梯间、F轴墙体三层）

① 如图4-2-6所示，按下述方法、步骤操作。

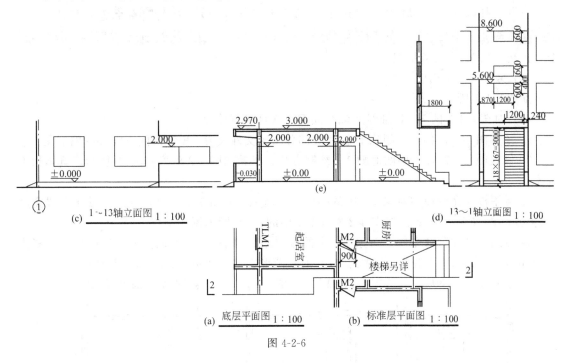

图4-2-6

↳ 在底层平面图2-2剖切符号处，把平面图切为两部分，留下2-2剖面图投影方向的部分，并旋转90度，得到图4-2-6（a）所示图形。

↳ 在标准层平面图2-2剖切符号处，把平面图切为两部分，留下2-2剖面图投影方向的部分，并旋转90度，留下与图4-2-6（a）所示图形的不同切面图形，得到图4-2-6（b）所示图形。

↳ 复制"1～13轴立面图"并保留图4-2-6（c）所示部分图形文件（包括一层的阳台、门窗等）。

↳ 复制"13～1轴立面图"并保留图4-2-6（d）所示部分图形文件（包括一层楼梯间梯段、雨篷、二三两层的门窗等）。

↳ 运用图4-2-6（a）、（b），拉出所绘2-2剖面图的水平方向的定位图形；运用图4-2-6（c）、（d），拉出所绘2-2剖面图的垂直方向的定位图形；再对图形进行修剪、完善。得到如图4-2-6（e）所示的图形文件。

② 注意事宜　绘制过程中，原则是剖切到的建筑构造组成的投影线在"中粗投影线"图层中绘制，未剖切到的建筑构造组成的投影线在"细投影线"图层中绘制。

（2）其他部分

同4/4.2/4.2.1中相关绘制部分。

4.2.2.2 运用不带楼梯的剖面图绘制

（1）建立图形文件

打开"2/2.3/2.3.2"建立的"A3 模板.dwg",另存为"住宅 2-2 剖面(带楼梯)建筑施工图"图形文件。

(2)设定图层

在原有图层的基础上,按表 3-1-1 设定新图层。

(3)设置状态栏

设置"对象捕捉":启用对象捕捉模式中的"端点(E) □ ☑端点(E)、中点(M) △ ☑中点(M)、垂足(P) ⌐ ☑垂足(P)、最近点(R) ⨯ ☑最近点(R)";启用状态栏中"正交"功能、"对象捕捉"功能。

(4)复制 1-1 剖面图

如图 4-1-1 所示。

(5)对图 4-1-1 的 B、E 轴线及轴线间图形文件进行修改

① 绘制图 4-2-7(a)   删除 E 轴线处部分图形文件及 B、E 轴线间不需要的图形文件。

② 修改图 4-2-7(a)中的对象 1   绘制方法、步骤如图 4-2-8"对象 1"所示。具体如下所述。

🔩 运用拉伸命令使"对象 1"中的楼层平台由 1800mm 修改为 1400mm、使平台梁宽度由 240mm 修改为 200mm。如图 4-2-8 对象 1 中的(b)所示图形文件。

🔩 运用"拉伸"命令使"对象 1"中的楼层平台梁右侧投影线距离 B 轴线水平距离为 1400mm,如图 4-2-8"对象 1"中的(c)所示图形文件。即图 4-2-7(b)所示。

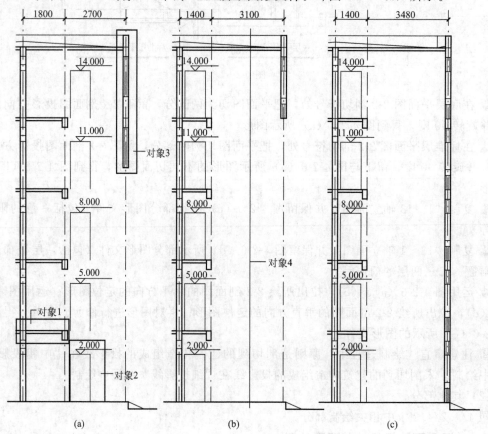

图 4-2-7

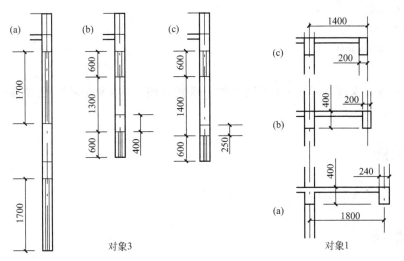

图 4-2-8

③ 修改图 4-2-7（a）中的"对象 2" 运用"移动"命令移动每层的"对象 2"，方向：水平向左，移动距离：1800mm，得到如图 4-2-7（b）所示图形文件。

④ 修改图 4-2-7（a）中的"对象 3" 绘制方法、步骤如图 4-2-8"对象 3"所示。具体如下所述。

  运用"拉伸"命令使对象 3 的窗高由 1700mm 修改为 600mm，如图 4-2-8"对象 3"中的（b）所示。

  运用拉伸命令使"对象 3"两窗之间的墙高由 1300mm 修改为 1400mm，运用移动命令水平下移"对象 3"下部的窗过梁梁顶投影线，使过梁垂直高度由 400mm 修改为 250mm。如图 4-2-8"对象 3"中的（c）所示。即图 4-2-7（b）所示。

  运用"矩形阵列"命令，阵列对象：图 4-2-7（b）所示的对象 3；阵列行数：输入"5"；阵列列数：输入"1"；阵列行距：输入"-30"（30mm＝层高 3000mm×绘图比例 1：100，向下复制为负）；阵列角度：输入"0"。得到图 4-2-7（c）所示的图形文件。

⑤ 修改 B 轴 与 E 轴之间距离，使 E 轴成为 F 轴 运用"拉伸"命令拉伸图 4-2-7（b）所示的"对象 4（包括地平线、屋顶等图形文件）"，拉伸方向：水平向右；拉伸距离：380mm，得到图 4-2-7（c）所示"对象 4"图形文件。此时，B 轴 与 E 轴之间距离 4500mm（＝1400mm＋3100mm）修改为 B 轴 与 F 轴之间距离 4880mm（＝1400mm＋3480mm），图 4-2-7（b）中的 E 轴成为图 4-2-7（c）中的 F 轴。

（6）绘制、完善 B 轴、E 轴及其之间的图形文件

① 完善屋顶部分 得到如图 4-2-1 所示的屋顶图形文件。绘制方法、步骤同"4.2.1/（6）/②"相关内容。

② F 轴入口处处理 方法、步骤同"4.2.1/（6）/③"相关内容。如图 4-2-3 所示。

③ 绘制梯段及休息平台 绘制方法、步骤同"4.2.1/（6）/④"相关内容。如图 4-2-4（c）所示。

（7）标注尺寸

① 水平尺寸 同平面图中纵向尺寸标注。

② 垂直尺寸 左侧标注：保留原有复制图形文件中的左侧标注；右侧标注：删除原有复制图形文件中的右侧标注。具体标注方法、步骤同"4.2.1/（7）/②"相关内容。

（8）文本编辑

⬇ 进行标高编辑。

⬇ 进行图名等编辑。

（9）完善

进一步完善，修改与图 4-2-1 不同之处。得到如图 4-2-1 所示的"2-2 剖面图"。存盘退出 AutoCAD 绘图界面。

课后作业

绘制某住宅楼建筑剖面施工图（详见附录 1）。

课后拓展

1. 绘制某宿舍楼建筑剖面施工图（详见附录 2）。
2. 绘制某综合楼建筑剖面施工图（详见附录 3）。

5 建筑详图的绘制

【项目任务】

绘制某住宅楼建筑详图（详见附录1）。

【专业能力】

绘制建筑详图的能力。

【CAD知识点】

绘图命令：直线（Line）、多线（Mutiline）、圆（Circle）、圆弧（Arc）、矩形（Rectang）、椭圆（Ellipse）、图案填充（Bhatch）、渐变色（Gradient）、多线段（Pline）、正多边形（Polygon）、创建块（Make Block）、插入块（Insert Block）、属性块（Wblock）、多行文字（Mtext）。

修改命令：删除（Erase）、修剪（Trim）、移动（Move）、复制（Copy）、镜像（Mirror）、分解（Explode）、延伸（Extent）、拉伸（Stretch）、圆角（Fillet）、倒角（Chamfer）、旋转（Rotate）、偏移（Offset）、缩放（Scale）、打断（Break）。

标准：视窗缩放（Zoom）与视窗平移（Pan）、对象特性（Properties）、特性匹配（'matchprop）。

工具栏：特性、查询（Inquiry）、图层（Layer）、标注、样式。

菜单栏：工具［选项（Options）-显示］、格式［图形界线（Limits）］、格式｛文字样式（Style）、绘图［单行文本（DText）］、标注样式（Dimstyle）｝。

状态栏：正交（ORTHO）、草图设置（Drafting Settings）(包括捕捉与栅格、对象捕捉及追踪、极轴追踪、动态输入等的设置及其设置的开关)。

窗口"输入"命令：编辑多段线（PEdit）。

5.1 建筑楼梯详图的绘制

【项目任务】

绘制如图 5-1-3 （a）、图 5-1-6 （b）所示某住宅楼梯详图（比例 1∶50）。

【专业能力】

绘制某住宅楼楼梯详图的能力。

5.1.1 绘图前的准备

【实例 1】 如图 5-1-1 所示，把 a、b 两条线之间的所有图形实体清除。

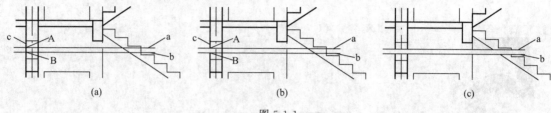

图 5-1-1

① 打断直线 c 在直线 a、b 之间的线段 启动"打断"命令，根据命令行提示按下述步骤进行操作。

a. "命令：_break 选择对象："选择直线 c。

b. "指定第二个打断点或［第一点（F）］："输入 f。

c. "指定第一个打断点："选择直线 c 与直线 a 的交点 A 点。

d. "指定第二个打断点："选择直线 c 与直线 b 的交点 B 点。

经上述操作，得到如图 5-1-1（b）所示的图形文件。

② 打断除直线 c 以外的直线在直线 a、b 之间的线段 重复"打断"命令，逐一打断其他直线在直线 a、b 之间的线段，得到如图 5-1-1（c）所示的图形文件。

【实例 2】 如图 5-1-2 所示，把剖切线 a 与下行梯段投影线在交点处断开。

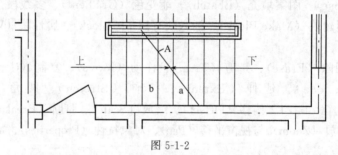

图 5-1-2

① 打断直线 b 启动"打断于点"命令，根据命令行提示按下述步骤进行操作。

a. "命令：_break 选择对象："选择直线 b。

"指定第二个打断点或［第一点（F）］：_f"

b. "指定第一个打断点："选择直线 b 与直线 a 的交点 A（如图 5-1-2 所示）

"指定第二个打断点："选择后出现命令行出现"@"。

② 打断除直线 a 与下行梯段投影线的其他交点 重复"打断于点"命令，在下行梯段投影线与剖切线 a 的交点处，逐一打断下行梯段投影线。

5.1.2 绘制建筑楼梯平面大样图

项目任务：绘制如图 5-1-3（a）所示的标准层楼梯平面详图（比例 1∶50）。

5.1.2.1 原图绘制

（1）建立图形文件

打开"2.3.2"建立的"A3 模板 .dwg"，另存为"住宅楼梯详图"图形文件。

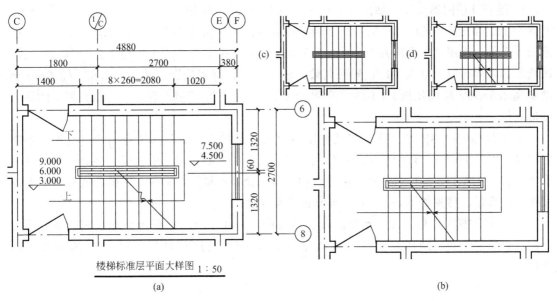

图 5-1-3

（2）设定图层

在原有图层的基础上，按表 3-2-1 设定新图层。

（3）设置状态栏

设置"对象捕捉"：启用对象捕捉模式中的"端点（E） ☐ ☑端点(E)、中点（M） △ ☑中点(M)、垂足（P） ㇠ ☑垂足(P)、最近点（R） ☒ ☑最近点(R)"；启用状态栏中"正交"功能、"对象捕捉"功能。

（4）绘制楼梯间图形文件

① 确定临时绘图比例　从图 5-1-3（a）中可知，所要绘制的大样图比例为 1：50，考虑到绘制过程中计算绘制尺寸的方便，先设定绘图比例为 1：100。

② 绘制楼梯间平面图　根据绘制一般建筑平面图的方法与步骤，运用 1：100 的绘图比例，绘制标准层楼梯间平面图，如图 5-1-4（a）所示。

③ 绘制楼梯间内梯段、梯井、扶手、休息平台等图形文件［如无特殊说明，均在"细投影线"图层绘制，特性为"ByLayer（随层）"］。

a. 绘制梯井、扶手图形文件　如图 5-1-4（b）所示。运用"矩形"命令绘制梯井，如 A 所示，矩形尺寸：2080mm×60mm；运用偏移命令绘制扶手，如 B、C 所示，偏移距离：50mm，偏移对象：第一次为梯井，第二次为第一次偏移成果如 B 所示。

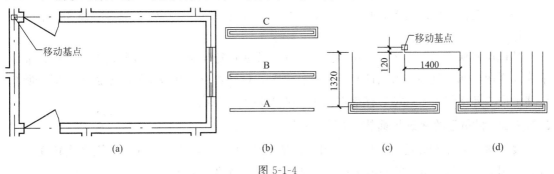

图 5-1-4

b. 绘制梯段图形文件 如图 5-1-4（c）、（d）所示。运用"直线"命令绘制梯段踏步，长度为 1320mm，并运用"修剪"命令修剪掉被梯段扶手覆盖部分，得到如图 5-1-4（c）所示图形文件。运用"矩形阵列"命令，阵列对象：图 5-1-4（c）所示的长度为 1320mm 的梯段踏步；阵列行数：输入"1"；阵列列数：输入"9"；阵列列距：输入"2.6"（2.6mm＝踏步宽 260mm×绘图比例 1∶100）；阵列角度：输入"0"。得到如图 5-1-4（d）所示的梯段图形文件。

c. 在楼梯间绘制图形文件 移动梯段图形文件：在"辅助"图层运用"直线"命令确定移动基点，如图 5-1-4（d）所示；运用移动命令把图 5-1-4（d）中梯段、梯井、扶手等图形文件移至图 5-1-4（a）中，并运用"镜像"命令镜像所移图形文件，以梯井宽度的中点连线作为镜像轴，得到如图 5-1-3（c）所示的图形文件。

d. 完善楼梯间图形文件 运用直线、多段线、打断于点、修剪等命令绘制、修剪梯段走向、梯段剖切线、剖切线处踏步线断点等图形文件，得到如图 5-1-3（d）所示的图形文件。

e. 注意事宜。

◆ 在阵列复制中，复制对象是 1320mm 长度的踏步线，如图 5-1-4（c）所示，由于梯段扶手的覆盖，踏步线分为两段直线段。

（5）修改绘图比例

当所绘图形文件都已完成，而进行文本编辑、尺寸标注时，须把绘图文件改成所要求的绘图比例。在此例中，当完成上述操作之后，运用"缩放"命令，把 5-1-3（d）所示的图形文件比例由 1∶100 改为 1∶50，比例因子为"2"，得到如图 5-1-3（b）所示的图形文件（此时，图形文件比例为 1∶50）。

（6）标注尺寸

① 水平尺寸 同平面图中纵向尺寸标注。

② 垂直尺寸 同平面图中横向尺寸标注。

③ 同平面图中纵横向尺寸标注。其中应进行 1∶50 的标注样式的设定。不同于 1∶100 标注样式的是："新建标注样式——主单位选项卡"对话框中的测量单位比例一栏中的比例因子应输入"50"。

（7）文本编辑

┻ 进行标高编辑。

┻ 进行图名及其他文字编辑。

（8）完善

进一步完善，修改与图 5-1-3（a）不同之处。得到如图 5-1-3（a）所示的楼梯标准层平面大样图。

其他层楼梯平面大样图都可仿照上述方法、步骤进行绘制。也可复制已有"楼梯标准层平面大样图"并在复制图形文件基础上进行修改，得到相应的其他层楼梯平面大样图。所有楼梯平面大样图完成后，即可存盘退出 AutoCAD 绘图界面。

5.1.2.2 利用已绘建筑平面施工图绘制

复制该住宅标准层建筑平面施工图，作适当修剪后，运用旋转命令，使之旋转 90 度，成为如图 5-1-4（a）所示的图形文件。其他同原图绘制的相应部分。

5.1.3 绘制建筑楼梯剖面大样图

【项目任务】

绘制如图 5-1-5 所示的某住宅建筑楼梯剖面大样图（比例 1：50）。

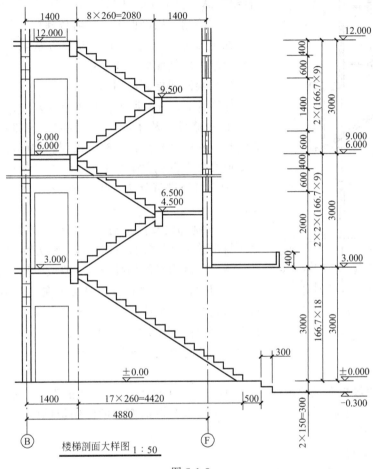

图 5-1-5

5.1.3.1 原图绘制

（1）建立图形文件

打开"2.3.2"建立的"A3 模板.dwg"，另存为"住宅楼梯详图"图形文件。或直接打开"5.1.2.1 原图绘制"中建立的"住宅楼梯详图"图形文件。

（2）设定图层

在原有图层的基础上，按表 3-2-1 设定新图层。在"住宅楼梯详图"图形文件中绘制，可用原有图层。

（3）设置状态栏

设置"对象捕捉"：启用对象捕捉模式中的"端点（E）☐ ☑端点(E)、中点（M）△ ☑中点(M)、垂足（P） ⊥ ☑垂足(P)、最近点（R） ⊠ ☑最近点(R)"；启用状态栏中"正交"功能、"对象捕捉"功能。

（4）确定临时绘图比例

从图 5-1-5 中可知，所要绘制的大样图比例为 1∶50，考虑到绘制过程中计算绘制尺寸的方便，先设定临时绘图比例为 1∶100。

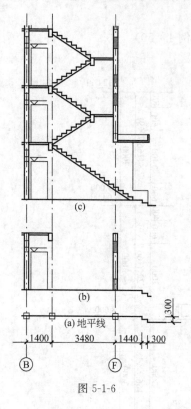

（c）

（b）

（a）地平线

300

1400　3480　1440　300

Ⓑ　　　　Ⓕ

图 5-1-6

（5）绘制地平线

如图 5-1-6（a）所示。图层："地平线"层；命令："直线"命令。

（6）绘制一层剖面图（忽略楼梯梯段及休息平台）

如图 5-1-6（b）所示。绘制方法与步骤仿"4.2.1/（5）绘制一层剖面图"相关章节。

（7）绘制四层剖面图

如图 5-1-6（c）所示。具体绘制方法、步骤如下所述。

① 忽略梯段及休息平台，绘制二～四层剖面图　绘制方法与步骤同"4.1.1/（6）/①"相关章节。删除多余部分的图形文件，并仿"4.2.1/（6）/③"相关章节绘制方法，对 F 轴入口处进行处理，得如图 5-1-6（c）所示相应图形文件。

② 绘制梯段及休息平台　如图 5-1-6（c）所示。绘制方法与步骤仿"4.2.1/（6）/④"相关章节。

（8）绘制水平剖切投影线，修改绘图比例

运用"直线"、"修剪"等命令在二层第二跑梯段处绘制楼梯大样图水平剖切面；并运用缩放命令放大所绘图形文件，缩放比例为"2"。得如图 5-1-5 所示楼梯大样图图形文件，此时的绘图比例为 1∶50。

（9）标注尺寸

同平面图中纵横向尺寸标注。其中应进行 1∶50 的标注样式的设定。不同于 1∶100 标注样式的是："新建标注样式——主单位选项卡"对话框中的的测量单位比例一栏中的比例因子应输入"50"。

（10）文本编辑

进行标高、图名及其他文字编辑。

（11）完善

进一步完善，修改与图 5-1-5 不同之处。得到如图 5-1-5 所示的楼梯剖面大样图。存盘退出 AutoCAD 绘图界面。

5.1.3.2　利用已绘建筑剖面施工图绘制

复制该住宅楼"2-2 剖面图"，如图 4-2-1 所示。运用拉伸命令使二、三两层叠合成一层，依据图 5-1-6（c）所示，删除图形文件中多余部分。得图 5-1-6（c）。其他同原图绘制的相应部分。

5.2　墙体大样图的绘制

【项目任务】

绘制如图 5-2-1 所示某住宅楼墙体大样图（比例为 1∶20）。

【专业能力】

绘制某住宅楼墙体大样图的能力。

5.2.1 原图绘制

（1）建立图形文件

打开"项目 2/2.3-2.3.2"建立的"A3 模板 .dwg"，另存为"住宅楼墙体详图"图形文件。

（2）设定图层

在原有图层的基础上，按表 3-1-1 设定新图层。

（3）设置状态栏

设置"对象捕捉"：启用对象捕捉模式中的"端点（E）☐ ☑端点(E)、中点（M）△ ☑中点(M)、垂足（P）⊥ ☑垂足(P)、最近点（R）✕ ☑最近点(R)"；启用状态栏中"正交"功能、"对象捕捉"功能。

（4）绘制墙体、圈梁、楼板的主体部分

绘制过程如图 5-2-1（c）、图 5-2-1（d）所示，具体方法、步骤如下所述。

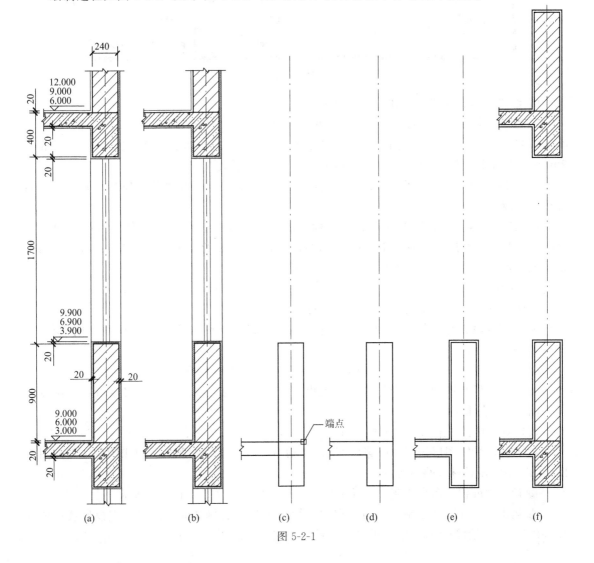

图 5-2-1

① 绘制轴线　图层："中心线"层，特性为"ByLayer"（随层）；命令："直线"命令。

② 绘制圈梁、砖墙垂直投影线　图层："中粗投影线"图层；命令："多线"命令；设置：对正＝无，比例＝12，样式＝墙线-随层，其中比例 12＝240mm/20mm（绘图比例为 1∶20）。其中"墙线-随层"多线样式设定如下：样式名为"墙线-随层"；偏移（S）为 0.5、颜色为"ByLayer（随层）"、线性为"ByLayer（随层）"；置为当前。如图 5-2-2"新建多线样式：墙线-随层"对话框所示设定。

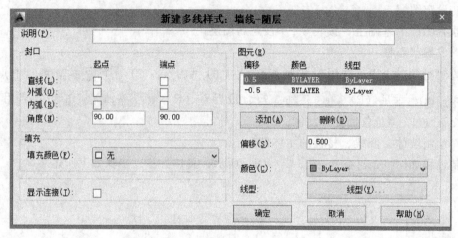

图 5-2-2

③ 绘制楼板、圈梁、墙体水平投影线。

a. 绘制楼板水平投影线　图层："中粗投影线"图层，特性为"ByLayer"（随层）；命令："多线"命令；设置：对正＝上，比例＝6，样式＝墙线-随层；其中比例 6＝120mm/20mm（绘图比例为 1∶20）。起点：如图 5-2-1（c）所示端点。

b. 绘制圈梁、墙体水平投影线。图层："中粗投影线"层，特性为"ByLayer"（随层）；命令：直线。

④ 整理　运用"直线"命令在"辅助"层绘制剖切线符号图形文件（根据需要开关"正交"功能）；运用"修剪"命令修剪掉楼板、圈梁中不需的投影线。图 5-2-1（c）经修剪成为图 5-2-1（d）所示图形文件。

（5）绘制装饰层投影线

如图 5-2-1（e）所示。具体操作如下所述。

⚑ 运用偏移命令，绘制装饰层，偏移对象：上述所绘图形文件的外框线；偏移距离：20mm（输入 1）。

⚑ 运用"圆角"命令使所绘装饰层投影线在转角处垂直相交。

⚑ 运用"特性匹配"命令把在"中粗投影线"图层的装饰层投影线修改成在"细投影线"图层。图形特性随层。

（6）填充材料图案、完善图形文件

⚑ 在"辅助"图层运用"图案填充..."命令，选"建筑制图"中要求图例，填充图 5-2-1（a）中所显示材料的图案。

⚑ 运用"阵列"命令绘制上一层墙体等图形文件，如图 5-2-1（f）所示。

⚑ 运用"直线"、"复制"等命令在"细投影线"层绘制窗框、窗扇垂直投影线；依据图 5-2-1（a）所示修剪掉不需要的图形文件，补充所需的图形文件，得图 5-2-1（b）。

（7）标注尺寸、编辑标高

如图 5-2-1（a）所示。

（8）完善

进一步完善，修改与图 5-2-1（a）不同之处。得到如图 5-2-1（a）所示的墙体大样图。存盘退出 AutoCAD 绘图界面。

5.2.2 利用已有图形文件绘制

（1）建立图形文件

打开"2.3.2"建立的"A3 模板 .dwg"，另存为"住宅楼墙体详图"图形文件。

（2）设定图层

在原有图层的基础上，按表 3-2-1 设定新图层。

（3）设置状态栏

设置"对象捕捉"：启用对象捕捉模式中的"端点（E） ☐ ☑端点(E)、中点（M） △ ☑中点(M)、垂足（P） ┗ ☑垂足(P)、最近点（R） ☒ ☑最近点(R)"；启用状态栏中"正交"功能、"对象捕捉"功能。

（4）运用已有剖面图

① 绘制"E 轴线"部分墙体图形（比例为 1∶100） 复制该住宅 1-1 剖面图，并利用"删除"、"直线"、"修剪"等命令对原图进行修改，保留如图 5-2-3（a）所示 E 轴线墙体的

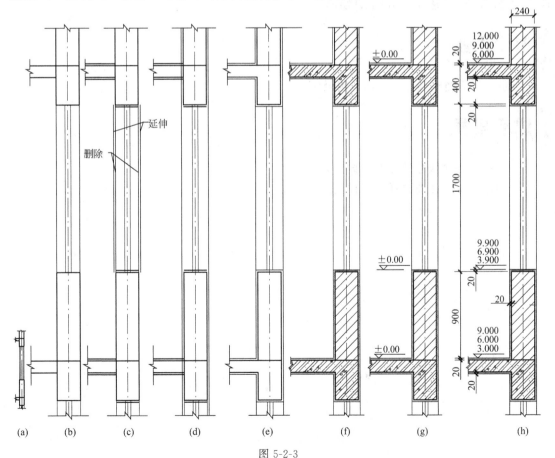

图 5-2-3

部分图形文件；运用"直线"命令在"辅助线"层绘制剖切线符号图形文件（根据需要开关"正交"功能）。

② 修改图 5-2-3（a）所示图形文件。

a. 修改比例　命令：收缩；比例因子：5。得到如图 5-2-3（b）所示的 1：20 图形文件。

b. 绘制装饰线　命令：偏移，偏移距离：20mm（输入 1），如图 5-2-3（c）所示。

c. 删除原有窗框垂直投影线、延伸窗框装饰线　如图 5-2-3（d）所示。

d. 完善装饰线　运用"修剪"、"延伸"等命令删除多余装饰线、补上所缺装饰线；再运用"特性匹配"命令把特性为"中粗投影线"图层的装饰层投影线修改成"细投影线"图层的特性。如图 5-2-3（e）所示。

（5）填充材料图案

如图 5-2-3（f）所示。

（6）插入标高图块

如图 5-2-3（g）所示。

（7）标注尺寸、编辑标高

如图 5-2-3（h）所示。

（8）完善

进一步完善图 5-2-3（h），修改与图 5-2-1（a）不同之处。得到如图 5-2-1（a）所示的墙体大样图。存盘退出 AutoCAD 绘图界面。

课后作业

绘制某住宅楼建筑详图（详见附录 1）。

课后拓展

1. 绘制某宿舍楼建筑详图（详见附录 2）。
2. 绘制某综合楼建筑详图（详见附录 3）。

6 其他

【项目任务】

编制某住宅施工说明、图纸目录、门窗表等文本文件（详见附录1）。

【专业能力】

编制建筑施工说明、图纸目录、门窗表等文本文件的能力。

【CAD知识点】

绘图命令：直线（Line）、多线（Mutiline）、圆（Circle）、圆弧（Arc）、矩形（Rectang）、椭圆（Ellipse）、图案填充（Bhatch）、渐变色（Gradient）、多线段（Pline）、正多边形（Polygon）、创建块（Make Block）、插入块（Insert Block）、属性块（Wblock）、多行文字（Mtext）、表格（Table）。

修改命令：删除（Erase）、修剪（Trim）、移动（Move）、复制（Copy）、镜像（Mirror）、分解（Explode）、延伸（Extent）、拉伸（Stretch）、圆角（Fillet）、倒角（Chamfer）、旋转（Rotate）、偏移（Offset）、缩放（Scale）、打断（Break）。

标准：视窗缩放（Zoom）与视窗平移（Pan）、对象特性（Properties）、特性匹配（'matchprop）。

工具栏：特性、查询（Inquiry）、图层（Layer）、标注、样式。

菜单栏：工具 [选项（Options）-显示]、格式 [图形界线（Limits）]、格式 {文字样式（Style）、绘图 [单行文本（DText）]、标注样式（Dimstyle）}。

状态栏：正交（ORTHO）、草图设置（Drafting Settings）（包括捕捉与栅格、对象捕捉及追踪、极轴追踪、动态输入等的设置及其设置的开关）。

窗口"输入"命令：编辑多段线（PEdit）。

6.1 建筑施工说明的编制

【项目任务】

编制某住宅建筑施工说明（详见附录1：某住宅建筑施工图）。

【专业能力】

编制某住宅建筑施工说明的能力。

施工说明的编制一般常采用如下两种方法编制。

（1）在"Word"文档里编写

先在"Word"文档里编写施工说明，并选中文档里所有内容进行复制，打开 AutoCAD 界面，运用粘贴命令即可复制在 AutoCAD 图形文件里。

粘贴时，有两种不同的方式。一种是直接在 AutoCAD 界面上单击鼠标右键，在弹出的快捷菜单中选择粘贴，在命令行"指定插入点："提示下，单击绘图界面选择插入点，AutoCAD 绘图界面上将出现如图 6-1-1 所示的"OLE 文字大小"对话框，在此对话框中可对所粘贴的文字进行编辑；选择"确定"，将在 AutoCAD 界面上出现如图 6-1-2 所示的文本形式；对文本进行修改时，双击图 6-1-2 所示的文本，界面将回到"Word"界面，在此界面即可对文本进行修改、编辑。另一种是在 AutoCAD 界面上先打开"文字格式"编辑框，在此对话框里再进行文本粘贴；文本修改时，与多行文字修改相同。

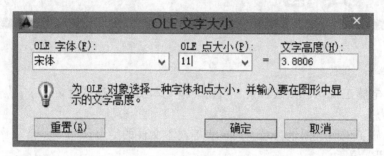

图 6-1-1

图 6-1-2

（2）在"文字格式"编辑框里编写

在 AutoCAD 绘图界面，直接运用"多行文字"命令，打开"文字格式"编辑框，在此编辑框中编写、编辑建筑施工说明。

6.2 建筑施工图图纸目录的编制

【项目任务】

编制如图 6-2-11 所示的某住宅图纸目录。

【专业能力】

编制某住宅图纸目录的能力。

【CAD 知识点】

绘图命令：表格（Table）。

6.2.1 基本常识

在 AutoCAD 中，标题栏、图纸目录、门窗明细表等的编制都属于"表格（Table）"的运用。"表格（Table）"是在行和列中包含数据的对象，可以从空表格或表格样式创建表格对象；还可以将表格链接至 Microsoft Excel 电子表格中的数据，可以直接在 AutoCAD 中的表格做一些简单的统计分析。表格创建完成后，用户可以单击该表格上的任意网格线以选中该表格，然后通过使用"特性"选项板或夹点来修改该表格。

6.2.2 创建表格样式 (Tablestyle)

创建表格对象时，首先要创建一个空表格，然后在表格的单元格中添加内容，而在创建空表格之前首先要进行表格样式 (Tablestyle) 的设置。

（1）"表格样式"对话框操作

表格样式控制着表格的外观和功能，在"表格样式"对话框中可以定义不同设置的格式样式并给它们赋名。

① 启动命令　启动"表格样式"命令，打开"表格样式"对话框可用如下 2 种方法。

➢ 选择（菜单栏）【格式（O）】→表格样式（B）…。

➢ 命令窗口"命令:"输入 Tablestyle（简捷命令 TS）并回车。

②"表格样式"对话框　该对话框将在启动"表格样式"命令后弹出，如图 6-2-1 （a）所示。对话框中相关的选项功能如下所述。

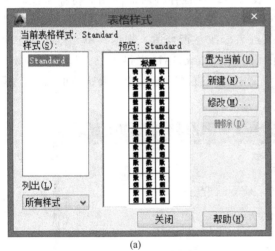
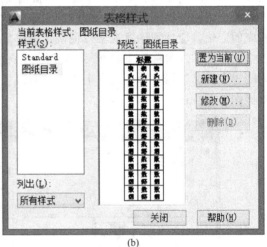

图 6-2-1

🔸 样式（S）列表框：显示表格样式名称。

🔸 列出（L）下拉列表框：控制在当前图形文件中，是否全部显示所有格式样式。若选择"所有样式"，则在"样式（S）"列表框显示所有表格样式名称；若选择"正在使用样式"，则在"样式（S）"列表框显示当前正在使用表格样式名称。

🔸 预览图像框：显示当前表格样式。

🔸 置为当前（U）按钮：将选定的表格样式设置为当前表格样式。如图 6-2-1 （a）所示，当前使用样式为"Standard"样式。

🔸 新建（N）…按钮：创建新的表格样式。

🔸 修改（M）…按钮：修改已有的表格样式。

🔸 删除（D）…按钮：删除选中的表格样式。

③"创建新的表格样式"对话框　该对话框将在单击图 6-2-1 （a）对话框中的"新建（N）…"按钮后弹出，如图 6-2-2 所示。对话框中相关的选项功能如下所述。

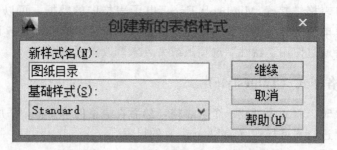

图 6-2-2

▙ 新样式名（N）文本框：设置新建的表格样式名称，如图所示输入"图纸目录"。

▙ "基础样式（S）"下拉列表框：在此下拉列表框中选择一种已有的表格样式，新的表格样式将继承此表格样式的所有特点。用户可以在此表格样式的基础上，修改不符合要求的部分，从而提高工作效率。

（2）"新建表格样式"对话框

单击"创建新的表格样式"对话框"继续"按钮，将弹出"新建表格样式"对话框，如图 6-2-3 所示。用户可利用该对话框为新创建的表格样式设置各种所需的相关特征参数。在进行各个参数的确定时，对话框中的左下侧的表格样式和右下侧表格单元样式预览会显示出相应的变化，应特别注意观察以便确定所作定义或者修改是否合适。根据"单元样式"选项组中"单元样式名称"下拉列表框显示的单元样式名，AutoCAD 提供了三个默认选项卡：标题、表头、数据。每个选项卡中有"常规"、"文字"、"边框"等三个主要选项的设置，具体操作如下所述。

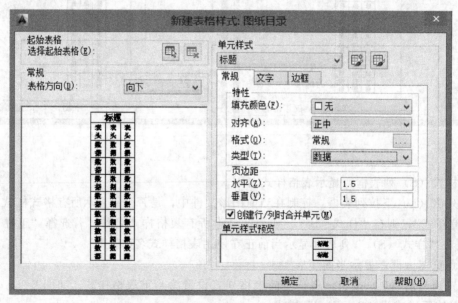

图 6-2-3

① "标题"选项卡

a. "常规"选项 设置表格中"标题"单元格式的特性。"图纸目录"表格样式在"常规"选项设置中如图 6-2-3 所示设置。

b. "文字"选项 设置表格中"标题"单元内文本的特性。"图纸目录"表格样式在

图 6-2-4

"文字"选项设置中如图 6-2-4 所示设置。

　　c. "边框"选项　设置表格中"标题"单元边框的特性。"图纸目录"表格样式在"边框"选项设置中如图 6-2-5 所示设置。

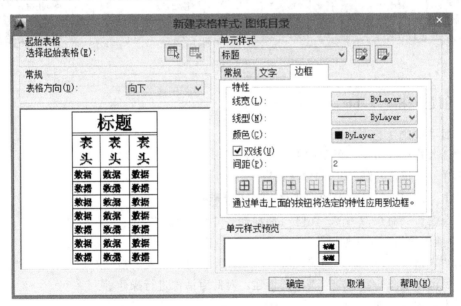

图 6-2-5

　　② "表头"选项卡

　　a. "常规"选项　设置表格中"表头"单元格式的特性。"图纸目录"表格样式此选项中"创建行/列时合并单元（M）"复选框不选，其他选项设置如图 6-2-3 所示设置。

　　b. "文字"选项　设置表格中"表头"单元内文本的特性。"图纸目录"表格样式在此选项中文字高度选择"5"，其他选项设置如图 6-2-4 所示设置。

　　c. "边框"选项　设置表格中"表头"单元边框的特性。"图纸目录"表格样式在此选项中的"双线（U）"复选框不选，其他选项设置如图 6-2-5 所示设置。

③"数据"选项卡

a. "常规"选项 设置表格中"数据"单元格式的特性。"图纸目录"表格样式此选项中对齐下拉列表框中选择"左中"、"创建行/列时合并单元（M）"复选框不选，其他选项设置如图 6-2-3 所示设置。

b. "文字"选项 设置表格中"数据"单元内文本的特性。"图纸目录"表格样式在此选项中文字高度选择"3.5"，其他选项设置如图 6-2-4 所示设置。

c. "边框"选项 设置表格中"数据"单元边框的特性。"图纸目录"表格样式在此选项中的"双线（U）"复选框不选，其他选项设置如图 6-2-5 所示设置。

（3）把"图纸目录"表格样式"置为当前"

在"新建表格样式：图纸目录"对话框中完成了上述操作后，按该图对话框中的"确定"按钮。将关闭该对话框，回到"表格样式"对话框，如图 6-2-1（b）所示，比较图 6-2-1（a）、（b），可以发现，图（b）中的"样式（S）"列表框中较图（a）中多了"图纸目录"表格样式。在图（b）"样式（S）"列表框中选中"图纸目录"表格样式，按"置为当前（U）"按钮，再按"关闭"按钮，结束"创建表格样式"操作，回到绘图界面，此时，在"格式"工具栏中"表格样式…"下拉列表框中显示"图纸目录"表格样式，如图 6-2-6 所示。

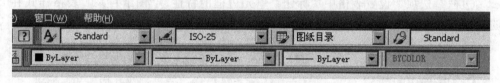

图 6-2-6

6.2.3 创建表格（Table）

（1）启动命令

启动"表格…"命令，可用如下 3 种方法。

➤ 选择（菜单栏）【绘图（D）】→表格…。

➤ 单击"绘图"工具栏上的"表格…"按钮 ▦。

➤ 命令窗口"命令："输入 Table（简捷命令 TB）并回车。

（2）"插入表格"对话框操作

启动"表格…"命令后，将弹出如图 6-2-7 所示的"插入表格"对话框，下面针对"某住宅图纸目录（如图 6-2-11）"表格的创建，对此对话框进行操作。

⬇ 表格样式下拉列表框：选择表格样式，选择"图纸目录"样式。

⬇ 插入选项选项组：选择插入的表格的形式，选择"从空表格开始（S）"单选框。

⬇ 预览图像框：显示当前表格组成。

⬇ 插入方式选项组：选择表格插入绘图界面的方式，选择"指定插入点（I）"单选框。

⬇ 列和行设置选项组：确定表格的行、列数及宽度等相关参数，根据图 6-2-11 所示的"某住宅图纸目录"，输入如图 6-2-7 所示的参数。

⬇ 设置单元样式选项组：确定表格的单元样式组成，作如图 6-2-7 所示的确定。

（3）表格的形成

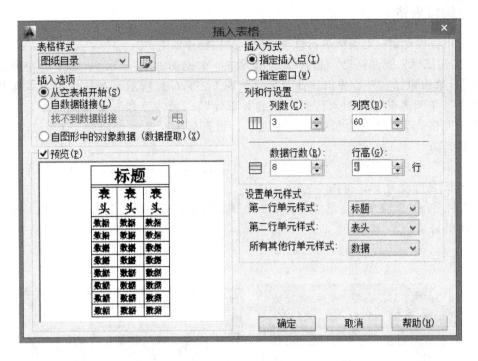

图 6-2-7

　　"插入表格"对话框按上述操作完成后，按确定按钮，关闭对话框，回到绘图界面，根据命令行"指定插入点："提示，在绘图区合适位置选择一点，此时绘图区出现如图 6-2-8（a）所示的表格及"文字格式"编辑框。在该编辑框下，编辑图 6-2-8（a）表格中文字，得图 6-2-8（b）所示表格。按键盘中的上下键可进行表格中单元格的切换，也可直接双击所要编辑文字的单元格即可完成单元格的切换。

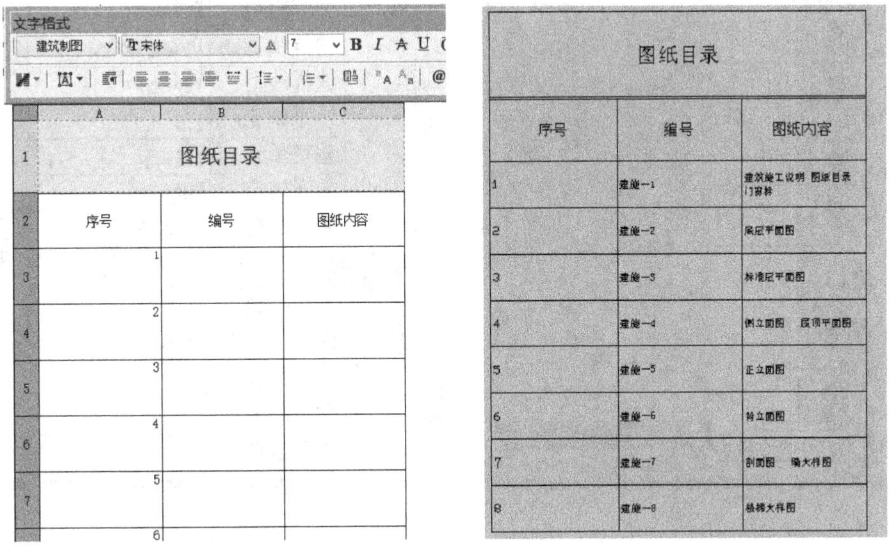

(a)

(b)

图 6-2-8

6.2.4 编辑表格

可利用特性对话框对表格进行修改编辑。具体操作如下。

① 按住鼠标左键并拖动，选择多个单元格［如把图 6-2-8 （b） 表格中的序号一列全部选中］，单击鼠标右键，弹出快捷菜单，如图 6-2-9 （a） 所示，在这个菜单中包括"单元对齐"、"单元边框"、"插入行列"、"合并单元"、"插入字段"等编辑命令，如果选择单个的单元格，菜单里还会包括公式等选项，可直接选择某一编辑命令对所选单元进行相应编辑。

② 选择"特性"菜单项，弹出"特性"对话框，如图 6-2-9 （b） 所示。将单元宽度改为 20，单元高度改为 15，得图 6-2-10。

③ "利用特性"菜单项，继续对图 6-2-10 图纸目录进行编辑，最后得到图 6-2-11 所示的某住宅图纸目录。

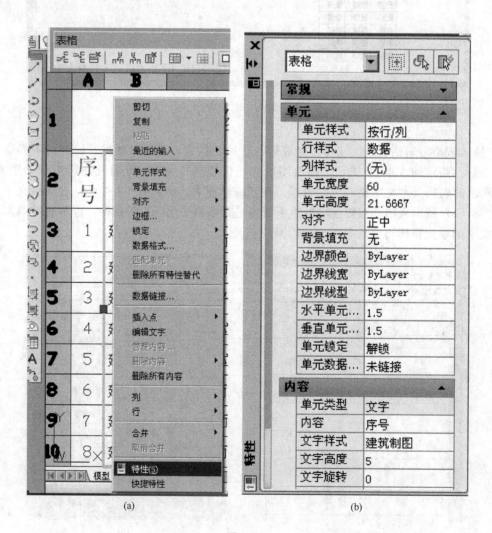

(a)　　　　(b)

图 6-2-9

	图纸目录	
序号	编号	图纸内容
1	建施-1	建筑施工说明 图纸目录 门窗标
2	建施-2	底层平面图
3	建施-3	标准层平面图
4	建施-4	侧位面图 屋顶平面图
5	建施-5	正立面图
6	建施-6	背立面图
7	建施-7	剖面图 墙大样图
8	建施-8	楼梯大样图

图 6-2-10

	图纸目录	
序号	编号	图纸内容
1	建施一1	建筑施工说明 图纸目录 门窗表 屋顶平面图
2	建施一2	底层平面图
3	建施一3	标准层平面图
4	建施一4	1~13轴立面图（正立面）
5	建施一5	13~1轴立面图（背里面）
6	建施一6	1一1剖面图 楼梯剖面大样图
7	建施一7	2一2剖面图 墙大样图
8	建施一8	楼梯平面大样图

图 6-2-11

课后作业

编制某住宅楼施工说明等文本、图表文件（详见附录1）。

课后拓展

1. 编制某宿舍楼施工说明等文本、图表文件（详见附录2）。
2. 编制某综合楼施工说明等文本、图表文件（详见附录3）。

7 图形输出

【项目任务】

打印某住宅楼建筑施工图（详见附录1）。

【专业能力】

打印建筑施工图的能力。

7.1 配置打印机

【项目任务】

为计算机配置打印机。

AutoCAD2014 提供了一体化的图形打印输出功能，能够帮助我们定制图形的打印样式，并非常直观方便地打印输出图形。本章将详细介绍如何为 AutoCAD2014 配置一个打印机，打印样式的概念以及如何添加、编辑打印样式，如何为图形对象（如上述已绘制的某住宅建筑施工图）指定打印样式。

在打印输出图形文件之前，需要根据打印使用的打印机型号，在 AutoCAD2014 中配置打印机。AutoCAD2014 提供了许多常用的打印机驱动程序，配置打印机需要用到打印机管理器（Plotter Manager）。

7.1.1 启动"绘图仪管理器（Plotter Manager）"

可通过下述 2 种方法启动绘图仪管理器。

➤ 选择（菜单栏）【文件（F）】→绘图仪管理器（M）…。

➤ 命令行"命令："输入 Plotter Manager 并回车。

启动绘图仪管理器后，出现"Plotters"对话框，如图 7-1-1 所示。

7.1.2 配置打印输出设备

在"绘图仪（Plotters）"对话框中，可根据具体的情况进行输出设备的配置。具体步骤如下所述。

① 在"Plotters"对话框的列表中双击"添加绘图仪向导"选项，弹出"添加绘图仪-简介"对话框，如图 7-1-2 所示。将在它的提示下一步一步进行新打印机配置。

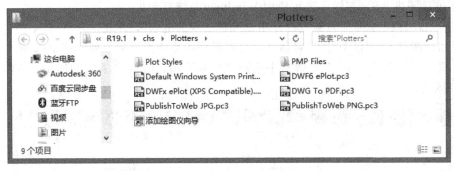

图 7-1-1

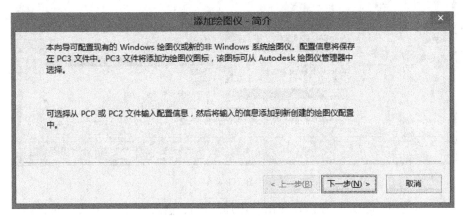

图 7-1-2

② 单击"下一步（Next）"按钮，进入"添加绘图仪-开始（Add- Plotter Begin）"对话框，如图 7-1-3 所示。在对话框的右半部分，排列着 3 个单选按钮，这 3 个按钮的含义如下所述。

- 我的电脑（M）按钮：表示出图设备为绘图仪，且直接连接于当前计算机上。
- 网络打印机服务器（E）按钮：表示出图设备为网络绘图仪。

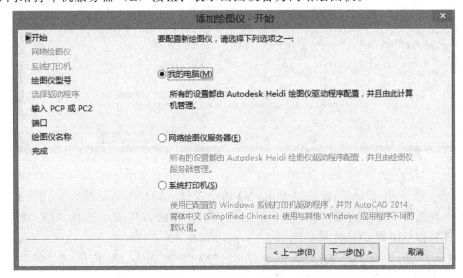

图 7-1-3

系统打印机（S）按钮：表示使用 Windows 系统打印机。

③ 现以 HP7580 绘图仪为例进行介绍。选择"我的电脑"，单击"下一步（N）"按钮，进入"添加绘图仪-绘图仪型号"对话框，在对话框中生产商（M）列表框中选择"HP（惠普）"选项，在"型号（O）"列表框中选择"7580"项，表示将添加 HP7580 打印机，如图 7-1-4 所示。

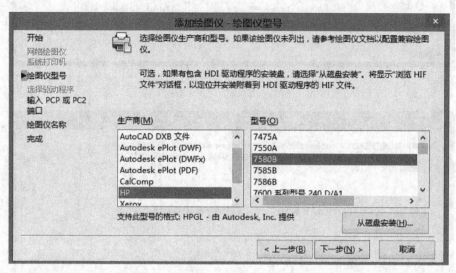

图 7-1-4

④ 单击"下一步（N）"按钮，弹出"添加绘图仪-输入 PCP 或 PC2"对话框，如图 7-1-5 所示。表示将从旧版本的 AutoCAD 打印配置文件中输入打印机配置信息，在这里不做这一步。安装打印机时如没有所要添加的型号，单击如图 7-1-4 所示的"从磁盘安装（H）…"按钮来安装驱动程序。

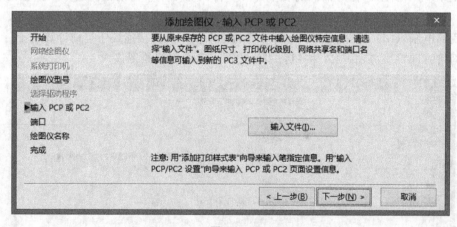

图 7-1-5

⑤ 单击"下一步（N）"按钮，弹出"添加绘图仪—端口"对话框，如图 7-1-6 所示。在对话框中，选择"打印到端口（P）"单选按钮，并在端口列表中选择"COM4"选项，表示图形将直接打印到 COM4 端口上。

⑥ 单击"下一步（N）"按钮，弹出"添加绘图仪-绘图仪名称"对话框，AutoCAD2014 自动将打印机的名称设置为"7580B"，如图 7-1-7 所示。

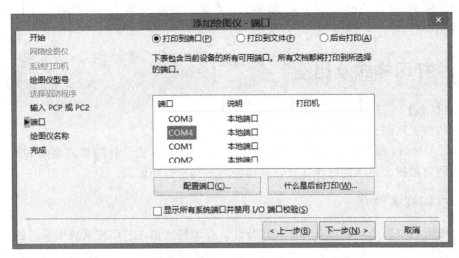

图 7-1-6

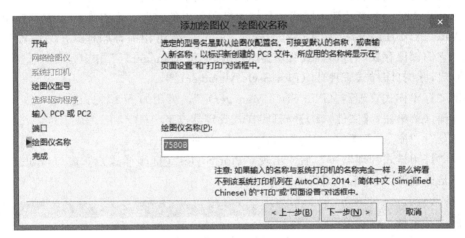

图 7-1-7

⑦ 单击"下一步（N）"按钮，进入"添加绘图仪—完成"对话框，如图 7-1-8 所示。可以在这里进行编辑打印机配置和校准打印机操作。设置完毕后，单击"完成"按钮，即可结束本次绘图仪驱动程序的安装。

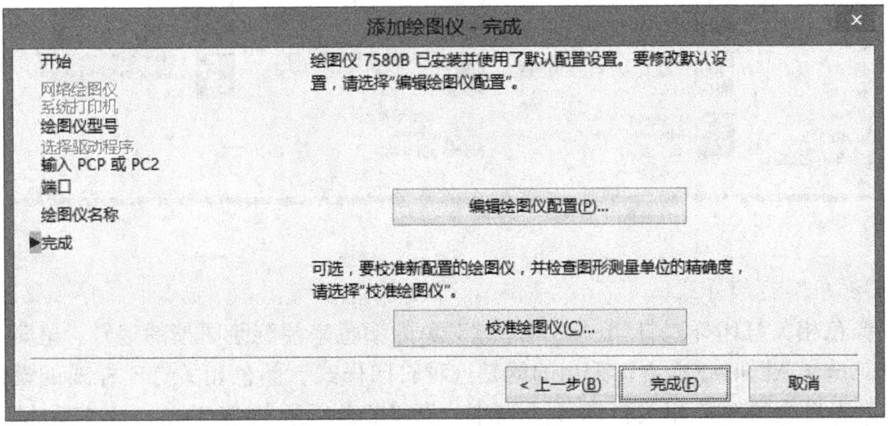

图 7-1-8

经过上面的步骤，AutoCAD2014 添加了一个新的打印机型号，可利用这个打印机配置绘制工程图。

7.2 打印样式及出图

【项目任务】

为打印的工程图设定打印样式，并打印工程图。

AutoCAD2014 提供了控制打印外观的方法——打印样式。打印样式是一种对象特性，通过对不同对象指定不同的打印样式，从而控制不同的打印效果。

7.2.1 打印样式简介

每个图形对象和图层都具有打印样式特性，打印样式是在打印样式表中确定的。在设定对象的打印样式时，可重新指定对象的颜色、线型、线宽以及端点、角点、填充样式的输出效果，同时还可指定如抖动、灰度、笔号以及浅显等打印效果。

在 AutoCAD2014 中，打印样式是具体的打印效果的控制，而打印样式表是打印样式的集合。AutoCAD2014 提供了两大类打印样式，一种是颜色相关打印样式，另一种是命名打印样式，它们都保存在"打印样式管理器（Plot Style Manager）"中。

（1）启动"打印样式管理器（Plot Style Manager）"

启动"打印样式管理器（Plot Style Manager）"，可用如下 2 种方法。

➢ 选择（菜单栏）【文件（F）】→打印样式管理器（Y）…。

➢ 命令行"命令："输入"Stylesmanager"并回车。

启动"打印样式管理器…"后，出现"Plot Styles（打印样式）"窗口，如图 7-2-1 所示（它也是标准的 Windows 浏览器窗口）。

图 7-2-1

（2）"颜色"打印样式

使用颜色相关打印样式打印时，是通过对象的颜色来控制绘图仪的笔号、笔宽及线型设定的。在 AutoCAD 旧版本中，采用的就是这种打印样式。颜色相关打印样式的设定存储在以".ctb"为后缀的颜色相关打印样式表中。图 7-2-2 所示的是 Acad.ctb 打印样式"表视图"选项卡中文件的内容。

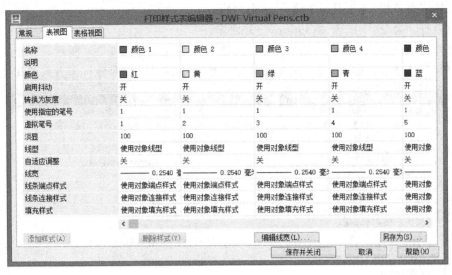

图 7-2-2

(3)"命名"打印样式

命名打印样式可独立于对象的颜色之外。可以将命名打印样式指定给任何图层和单个对象，而不需考虑图层及对象的颜色。命名打印样式是在以".stb"为后缀的命名打印样式表中定义的，图 7-2-3 所示为 Acad.stb 命名打印样式"表视图"选项卡中文件的内容。

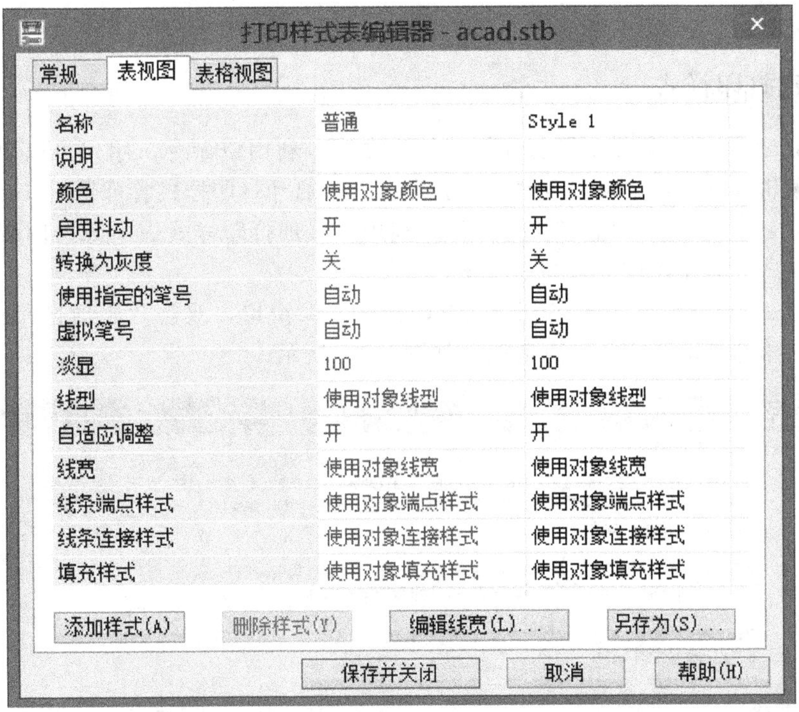

图 7-2-3

(4) 两种打印样式的切换

颜色相关打印样式和命名打印样式的切换是在"选项"对话框中实现的。打开"选项"对话框可用如下 2 种方法。

➢ 选择（菜单栏）【工具（T）】→选项［O］…。

➢ 命令行"命令："输入"Options"并回车。

启动"选项（Options）"后，出现"选项"对话框，如图 7-2-4 所示。在此对话框中选择"打印"选项卡，如图 7-2-4 所示。在此选项卡中即可进行两种打印方式的切换。

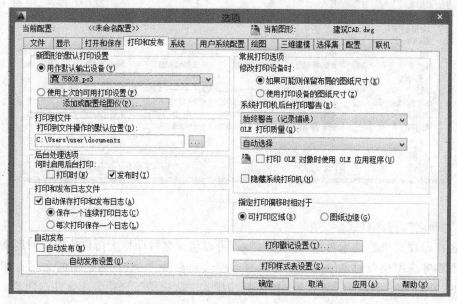

图 7-2-4

7.2.2 创建打印样式

AutoCAD2014 为我们提供了打印样式管理命令。利用该命令，用户可以很方便地对打印样式进行编辑和管理，也可以创建新的打印样式。启动打印样式管理器后，出现"打印样式（Plot Styles）"窗口，如图 7-2-1 所示。利用"添加打印样式表向导"图标，用户可创建新的打印样式。具体操作步骤如下所述。

① 在图 7-2-1 所示的"Plot Styles（打印样式）"窗口，双击"添加打印样式表向导"图标，弹出"添加打印样式表"对话框。如图 7-2-5 所示。

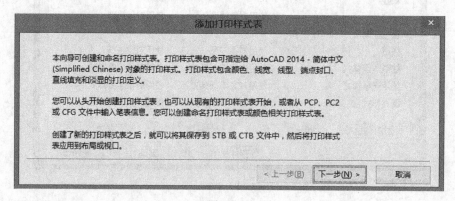

图 7-2-5

② 在"添加打印样式表"对话框中，单击"下一步（N）"按钮，进入"添加打印样式表-开始"对话框，选择"创建新打印样式表（S）"单选框，表示将创建一个新的打印样

式表，如图 7-2-6 所示。

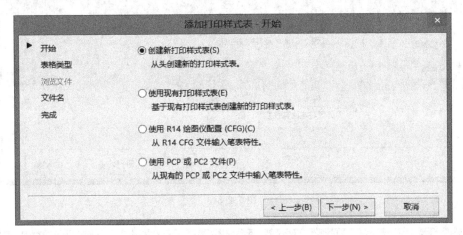

图 7-2-6

③ 在"添加打印样式表-开始"对话框中，单击"下一步（N）"按钮，进入"添加打印样式表一选择打印样式表"对话框，在对话框中选择"命名打印样式表（M）"单选项，表示将创建一个命名打印样式表，如图 7-2-7 所示。

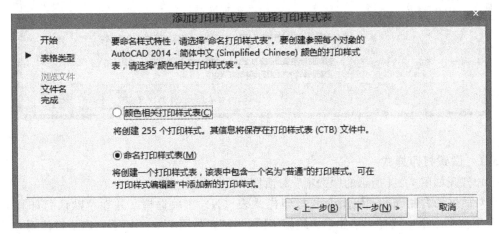

图 7-2-7

④ 单击图 7-2-7 对话框中的"下一步（N）"按钮，进入"添加打印样式表-文件名"对话框，如图 7-2-8 所示。在"文件名（F）"文本框中输入打印样式文件的名称"某住宅建筑施工图"。输入后，单击"下一步（N）"按钮，此时 AutoCAD 打开如图 7-2-9 所示的"添加打印样式表-完成"对话框。

⑤ 单击图 7-2-9 对话框的"完成（F）"按钮，结束"添加打印样式表向导"程序操作，结果在"打印样式（Plot Style）"中新添了文件名为"某住宅建筑施工图"的打印样式文件。

7.2.3　为图形对象指定打印样式

定义好打印样式后，需要把打印样式指定给图形对象，并作为图形对象的打印特性，使 AutoCAD 按照定义好的打印样式来打印图形。

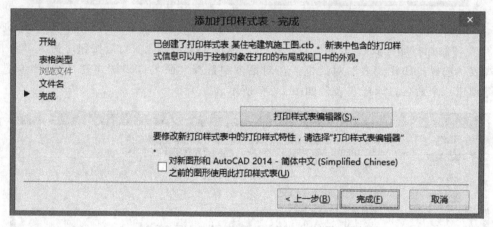

图 7-2-8

图 7-2-9

7.2.3.1　设置打印样式

（1）打开如图 7-2-4 所示的"选项"对话框

在对话框的右侧选择"使用命令打印样式表（N）"单选框，并在"默认打印样式表（T）"下拉列表框中选择"某住宅建筑施工图．stb"，如图 7-2-10 所示，表示将使用"某住宅建筑施工图"命名打印样式表作为 AutoCAD2014 缺省的打印样式表。

（2）单击"确定"按钮，关闭"选项"对话框

但是，设定的打印样式并没有在当前的 AutoCAD 环境中生效，必须关闭当前图形并重新打开，才能使用"某住宅建筑施工图"打印样式表。

关闭当前图形并重新打开后，打开"图层特性管理器"对话框，注意到打印样式（S）下拉框由原来的灰显变成亮显显示，表示设定的打印样式已经在当前图形中生效，可以使用它。

7.2.3.2　指定打印样式

为图形对象指定打印样式特性与指定颜色、图层、线型等特性一样，可使用"图层特性管理器"为图形指定打印样式特性，也可使用"特性"为对象指定打印样式的特性。为所有层指定了打印样式，当通过绘图仪或打印机打印图形时，所有层上的对象将按照定义的打印样式来打印。具体操作如下。

打开 "图层特性管理器" ，在图层特性管理器中，选择要指定其打印样式的图层。

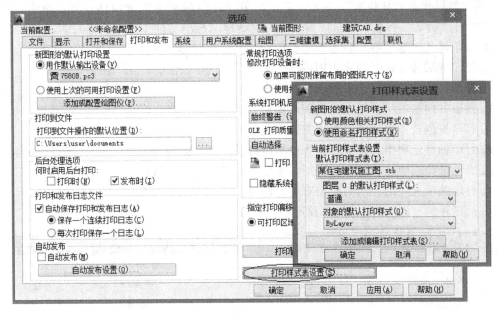

图 7-2-10

在"打印样式"列单击当前打印样式。选择要使用的打印样式。单击"确定"。

如果从其他打印样式表中选择打印样式，应从"活动打印样式表"列表中选择活动的打印样式表。打印样式列表将更改为选定的打印样式表中的打印样式。

如果编辑选定的打印样式表，单击"编辑器"。按需要更改设置并单击"保存并关闭"。

仅当图形使用命名打印样式表时才可以更改图层的打印样式。如果图形使用颜色相关打印样式表，更改图层颜色将改变图层上对象的打印外观。

【注意】可以将对象的打印样式特性设定为"BYLAYER"，以便继承其所在图层的打印样式。

7.2.4 打印图形文件

在前面的介绍中，配置了打印机，添加了新的打印样式，并为图形对象指定了打印样式，下面就要打印图形了。"打印（Plot）"是图形打印输出的命令。

7.2.4.1 启动命令

启动"打印"命令，可用下列 3 种方法。

➢ 选择（菜单栏）【文件（F）→打印（P）…。

➢ 在"标准"工具栏上单击"打印"按钮 。

➢ 命令行"命令："输入"Plot"并回车。

7.2.4.2 "打印-模型"对话框

启动"打印"命令后，弹出"打印-模型"对话框，如图 7-2-11 所示。对话框中的主要选项组含义如下。

⬇ 页面设置选项组：列出图形中已命名或已保存的页面设置。可以将图形中保存的命名页面设置作为当前页面设置，也可以在"打印"对话框中单击"添加"，基于当前设置创建一个新的命名页面设置。

⬇ 打印机/绘图仪选项组：包括全部与打印机设备相关的选项。打印输出到文件而不是绘图仪或打印机。打印文件的默认位置是在"选项"对话框的"打印和发布"选项卡上的

"打印到文件操作的默认位置"中指定的。如果"打印到文件"选项已打开，单击"打印"对话框中的"确定"将显示"打印到文件"对话框（标准文件浏览对话框）。

    📥 打印样式表选项组：确定新建打印样式文件的名称及类型。

    📥 打印区域选项组：确定出图范围。

    📥 图纸尺寸选项组：用来控制纸张大小。

    📥 图形方向选项组：用来布置图形输出方向。

    📥 打印比例选项组：该框架用来设定绘图比例。

    📥 打印偏移选项组：该框架用来设置图形在图纸上的位置。

    📥 着色视口选项选项组：该框架用来设置图形着色打印特性。

    📥 打印选项选项组：用来控制有关打印属性。

    📥 局部预览（P）按钮：局部预览。

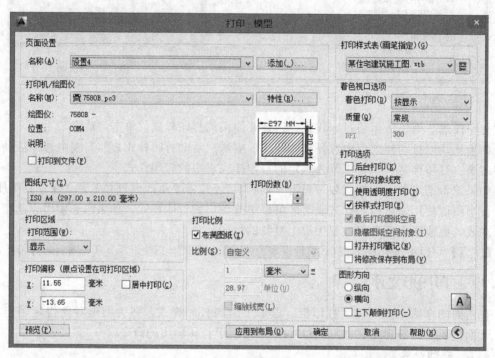

图 7-2-11

7.2.4.3　出图

完成以上各项操作后，单击确定（OK）按钮，即可输出图形。

课后作业

打印某住宅楼建筑施工图（前面章节成果或详见附录1）。

课后拓展

1. 打印某宿舍楼建筑施工图（前面章节成果或详见附录2）。
2. 打印某综合楼建筑施工图（前面章节成果或详见附录3）。

8 专业绘图软件简介

【项目任务】

运用天正建筑软件绘制某住宅建筑施工图（见附录1）。

【专业能力】

运用天正软件绘制建筑施工图的能力。

8.1 认识天正建筑软件

【项目任务】

认识天正软件。

【专业能力】

认知天正建筑软件基本功能的能力。

天正软件是由北京天正工程软件有限公司开发的，天正建筑（Tarch）只是天正系列软件之一，它包括规划、方案、施工图绘图设计等。除此之外，天正系列软件还包括采暖、通风、空调设计在内的天正暖通（Thvac）；集室内、室外给水绘图计算为一体的天正给排水软件（TWT）；集绘图计算和信息统计于一体的天正电气（Telec）；倡导模糊设计、智能化、参数化绘图方式的天正结构（Tasd）；施工图与三维建模功能皆优的天正装修（Tdec）等。这些系列相互配合工作，从整体上构成一套完整的建筑设计解决方案。

天正建筑 CAD 软件是国内最早在 AutoCAD 平台上开发的商品化建筑 CAD 软件之一。在 AutoCAD 平台上有其专有的工具条，使许多设计人员不必再使用基本的 AutoCAD 命令，就能达到大幅度提高功效的目的。

本章节以天正建筑 TArch8.5 为版本进行展开。TArch8.5 最基本的操作有鼠标操作、菜单操作、工具栏操作、对话框操作和键盘操作，具体方法同 AutoCAD 基本操作方法。在此操作下，可进行建筑规划、方案图、施工图等的绘制、设计等工作。其基本功能具体如下所述。天正建筑软件基本功能如下。

（1）绘制平面图

平面图设计从轴线开始，墙线是根本。绘制直线轴网和弧线轴网，再配合轴线的添加、移动、修剪等修改编辑工具，可以完成任意轴网布置；沿轴线轻松绘制期望的单、双墙线、插入或替换柱子、插入或替换门窗等。

（2）绘制立面图

用户可以从平面图自动生成立面图，再用立面图绘图工具加以补充和丰富。

【插标准层】可使用户轻松获得多层立面图，也可以根据不同平面获得各层不同的立面图。插入门窗、变尺寸、更换样式都十分简单。【屋面绘制】采用参数化对话框，用户可以在十几种屋顶形式中任意选取所需。地坪线、雨水管、台阶剖面都有专用命令。

（3）绘制剖面图

自动剖切生成剖面图，还可以使用绘图工具进行补充和编辑。

剖面图与立面图生成过程很相似，但剖面图有剖切实体和可见物体之分，天正建筑已经考虑了这些问题，用户可以选择要还是不要可见部分。至于楼梯、屋顶、楼板、地坪、门窗等都可以选用相应的命令轻松获得。

（4）绘制详图

在房间中轻松绘制厨房和卫生间设施。

依靠图库中提供的自建的各种洁具、设施图块，通过插入，即可进行厨房和卫生间的布置，采用人机对话的方式，给定参数后自动生成布置图。

（5）绘制三维模型

从平面图自动生成三维模型。

设计者可以从平面图直接生成三维模型，然后利用门窗、墙体、楼梯、屋顶、3D 编辑和建模工具进行完善。建好的模型可以在同样以 AutoCAD 为平台的 ACCURENDER 中或导入 3DSMAX 中进行渲染。

（6）标注尺寸

天正建筑提供的尺寸标注工具，操作简单，内容丰富。从轴线标注到门窗、洁具标注，还有逐点、两点、墙中、墙厚、沿直墙注、等距注墙等，标注数值可以自动上下调节。像其他工具一样，尺寸标注也有编辑工具，如标注延伸、平移、纵移、断开、合并、改值等。

（7）标注标高

智能化的标高和符号标注。标高标注和地坪标注只需用鼠标一点即可获得，其值以图中所选点的实际标值为默认值，用户也可以进行更改。符号标注中包括索引号、剖切号、图名、指北针、箭头、对称轴、引注和做法标注等，这些绘图工具都符合国家的有关规范和绘图的习惯。

（8）图库系统

实用的建筑专业图库。

天正图库分为系统图库和用户图库两部分，系统图库是天正建筑软件提供给用户的常用图库。自建和收集图库是用户的重要的资料积累，因此天正允许建立用户图库，可单图或多图入库并自动建立幻灯片。软件升级时，只需将用户图库拷贝到新版本的安装位置即可继续使用。

（9）编辑文字

文字菜单中【字型参数】用于制定全部中英文字体的参数，用户可以在两种字体之间任选其一：矢量字体和系统 ".ttf" 字体。默认汉字为十分节省资源的 HZTXT 矢量字。用户可以直接引入在其他文档编辑软件中生成的 ".txt" 文件，如设计说明等。文字的编辑命令也很丰富，可实现横排、竖排、曲排、字变、上下标、统一字高、单词旋转、GB-BIG5 字体互转等编辑。

（10）绘制表格

符合规范，形式多样。

表格的核心是表头，用户绘制表格要从表头入手，用户可以保存表头以备将来调用。绘制好的表格能够添减行列、拖动复制格线。表中文字录入方便，序号自动生成，文字可以直接按行列输入、也可以从表格中点取或词库中选择。

（11）布图出图

灵活、方便、直观。

天正建筑软件很好地解决了在同一张图纸上绘制不同比例图的问题。依靠【出图比例】定制每个图形的出图比例，然后在两种布图方式中选择其一：窗口布图和图块布图。前者更加灵活。【插入图框】对话框可以定义出任意尺寸的图纸，图签、会签可以按本单位的需要重新指定修改。

利用天正的"出图"命令输出图纸，轴线在打印时将自动变成点画线，各种线段的输出宽度由用户自定义。

（12）专业之间相互协作，其他图转成天正图。

既可以为结构和设备专业输出条件图，也可以把其他软件绘制的图形转换为天正图。

（13）绘制常用工具

在这个菜单中，天正建筑提供了很多公用的修改和编辑工具，有与图层相关的修改命令，也有关于线、图块、图案的编辑命令。

8.2 建筑平面图的绘制

【项目任务】

绘制某住宅建筑平面施工图。

【专业能力】

运用天正软件绘制建筑平面施工图的能力。

8.2.1 绘制某住宅楼标准层建筑平面施工图

8.2.1.1 图形初始化

双击桌面上的天正图标，直接进入 AutoCAD2014 的绘图界面，选择（菜单栏）【文件】→新建（N），进入空白绘图界面后，打开天正屏幕菜单中的设置的下拉菜单，根据所需要绘制的房屋的条件、要求进行"自定义"、"天正选项"、"当前文字样式"、"尺寸样式"、"图层管理"等菜单的设置，如打开天正选项，弹出"天正选项"对话框，选择"基本设定"选项卡，如图 8-2-1 所示（其中参数已按要求设置）。单击"确定"按钮，退出"选项"对话框。

8.2.1.2 生成轴网

建立直线轴网，确定轴网的开间、进深。绘图方法、步骤如下所述。

菜单命令：【轴网】→【直线轴网】；弹出"绘制轴网"对话框，如图 8-2-2 所示；进入对话框后，可用光标点取或由键盘键入来选择数据生成方式，同时可在对话框右侧预览区中对轴线进行动态预览。

如表 8-2-1 所示为标准层平面图的轴网参数。

图 8-2-1

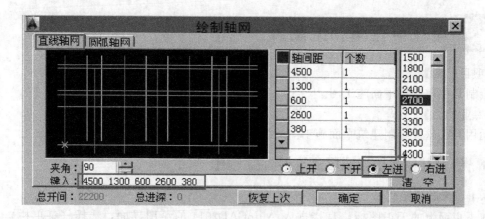

图 8-2-2

表 8-2-1 首层平面图的轴网参数

上开间	2700	1800	2700	2550	2700	2550	2700	1800	2700
下开间	3600	3600	3900	3900	3600	3600			
左进深	4500	1300	600	2600	380				
右进深	4500	1300	600	2600	380				

　　分别单击右上方的单选按钮，分 4 次在尺寸编辑框中逐项输入，按回车键将数值加入"进深/开间"列表中，图 8-2-2 所示列表显示了"左进深"的参数。单击"确定"按钮进入命令行交互方式，使用十字光标在图形中布置轴网，如图 8-2-3 所示。

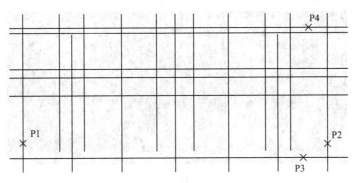

图 8-2-3

8.2.1.3 标注轴网

TArch8.5 的轴网标注命令是【两点轴标】命令，可自动完成矩形、弧形、圆形轴网的尺寸标注，同时生成国标轴号，轴号可按规范要求用数字、大写字母、小写字母、双字母、双字母间隔连字符等方式标注。每次命令可点取一轴线，可标注上下开间或左右进深。【两点轴标】可很方便地对轴网进行标注。具体方法、步骤如下所述。

① 选择菜单命令："轴网" → "两点轴标"。

② 启动命令后，即可根据命令行标注开间尺寸的命令交互提示，进行如下操作。

⊥ 请选择起始轴线＜退出＞：在上图中点取下开间起始轴线 P₁。

⊥ 请选择终止轴线＜退出＞：在上图中点取下开间结束轴线 P₂。

同理，选择 P₃、P₄ 得到如图 8-2-4 所示的轴网标注图。

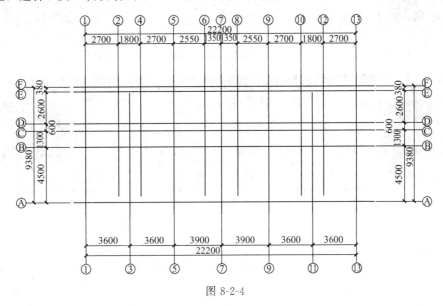

图 8-2-4

8.2.1.4 布置墙体

布置墙体，建议先使用最方便的"轴线生墙"命令生成所有墙体，最后用删除"命令"将多余墙体删除，把与上图偏移不一的墙体对象进行编辑修改。得到如图 8-2-5 所示图形文件。

8.2.1.5 插入门窗

门窗有多种形式，利用"门窗"命令，通过单击不同的图标选择门的类型或窗的类型。

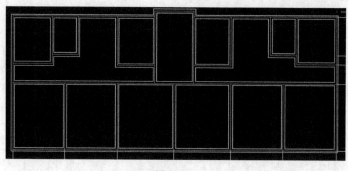

图 8-2-5

（1）插入门

插入起居室门 M1（900×2000）。具体方法、步骤如下所述。其他门以此类推。

① 选择菜单命令 "门窗"→"门窗"。弹出"门窗参数"对话框"，如图 8-2-6（a）所示。

② "门窗参数"对话框操作 在对话框中先单击左侧的屏幕图像框在门图库中选择单扇平开门的平面图块，双击所选择的图形返回"门窗参数"对话框，在编号栏键入 M1，建议选择"轴线定位插入"方式插入门。如图 8-2-6（a）所示。

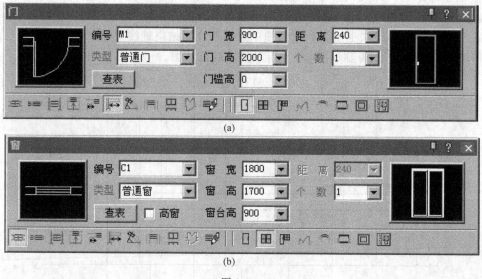

图 8-2-6

（2）插入窗

插入窗与插入门相比，主要是更多考虑竖向参数的关系，因为窗有窗台高这个参数，与窗高参数配合，在墙高范围内插入窗，楼梯间窗常设于跨楼层高度，还要考虑与窗所在墙的底标高和墙高配合，使窗始终位于本层的墙内。如图 8-2-6（b）为 C1 的参数输入，建议选择"自由插入"方式。

得到如图 8-2-7 所示图形文件。

8.2.1.6 绘制楼梯

选择【楼梯其他】→［双跑楼梯］命令，按图 8-2-8（a）定义"双跑楼梯"对话框，根据命令行提示操作，得到图 8-2-8（b）楼梯平面图。

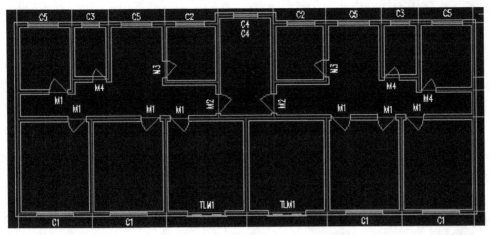

图 8-2-7

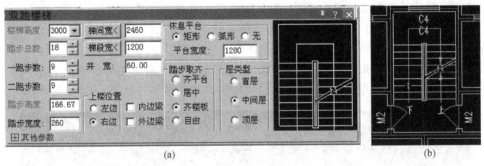

(a)   (b)

图 8-2-8

8.2.1.7 标注尺寸

（1）外墙门窗尺寸

选择【尺寸标注】→[门窗标注] 命令，按命令行提示作如下操作。图 8-2-9 为标注过程。

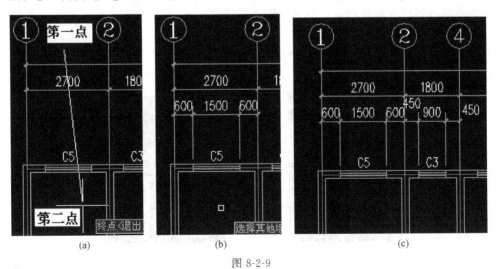

(a)   (b)   (c)

图 8-2-9

① "请用线选第一、二道尺寸线及墙体！"

"起点＜退出＞:" 选择（a）图中第一点（在 1、2 轴号间、第一条尺寸线以上的任一点）

② "终点＜退出＞:" 选择（a）图中第二点（在图示 1、2 轴线间的墙下的任一点），得

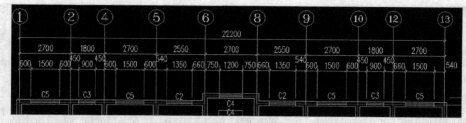

图 8-2-10

图（b），以此类推，可以得到图 8-2-9（c），得到图 8-2-10。其他外墙门窗尺寸标注同上，结果如图 8-2-15 所示外墙尺寸。

（2）外墙外包尺寸

选择【尺寸标注】→[外包尺寸] 命令，按命令行提示作如下操作。结果为图 8-2-11 所示。

① "请选择建筑构件："选择建筑左上方任一点

② "请选择建筑构件：指定对角点："选择建筑右下方任一点

③ "请选择建筑构件："回车结束上述选择

④ "请选择第一、二道尺寸线："选择图 8-2-10 中水平方向第一道尺寸线上任一点

⑤ "请选择第一、二道尺寸线："选择图 8-2-10 中水平方向第二道尺寸线上任一点

⑥ "请选择第一、二道尺寸线："回车结束操作，得图 8-2-11。

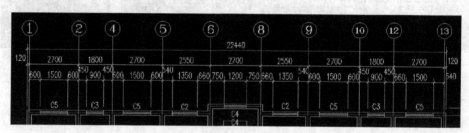

图 8-2-11

其他外墙外包尺寸标注同上，结果如图 8-2-15 所示。

（3）内墙门窗尺寸

选择【尺寸标注】→[内门标注] 命令，按命令行提示分别选择图 8-2-12（a）中起点、终点。结果为图 8-2-12（b）所示。

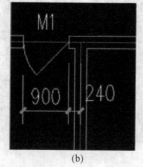

(a)　　　　　　　　　　　(b)

图 8-2-12

8.2.1.8　绘制阳台

（1）绘制阳台

选择【楼梯其他】→[阳台] 命令，如图 8-2-13 所示定义"绘制阳台"对话框，根据命

令行提示依次选择 A、B 点，得图 8-2-13（b）所示阳台。

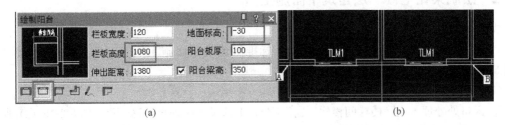

（a）　　　　　　　　　　　　　　　　　　（b）

图 8-2-13

（2）绘制阳台分户墙

选择【墙体】→［绘制墙体］命令，定义"绘制墙体"对话框，根据命令行提示依次选择 A、B 点，得到图 8-2-14 阳台分户墙。

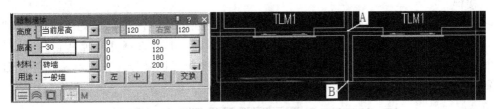

图 8-2-14

经完善，得到图 8-2-15 所示某住宅楼标准层平面图，另存为某住宅楼"标准层建筑平面施工图"。

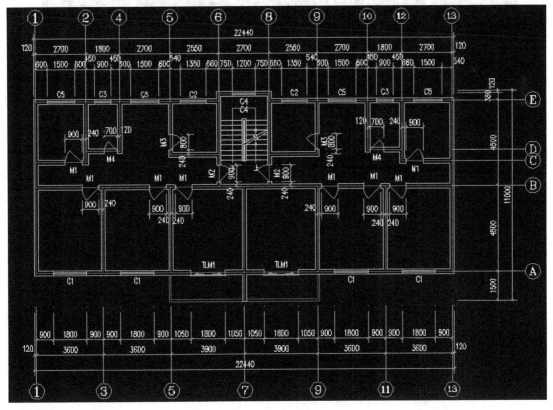

图 8-2-15

8.2.2 绘制某住宅楼一层建筑平面施工图

成果图如图 8-2-19 所示。

打开图 8.2.1 的成果图——某住宅楼"标准层建筑平面施工图",另存为某住宅楼"一层建筑平面施工图图"。具体操作如下。

(1)楼梯间

① 入口处处理 删除楼梯间楼梯、窗(C4);上部尺寸线垂直上移,得如图 8-2-16(a)所示楼梯间。运用拉伸命令把楼梯间的进深拉长 820(=1320−120−380)mm,得图 8-2-16(b)。

② 门洞与门窗线 选择【门窗】→[门窗]命令,定义"矩形洞"对话框。在绘图界面上选择点插入 MD-1;选择【门窗】→[门窗]→[门窗工具]→[门口线],按命令行提示操作绘制门口线(编号为 MD-1,洞宽 2460,洞高 3050)。得图 8-2-16(c)。

③ 楼梯

➤ 梯段 选择【楼梯其它】→[直线梯段]命令,按图 8-2-17(a)定义"直线楼梯"对话框。根据提示做上下翻转,并选择 A 点,得图 8-2-16(d)。选择【楼梯其它】→[添加扶手]命令,按命令行提示操作。得到图 8-2-16(e)。选择【符号标注】→[箭头引注]命令,绘制箭头,如图 8-2-19 所示。

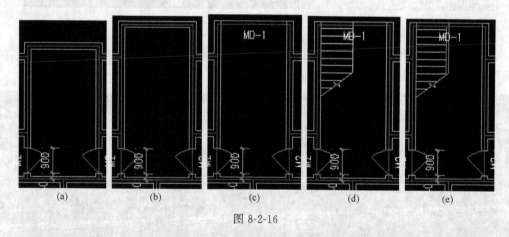

(a)　　　(b)　　　(c)　　　(d)　　　(e)

图 8-2-16

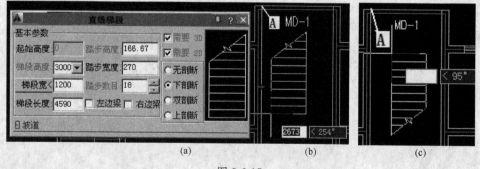

(a)　　　　　　　　(b)　　　　　　(c)

图 8-2-17

④ 台阶

➤ 绘制矮墙 选择【墙体】→[绘制墙体]命令,"绘制墙体"对话框,其中高度为 800,底高为-300,用途为矮墙。如图 8-2-18(a)所示。

➤ 台阶 选择【楼梯其他】→[台阶]命令,定义"台阶"对话框,选择单面台阶、普通台阶、基面为平台面，基面标高为 0，平台宽度为 500。根据命令行提示进行操作。如图 8-2-18（b）、（c）所示。

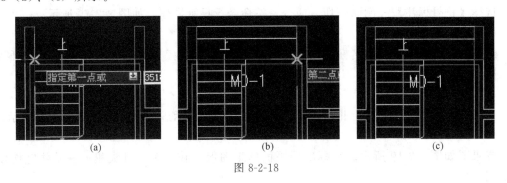

| (a) | (b) | (c) |

图 8-2-18

（2）散水

选择【楼梯其他】→［散水］命令，定义"散水"对话框。根据命令行提示绘制。如图 8-2-19 所示。

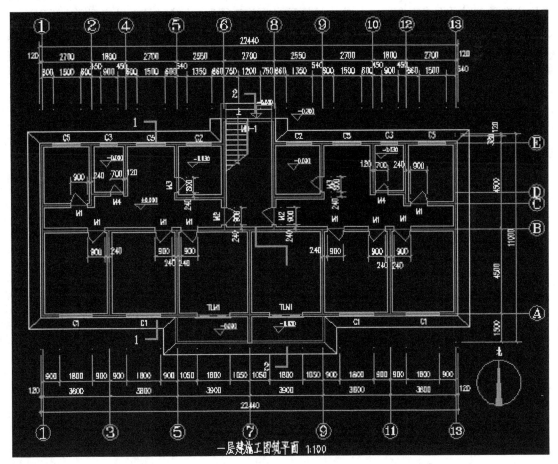

图 8-2-19

（3）标高

选择【符号标注】→［标高标注］命令，定义"标高标注"对话框，按"多层标高"按钮，定义"多层楼层标高"编辑对话框，按确定，定义"标高标注"对话框，根据命令行提示，在相应的位置点取合适的点进行标高标注。如图 8-2-19 所示。

（4）剖切线

选择【符号标注】→[剖面剖切] 命令，按命令行提示操作。如图 8-2-19 所示。

（5）图名

选择【符号标注】→[图名标注] 命令，定义"图名标注"对话框，在屏幕上选择插入点插入图名，如图 8-2-19 所示。

（6）指北针

选择【符号标注】→[画指北针] 命令，根据命令行提示进行操作。如图 8-2-19 所示。

（7）完善

成果图如图 8-2-19 所示。和标准层平面施工图保存在一个文件夹里——某住宅楼建筑施工图。

8.2.3 完善某住宅楼建筑平面施工图

打开文件夹"某住宅楼建筑施工图"，打开某住宅楼"标准层平面施工图"，分别另存为"某住宅楼二层平面施工图"、"某住宅楼屋顶平面施工图"。比较附录 1 对应图形文件对文件夹"某住宅楼建筑施工图"内各个图形文件进行删除、完善等工作。图 8-2-20 所示为"某住宅楼屋顶平面施工图"；图 8-2-21 为"某住宅楼二层平面施工图"不同于"某住宅楼建筑施工图"部分。

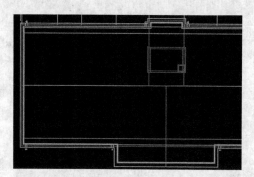
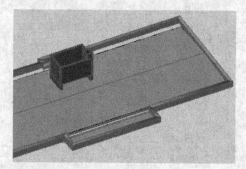

图 8-2-20

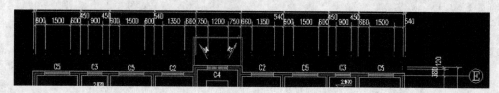

图 8-2-21

8.3 建筑立面施工图的绘制

【项目任务】

绘制某住宅建筑立面施工图（如图 8-3-1 所示）。

【专业能力】

运用天正软件绘制建筑立面施工图的能力。

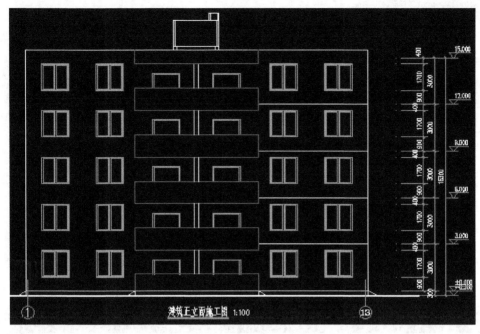

图 8-3-1

　　天正建筑提供了便利的立面图绘制命令，由于篇幅有限，这里仅进行简要介绍。立面图的绘制主要步骤如下。

8.3.1　新建工程

　　【文件布图】→［工程管理（GCGL）］→［新建工程］［如图 8-3-2（a）］，显示"另存为"对话框，如图 8-3-2（b）所示。在其中选取保存该工程 DWG 文件的文件夹（如某住宅楼建筑施工图）作为路径，键入新工程名称（如键入住宅楼）。单击"保存"按钮把新建工程保存为"住宅楼.tpr"文件，按当前数据更新工程文件。此时回到绘图屏幕，显示如图 8-3-2（c）所示工程管理。

(a)　　　　　　　　　　　　(b)　　　　　　　　　　　　(c)

图 8-3-2

8.3.2　楼层表

　　打开图 8-3-2（c）中的楼层列表，如图 8-3-3（a）所示。选择"选择标准层文件"，弹出对话框（如图 8-3-4 所示），选择楼层文件，按"打开"按钮，此时楼层列表中显示所选中的图形文件——"一层建筑平面施工图"，如图 8-3-3（b）所示。

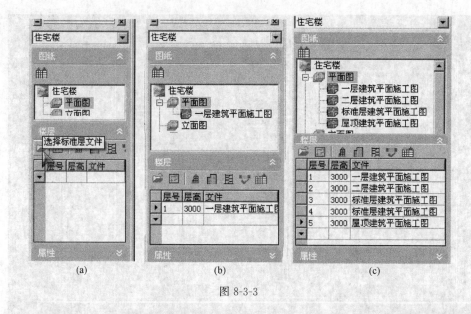

图 8-3-3

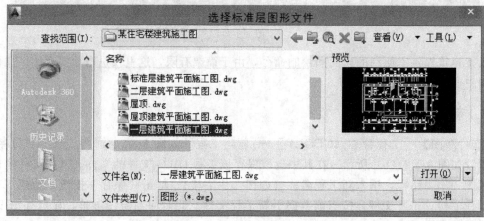

图 8-3-4

　　依次选择二层、标准层、屋顶等建筑平面施工图，构成楼层列表，如图 8-3-3（c）所示。

8.3.3　定义建筑立面施工图

　　选择楼层列表中的［建筑立面］命令，根据命令行提示作如下操作。
　　①"请输入立面方向或［正立面（F）/背立面（B）/左立面（L）/右立面（R）］＜退出＞:" f（输入，回车）
　　②"请选择要出现在立面图上的轴线:" 选择 1 轴线（事先打开的一层平面图中）
　　③"请选择要出现在立面图上的轴线:" 选择 13 轴线（事先打开的一层平面图中）
　　④"请选择要出现在立面图上的轴线:" 回车结束选择
　　此时弹出的"立面生成设置"对话框，如图 8-3-5（a）所示，定义后按"生成立面"按钮。并定义弹出的"输入要生成的文件"的对话框，如图 8-3-5（b）所示定义，按"保存"按钮，回到屏幕。此时在屏幕上生成建筑正立面施工图。

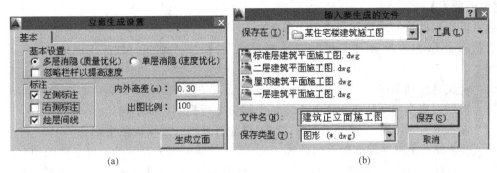

(a)　　　　　　　　　　　　　　　(b)

图 8-3-5

8.3.4 编辑建筑立面施工图

运用 CAD 相关命令，编辑、修改、完善在屏幕上生成的建筑正立面施工图，得到图 8-3-1 所示。

其他立面施工图可以仿上述方法与步骤逐一绘制。

8.4 建筑剖面施工图的绘制

【项目任务】

绘制某住宅建筑剖面施工图（如图 8-4-1 所示）。

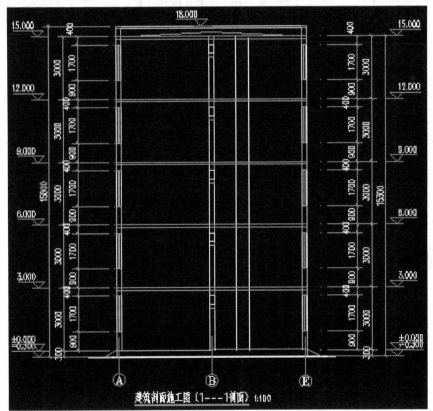

图 8-4-1

【专业能力】

运用天正软件绘制建筑剖面施工图的能力。

绘制剖面图时，"1. 新建工程"、"2. 楼层表"同"8.3 建筑立面施工图的绘制"，接着操作如下。

（1）定义建筑剖面图

选择楼层列表中的［建筑剖面］命令，根据命令行提示作如下操作。

①"请选择一剖切线："选择 1-1 剖切线（事先打开的一层平面图中）

②"请选择要出现在剖面图上的轴线："选择 A 轴线（事先打开的一层平面图中）

③"请选择要出现在剖面图上的轴线："选择 B 轴线（事先打开的一层平面图中）

④"请选择要出现在剖面图上的轴线："选择 E 轴线（事先打开的一层平面图中）

⑤"请选择要出现在剖面图上的轴线："回车结束选择

此时弹出的"剖面生产设置"对话框，如图 8-4-2（a）所示，定义后按"生成剖面"按钮。并定义弹出的"输入要生成的文件"的对话框，如图 8-4-2（b）所示定义，按"保存"按钮，回到屏幕。此时在屏幕上生成 1—1 建筑剖面施工图。

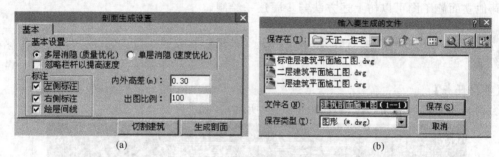

(a)   (b)

图 8-4-2

（2）编辑建筑剖面施工图

运用 CAD 相关命令，编辑、修改、完善在屏幕上生成的建筑剖面施工图，得到图 8-4-1。

其他剖面施工图可以仿上述方法与步骤逐一绘制。

课后作业

运用天正建筑软件绘制某住宅楼建筑施工图（详见前面章节成果或附录1）。

课后拓展

1. 运用天正建筑软件绘制某宿舍楼建筑施工图（详见前面章节成果或附录2）。

2. 运用天正建筑软件绘制某综合楼建筑施工图（详见前面章节成果或附录3）。

9 建筑三维图的绘制

【项目任务】

绘制某住宅楼三维建筑效果图，如图9-2-36所示。

【专业能力】

绘制简单建筑三维建筑效果图（无文本、无标注、无家具布置）的能力。

【CAD知识点】

绘图命令：直线（Line）、矩形（Rectang）、多线段（Pline）、长方体（BOX）、面域（Region）、拉伸（Extrued）。

修改命令：删除（Erase）、修剪（Trim）、移动（Move）、三维移动（3d Move）、复制（Copy）、延伸（Extent）、分解（Explode）、偏移（Offset）、3D镜像（mirror3d）、并集（Union）、差集（Subtract）、交集（Intersect）。

菜单栏：视图（三维视图）、工具［新建UCS（W）］、视图（动态观察）、视图（视觉样式）、视图（重生成）。

工具栏：对象特性、视窗缩放（Zoom）与视窗平移（Pan）、建模、实体编辑、ucs、视图、视觉样式、图层、视图控件、视觉样式控件、ViewCube导航

状态栏：正交（Ortho）、草图设置（Drafting Settings）。

9.1 认识三维绘图

【项目任务】

建立三维绘图坐标系，观察显示三维图形。

【专业能力】

设置用户坐标系（UCS）、控制视图切换、三维动态观察、视觉样式的能力。

【CAD知识点】

命令：用户坐标系（ucs）、动态观察（3DORBIT）、自由动态观察（3DFORBIT）、连续动态观察（3DCORBIT）

菜单栏：视图（三维视图）、工具［新建UCS（W）］、视图（动态观察）、视图（视觉样式）、视图（重生成）。

9.1.1 设置三维环境

9.1.1.1 三维简介

在绘制建筑图时，常用多个平面图来反映建筑结构，有时需要观察整个建筑的全貌，以便得到更加直观的效果，这就需要绘制建筑的立体图。三维图形具有立体感强、直观等特点，它可以加速对建筑平面图的理解。

在二维图形中，使用了 X 和 Y 两个坐标来绘图，如平面图、立面图等。事实上，这些图形都是在真正的三维坐标中建立起来的。也就是说，即使每一条直线、圆、圆弧是在二维坐标中画出的，实际也是用三维坐标存储的。在默认方式下，AutoCAD 将 Z 值设为 0，作为当前高度。所以，二维图形实际上只是三维空间中无穷多个视图中的一个。

三维绘图功能是 AutoCAD 最强大的功能之一。它有 3 个主要优点。

◆ 三维对象可以从任意角度观察和打印。

◆ 三维对象包含了数学信息，可用于工程分析。

◆ 阴影和渲染加强了对象的可视性。

9.1.1.2 建立三维绘图坐标系

（1）世界坐标系与用户坐标系

三维绘图与二维绘图最大的不同之处是需要对物体进行空间定位，也就是要清楚地知道绘制的物体是在哪个平面内。AutoCAD 提供了两种坐标系统。一种是单一固定的世界坐标系（World Coordinate System，WCS），主要用于二维绘图。同二维世界坐标系一样，三维世界坐标系是其他三维坐标系的基础，不能对其重新定义。另一种就是用户坐标系（user Coordinate System，UCS），用户可以根据自己的需要建立专用的坐标系。用户坐标系为坐标输入、操作平面和观察提供一种可变动的坐标系。定义一个用户坐标系即改变原点（0，0，0）的位置以及 XY 平面和 Z 轴的方向。可在 AutoCAD 的三维空间中任何位置定位和定向 UCS，也可随时定义、保存和复用多个用户坐标系。熟练运用用户坐标系可以减少建立三维对象时所需的计算，从而能够高效、准确地绘制出三维图形。

（2）创建用户坐标系

AutoCAD 通常是在基于当前坐标系的 XOY 平面上进行绘图的，这个 XOY 平面称为构造平面。在三维环境下绘图需要在三维图形不同的平面上绘图，因此，要把当前坐标系的 XOY 平面变换到需要绘图的平面上，也就是需要创建新的坐标系——用户坐标系，就是重新确定坐标系新的原点和新的 X 轴、Y 轴、Z 轴方向，用户可以按照需要定义、保存和恢复任意多个用户坐标系。

① 命令操作　AutoCAD 提供了多种方法来创建 UCS，通常用下述 3 种方式。

➤ "UCS" 工具栏上单击→ "UCS" 按钮 ，或直接使用其它图示进行定义，如图 9-1-1 所示为 "UCS" 工具栏中的 UCS 定义图示。

➤ 选择（菜单栏）【工具（Tools）→新建 UCS（W）→子菜单。

➤ 命令窗口 "命令:" 输入 UCS 回车。

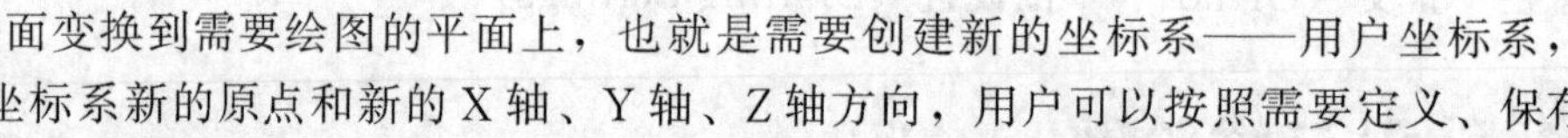

图 9-1-1

启动 "UCS" 命令后，命令行提示如下：

"指定 UCS 的原点或［面（F）/命名（NA）/对象（OB）/上一个（P）/视图（V）/世界（W）/X/Y/Z/Z 轴（ZA)]＜世界＞:"

② 各个选项含义　用户可通过各种选项来使用不同的方法定义 UCS，各个选项具体说明如下。

⬜ 面（F）：将 UCS 与选定实体对象的面对正。要选择一个面，在此面的边界内或面的边界上单击即可，被选中的面将高亮显示。UCS 的 X 轴将与找到的第一个面上的最近的边对正。

⬜ 命名（NA）：按名称保存并恢复通常使用的 UCS 方向。

⬜ 对象（OB）：在选定图形对象上定义新的坐标系。AutoCAD 对新原点和 X 轴正方向有明确的规则。所选图形对象不同，新原点和 X 轴正方向规则也不同。

⬜ 上一个（P）：恢复上一个 UCS。程序会保留在图纸空间中创建的最后 10 个坐标系和在模型空间中创建的最后 10 个坐标系。

⬜ 视图（V）：以垂直于视图方向（平行于屏幕）的平面为 XY 平面，来建立新的坐标系。UCS 原点保持不变。在这种情况下，可以对三维实体进行文字注释和说明。

⬜ 世界（W）：将当前用户坐标系设置为世界坐标系。

⬜ X：指定绕 X 轴的旋转角度来得到新的 UCS。

⬜ Y：指定绕 Y 轴的旋转角度来得到新的 UCS。

⬜ Z：指定绕 Z 轴的旋转角度来得到新的 UCS。

⬜ Z 轴（ZA）：用指定的 Z 轴正半轴定义 UCS。Z 轴正半轴是通过指定新原点和 Z 轴正半轴上的任一点来确定的。

9.1.2　观察显示三维图形

创建三维图形要在三维空间进行绘图，不但要变换用户坐标系，还要不断变换三维图形显示方位，也就是设置三维观察视点的位置，这样才能从空间不同方位来观察三维图形，使得创建三维图形更加方便快捷。

（1）切换视图

在绘制三维图形过程中，常常要从不同方向观察图形，AutoCAD 默认视图是 XY 平面，方向为 Z 轴的正方向，看不到物体的高度。AutoCAD 提供了多种创建三维视图的方法，利用"视图"工具，切换视图，沿不同的方向观察图形。"视图"工具栏及"视图"工具选项如图 9-1-2 所示。

在"视图"工具选项中，有工程图的 6 个标准视图方向，如"俯视"、"前视"等，还有4 个轴测图的方向，如"西南等轴测"、"东南等轴测"等。

如在列表中选择"西南等轴测"、"前视"和"西北等轴测"等视图来观察图形，可以看到如图 9-1-3 所示的观察效果。

（2）动态观察

使用动态观察命令，用户可以在当前视口中创建一个三维视图，通过移动光标来实时地控制和改变视图效果，从不同的角度、高度和距离查看图形中的对象。动态观察的操作方法如下：

➤ 从菜单栏中选择【视图】→【动态观察】命令，从级联子菜单中选择需要的观察方式。

➤ 在功能区【视图】选项卡的【导航】面板中单击【动态观察】下拉列表中相应命令。

➤ 在命令窗口中输入相应的动态观察命令，按 Enter 键。

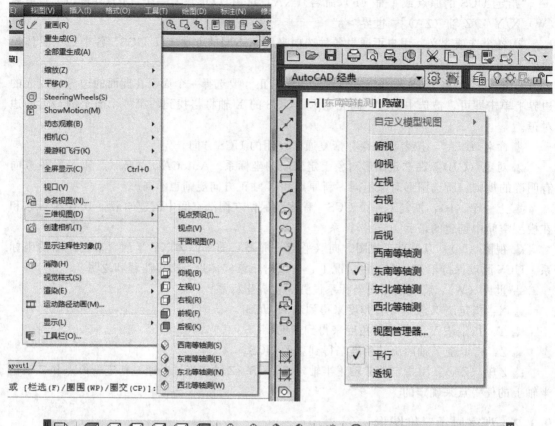

图 9-1-2

图 9-1-3

AutoCAD 2014 提供了动态观察、自由动态观察和连续动态观察三种方式，具体介绍如下。

动态观察（3DORBIT）：可对视图中的对象进行有一定约束的动态观察，只可以在水平和垂直方向上拖动对象进行三维动态观察。

自由动态观察（3DFORBIT）：可以使观察点绕视图的任意轴进行任意角度的旋转，对图形进行任意角度的观察。

连续动态观察（3DCORBIT）：可以使观察对象绕指定的旋转轴和旋转速度进行连续

旋转运动，从而可以对其进行连续动态的观察。

（3）使用 ViewCube 导航

ViewCube 工具是在二维模型空间或三维视觉样式中处理图形时显示的导航工具，如图 9-1-4（a）所示。使用 ViewCube 工具，用户可以在标准视图和等轴测视图之间进行切换。当用户将光标放置在 ViewCube 工具上时，它将变为活动状态，通过拖动或单击 ViewCube 工具，可以将视图切换到所需的预设视图、滚动当前视图或更改为模型的主视图。

在 ViewCube 工具上单击右键，将会弹出 ViewCube 快捷菜单，如图 9-1-4（b）所示，使用快捷菜单命令可以恢复和定义模型的主视图，在视图投影模式之间进行切换，以及更改交互行为和外观。

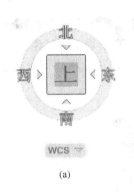
(a)

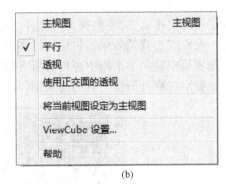
(b)

图 9-1-4

（4）视觉样式

用户可以通过更改视觉样式的特性来控制视口中模型边和着色的显示效果。应用视觉样式或更改其设置时，关联的视口会自动更新以反映这些更改。控制【视觉样式】的操作方法如下：

 从菜单栏中选择【视图】→【视觉样式】命令，从级联子菜单中选择需要的样式进行观察。

 将工作空间切换至"三维建模"，在功能区【常用】选项卡的【视图】面板的【视觉样式】下拉列表中选择需要的样式进行观察，如图 9-1-5 所示。

(a)

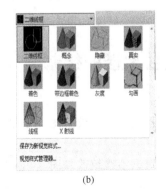
(b)

图 9-1-5

对象应用视觉样式一般使用来自观察者左后方上面的固定环境光。使用【视图】→【重生成】命令重新生成图像时，也不会影响对象的视觉样式效果，并且用户还可以使用通常视图中进行的一切操作在此模式下运行，如窗口的平移、缩放、绘图和编辑等。如图 9-1-6 分别为三维线框、三维隐藏、真实、概念视觉样式。

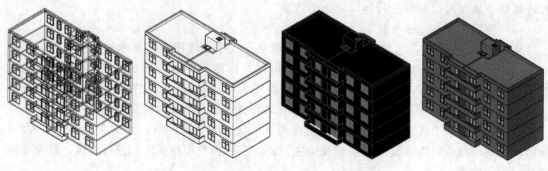

图 9-1-6

用户除了可以使用以上 10 种视觉样式外，还可以通过【视觉样式管理器】选项板来控制线型颜色、面样式、背景效果、材质和纹理以及三维对象的显示精度等特性。在【视觉样式管理器】选项板中显示了图形中可用的所有视觉样式，选定的视觉样式用黄色边框表示，其设置选项则显示在样例图像下方的面板中，如图 9-1-7 所示。

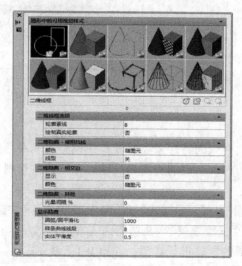

图 9-1-7

9.2　某住宅楼的绘制

【项目任务】
绘制某住宅楼三维建筑效果图（如图 9-2-1 所示）。

【专业能力】
绘制简单建筑三维建筑效果图（无文本、无标注、无家具布置）的能力。

【CAD 知识点】
绘图命令：直线（Line）、矩形（Rectang）、多段线（Pline）、长方体（BOX）、面域（Region）、拉伸（Extrued）。

修改命令：删除（Erase）、修剪（Trim）、移动（Move）、三维移动（3d Move）、复制（Copy）、延伸（Extent）、分解（Explode）、偏移（Offset）、3D 镜像（mirror3d）、并集（Union）、差集（Subtract）、交集（Intersect）。

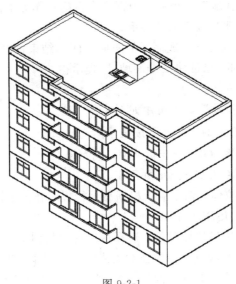

图 9-2-1

工具栏：对象特性、视窗缩放（Zoom）与视窗平移（Pan）、建模、实体编辑、视图、视觉样式、图层。

状态栏：正交（Ortho）、草图设置（Drafting Settings）。

9.2.1 绘制前的准备

9.2.1.1 绘图命令

（1）长方体（BOX）

① 启动命令　启动"长方体"命令可用如下 3 种方法。

➤ 单击"建模"工具栏上的"长方体"按钮。

➤ 选择（菜单栏）【绘图（D）】→建模（M）→长方体（B）。

➤ 命令窗口"命令："输入 BOX 并回车。

② 具体操作　启动"长方体"命令后，根据命令行提示作如下操作。

a. "指定长方体的角点或［中心点（CE）］＜0，0，0＞："确定长方体第一个角点。

b. "指定角点或［立方体（C）/长度（L）］："确定另一个角点并回车。结束命名操作，可得图 9-2-2 所示长方体。

③ 其他选项　其他主要选项含义如下。

⊥ 立方体（C）：绘制立方体。

⊥ 长度（L）：选择该项，即输入 L 回车，按命令行提示作如下操作。

"指定长度："输入长方体长度回车。

"指定宽度："输入长方体宽度回车。

"指定高度："输入长方体高度回车。如图 9-2-2 所示。

（2）面域（Region）

① 启动命令　启动"面域"命令可用如下 3 种方法。

➤ 单击"绘图"工具栏上的"面域"按钮。

➤ 选择（菜单栏）【绘图（D）】→面域（N）。

➤ 命令窗口"命令："输入 Region 并回车。

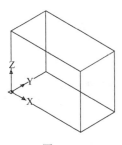

图 9-2-2

② 具体操作　启动"面域"命令后，根据命令行提示作如下操作。

a. "选择对象："选择要生成面域的图形。

b. "选择对象："继续选择要生成面域的图形或回车结束命令操作。例如选择二个封闭图形则出现"已提取 2 个环，已创建 2 个面域。"提示。

（3）拉伸（Extrude）

① 启动命令　启动"拉伸"命令可用如下 3 种方法。

➤ 单击"建模"工具栏上的"拉伸"按钮 🔲 。

➤ 选择（菜单栏）【绘图（D)】→建模（M）→拉伸（X）。

➤ 命令窗口"命令："输入 Extrude 并回车。

② 具体操作　启动"拉伸"命令后，根据命令行提示作如下操作。

a. "当前线框密度：　ISOLINES＝4

选择要拉伸的对象："选择拉伸对象。选择后出现"找到 1 个"提示。

b. 选择要拉伸的对象："继续选择拉伸对象或回车。回车后继续如下操作。

c. "指定拉伸的高度或〔方向（D）/路径（P）/倾斜角（T）〕："输入拉伸的高度并回车。

9.2.1.2　修改命令

（1）布尔运算——并集运算（Union）

并集运算是将多个实体合成一个新的实体，如图 9-2-3（a）所示。

① 启动命令　启动"并集运算"命令可用如下 3 种方法。

➤ 单击"建模"工具栏上的"并集"按钮 ⑩ 。

➤ 选择（菜单栏）【修改（M)】→实体编辑（N）→并集（U）。

➤ 命令窗口"命令："输入 Union 并回车。

② 具体操作　启动"并集运算"命令后，根据命令行提示作如下操作。

a. "选择对象："选择需要并集运算的对象。选择后出现"找到 1 个"提示。

b. "选择对象："继续选择需要并集运算的对象。选择后出现"找到 1 个，共计 2 个"提示。

c. "选择对象："回车结束命令操作。

（2）布尔运算——差集运算（Subtract）

差集运算是从一些实体中去掉部分实体，从而得到一个新的实体。如图 9-2-3（b）所示。

① 启动命令　启动"差集运算"命令可用如下 3 种方法。

➤ 单击"建模"工具栏上的"差集"按钮 ⑩ 。

➤ 选择（菜单栏）【修改（M)】→实体编辑（N）→差集（S）。

➤ 命令窗口"命令："输入 Subtract 并回车。

② 具体操作　启动"差集运算"命令后，根据命令行提示作如下操作。

a. "＿subtract 选择要从中减去的实体或面域…

选择对象："在被减去实体或面域上单击。单击后出现"找到 1 个"提示。

b. "选择对象："回车结束的选择。

c. "选择要减去的实体或面域 . .

选择对象："在要减去的实体或面域上单击。单击后出现"找到 1 个"提示。

d. "选择对象："回车结束差集运算命令。

（3）布尔运算——交集运算（Intersect）

交集运算是从两个或多个实体的交集创建复合实体并删除交集以外的部分，如图 9-2-3

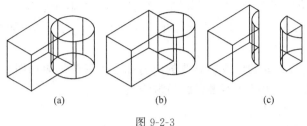

(a)　　　　　　(b)　　　　　　(c)

图 9-2-3

(c) 所示。

① 启动命令　启动"交集运算"命令可用如下 3 种方法。

➤ 单击"建模"工具栏上的"交集"按钮⑩。

➤ 选择（菜单栏）【修改（M）】→实体编辑（N）→交集（I）

➤ 命令窗口"命令:"输入 Intersect 并回车。

② 具体操作　启动"交集运算"命令后，根据命令行提示作如下操作。

a."_ intersect 选择实体或面域。

选择对象:"选择需交集运算对象。选择后出现"找到 1 个"提示。

b."选择对象:"选择需交集运算对象。选择后出现"找到 1 个，总计 2 个"提示。

c."选择对象:"回车结束交集运算命令操作。

（4）3D 镜像（Mirror3d）

① 启动命令　启动"3D 镜像"命令可用如下 2 种方法:

➤ 选择（菜单栏）【修改（M）】→三维操作（3）→三维镜像（D）。

➤ 命令窗口"命令:"输入 Mirror3d 并回车。

② 具体操作　启动"3D 镜像"命令后，根据命令行提示作如下操作。

a."_ mirror3d

选择对象:"选择实体。选择后出现"找到 1 个"提示。

b."选择对象:"回车结束选择。

c."指定镜像平面（三点）的第一个点或［对象（O）/最近的（L）/Z 轴（Z）/视图（V）/XY 平面（XY）/YZ 平面（YZ）/ZX 平面（ZX）/三点（3）]＜三点＞:"选择端面点 A。

d."在镜像平面上指定第二点:"选择端面点 B。

e."在镜像平面上指定第三点:"选择端面点 C。

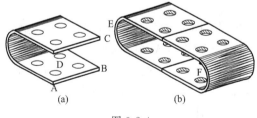

图 9-2-4

f."是否删除源对象？　［是（Y）/否（N）]＜否＞:"回车选择默认值。如图 9-2-4 所示。

9.2.2　绘制墙体

建筑平面图、立面图、剖面图和建筑详图，展示的是建筑物的平面结构，对建筑物来说起到了细节描述的作用。通过细节描述，设计师对建筑物的大致轮廓有了一定的了解，但对建筑物的立体结构和三维轮廓并没有一个整体的认识，这就需要绘制三维建筑效果图，来进一步表现建筑物的体量结构。

底层和标准层墙体三维建筑效果图如图 9-2-5 所示，绘制步骤如下。

① 选择菜单栏中的【文件（F）】→打开（O）…命令，打开本书附盘中"某住宅建筑施工图 . dwg"文件。

② 在平面图中进行必要的修改，修改的内容如下。修改结果如图 9-2-6 所示。

⬛ 删除所有的标注、文字和不必要的门窗线条。

⬛ 删除外墙体以内的墙线。

⬛ 保留外墙体，并利用直线、拉伸、修剪、延伸等命令进行修补。

③ 单击［图层特性管理器］按钮▦，做如下修改。

⬛ 新建"玻璃"层，颜色为绿色。

⬛ 新建"墙"层，颜色为白色。

⬛ 新建"门窗格"层，颜色为蓝色。

⬛ 新建"入口"层，颜色为白色。

⬛ 新建"地板"层，颜色为白色。

④ 确认"墙"层为当前图层，然后关闭［图层特性管理器］对话框。

⑤ 选择菜单栏中的【修改（M）】→对象（O）→多段线（M）…命令，将线段转换为多段线。启动"多段线"命令后按下述步骤操作。

a."命令：_ pedit 选择多段线或［多条（M）］："输入 M 回车，选择图 9-2-7 所示的线段。

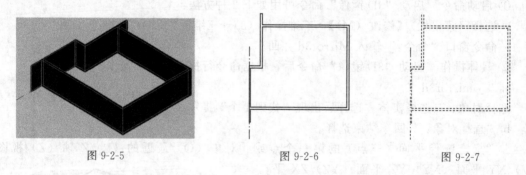

图 9-2-5   图 9-2-6   图 9-2-7

b."选择对象："，"指定对角点："选择后出现"找到 40 个"提示。

c."是否将直线和圆弧转换为多段线？［是（Y）/否（N）］？＜Y＞："回车。

d."输入选项［闭合（C）/打开（O）/合并（J）/宽度（W）/拟合（F）/样条曲线（S）/非曲线化（D）/线型生成（L）/放弃（U）］："输入 J 并回车。

e."合并类型 = 延伸

输入模糊距离或［合并类型（J）］＜0.0000＞："回车。出现"37 条多段线已增加 2 条线段"提示。

f."输入选项［闭合（C）/打开（O）/合并（J）/宽度（W）/拟合（F）/样条曲线（S）/非曲线化（D）/线型生成（L）/放弃（U）］："回车。

⑥ 单击复制按钮▦选择如图 9-2-8 所示的多段线，进行原地复制，并将其放入到"地板"层中。

⑦ 关闭"地板"层，并将"墙"层置为当前图层。

⑧ 单击东南等轴测视图按钮▦，转换观察视角。

⑨ 单击面域按钮 ，选择如图 9-2-8（a）所示的图形，将其转换为面域。

a. "命令：_ region

选择对象："择窗口第一角点，并在"指定对角点："提示下选择窗口对角点，选择完对象后出现"找到 2 个"的提示。

b. "选择对象："回车。出现"已提取 2 个环，已创建 2 个面域"的提示。

⑩ 单击〔实体编辑〕工具栏中的差集按钮 ，将墙体进行布尔差运算用外面的图形减去内部图形。

⑪ 单击〔建模〕工具栏中的拉伸按钮 ，将面域向上拉伸 3000mm，结果如图 9-2-8（b）所示。

⑫ 单击〔视觉样式〕工具栏中的〔真实视觉样式〕按钮 ，效果如图 9-2-9 所示。

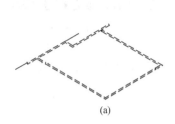
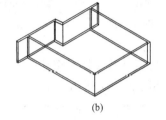

(a)   (b)

图 9-2-8

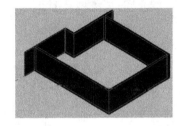

图 9-2-9

9.2.3 绘制门窗

底层和标准层门窗三维建筑效果图如图 9-2-10 所示，绘制步骤如下。

（1）门窗开洞

按下述步骤操作。

① 将"墙线"层显示出来，确认"墙"层仍为当前图层。

② 单击〔长方体〕按钮 ，在窗的位置上绘制长方体，高度为 1700mm，在门的位置上绘制长方体，高度为 2000mm，结果如图 9-2-11 所示。

③ 单击〔移动〕按钮 ；将窗的位置上的长方体向上移动 900mm，如图 9-2-12 所示。

④ 单击〔实体编辑〕工具栏中的差集按钮 ，将墙体和长方体进行布尔差运算。效果如图 9-2-13 所示。

图 9-2-10

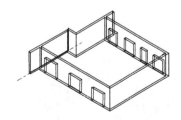

图 9-2-11

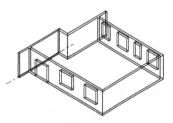

图 9-2-12

（2）门窗窗格及玻璃

① 将"门窗格"层置为当前层。

② 单击［矩形］按钮 ⬜，新建 UCS 坐标，并配合视图转换，绘制矩形，结果如图 9-2-14 所示。

③ 单击［偏移］按钮 ⬛，选择矩形，将其内偏移 50mm，结果如图 9-2-14 所示。

④ 单击［拉伸］按钮 ⬛，选择各矩形，将其拉伸 50mm。效果如图 9-2-15 所示。

⑤ 单击［差集］按钮 ◎，用外面的图形减去里面的图形。效果如图 9-2-16 所示。

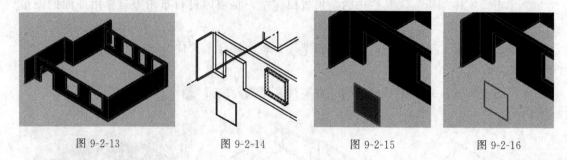

图 9-2-13　　　　　图 9-2-14　　　　　图 9-2-15　　　　　图 9-2-16

⑥ 单击［前视图］按钮 ⬛，单击［长方体］按钮 ⬛，绘制一个长为 1600mm，宽和高均为 50mm 的长方体作为窗框，如图 9-2-17 所示。

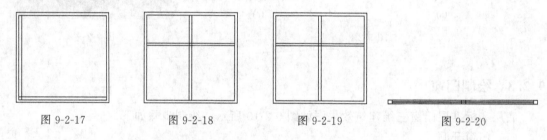

图 9-2-17　　　　　图 9-2-18　　　　　图 9-2-19　　　　　图 9-2-20

⑦ 调整长方体的位置，如图 9-2-18 所示。

⑧ 将"玻璃"层置为当前层。单击［长方体］按钮 ⬛，捕捉窗框两个端点，高为 10mm，绘制窗玻璃，效果如图 9-2-19 所示。

⑨ 单击［俯视图］按钮 ⬛，用："移动"命令，调整好窗框和玻璃的位置，效果如图 9-2-20 所示。

⑩ 单击［复制］按钮 ⬛，复制与同尺寸窗洞等数目的窗，并将其放在相应的位置上。效果如图 9-2-21 所示。

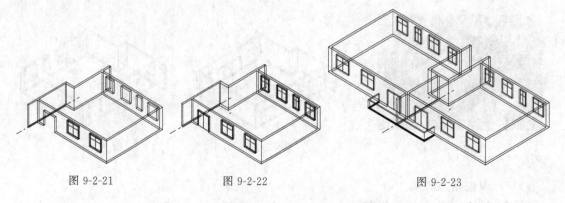

图 9-2-21　　　　　图 9-2-22　　　　　　　　图 9-2-23

⑪ 用同样方法绘制其他门和窗。效果如图 9-2-22 所示。

⑫ 选择菜单【修改（M）】→三维操作（3）→三维镜像（D）。启动"三维镜像（D）"，按命令行提示作如下操作。效果如图 9-2-23 所示。

↳ "命令：_ mirror3d

↳ 选择对象："选择窗口第一角点，并在"指定对角点："提示下选择窗口对角点，选择完对象后出现"找到 29 个"提示。

↳ "选择对象："结束选择，回车。

↳ "指定镜像平面（三点）的第一个点或 ［对象（O）/最近的（L）/Z 轴（Z）/视图（V）/XY 平面（XY）/YZ 平面（YZ）/ZX 平面（ZX）/三点（3）]＜三点＞："在镜像平面上指定第一点。

↳ "在镜像平面上指定第二点："在镜像平面上指定第二点。

↳ "在镜像平面上指定第三点："在镜像平面上指定第三点。

↳ "是否删除源对象？［是（Y）/否（N）]＜否＞："回车。

9.2.4　绘制入口

入口三维建筑效果图如图 9-2-24 所示，绘制步骤如下。

① 单击［东北等轴测视图］按钮 ◈，转换观察视角，打开入口层。如图 9-2-25 所示。

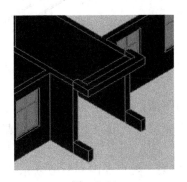

图 9-2-24

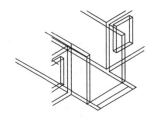

图 9-2-25

② 单击［矩形］按钮 ▭，在入口层绘制如图 9-2-26 所示 4 个矩形。

③ 单击［移动］按钮 ✛，向上移动矩形 3、4 分别为 2900mm 和 3000mm 。如图 9-2-27 所示。

④ 单击［拉伸］按钮 ⬆，向上拉伸矩形 1、2 二个矩形 500mm。拉伸矩形 3、4 分别为 300mm 和 200mm。如图 9-2-28 所示。

⑤ 单击差集按钮 ⬭，用实体 3 减去实体 4，如图 9-2-29 所示。

⑥ 打开墙和门窗层，效果如图 9-2-24 所示。

9.2.5　绘制阳台

阳台三维建筑效果图 9-2-30 所示，绘制步骤如下。

① 关闭其他层，只将"阳台"层显示出来，并置为当前图层。如图 9-2-31 所示。

② 选择菜单栏中的【修改】→【对象】→【多段线】命令，将图 9-2-31 中线段转换为多段线。

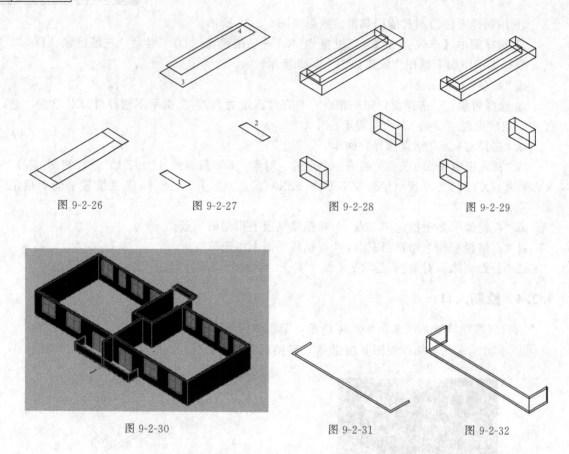

图 9-2-26   图 9-2-27   图 9-2-28   图 9-2-29

图 9-2-30   图 9-2-31   图 9-2-32

③ 单击 [面域] 按钮 ⬛，选择如图 9-2-31 所示的图形，将其转换为面域。

④ 单击 [建模] 工具栏中的 [拉伸] 按钮 ⬛，将面域向上拉伸 1000mm，结果如图 9-2-32 所示。

⑤ 将 "墙"、"门窗格"、"玻璃"、"入口" 层显示出来。效果如图 9-2-30 所示。

9.2.6 绘制屋顶

屋顶三维建筑效果图如图 9-2-33 所示，绘制步骤如下。

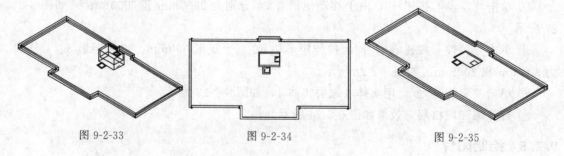

图 9-2-33   图 9-2-34   图 9-2-35

① 在平面图中进行必要的修改，修改的内容如下。

⬛ 删除所有的标注、文字和不必要的线条。

⬛ 保留墙体、水箱、检修口，并进行修补。

⬛ 修改结果如图 9-2-34 所示。

② 单击［图层管理器］按钮 🥝，新建"房顶"层，并置为当前图层。

③ 单击［多段线］按钮 ⤵，捕捉墙体外边框绘制多段线。

④ 单击［偏移］按钮 ▣，将多段线向内偏移240mm。

⑤ 单击［面域］按钮 ▣，选择多段线，将其转换为面域。

⑥ 单击［建模］工具栏中的拉伸按钮 🔳，将面域向上拉伸500mm，结果如图9-2-35所示。

⑦ 单击［差集］按钮 ◎，用外面的图形减去内部图形，结果如图9-2-35所示。

⑧ 单击［面域］按钮 ▣，选择水箱和屋顶检修口部分多段线，将其转换为面域。

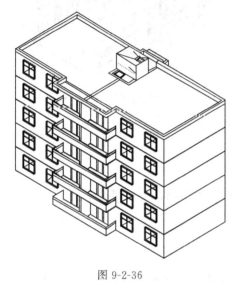

图 9-2-36

⑨ 单击［建模］工具栏中的拉伸按钮 🔳，将水箱面域外部向上拉伸1890mm，内部向上拉伸1050mm，屋顶检修口向上拉伸100mm。

⑩ 单击［移动］按钮 ✛，将水箱内部实体向上移动600mm。

⑪ 单击［差集］按钮 ◎，用水箱外面的图形减去内部图形，用屋顶检修口外面的图形减去内部图形，结果如图9-2-33所示。

9.2.7 完善细部

某住宅楼整体三维建筑效果图如图9-2-36所示，绘制步骤如下。

① 利用相同方法绘制标准层三维效果图，如图9-2-37所示。

② 单击复制按钮 🐾，选择标准层模型，复制到一层模型中，位置如图9-2-38所示。

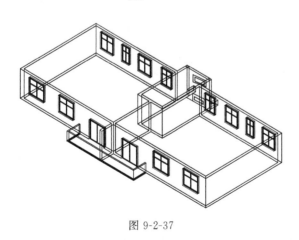

图 9-2-37

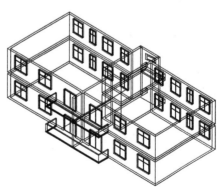

图 9-2-38

③ 单击复制按钮 🐾，复制其他标准层模型，位置如图9-2-39所示。

④ 将顶层显示出来。单击移动按钮 ✛，选择顶层中的所有实体，移动至标准层中，如图9-2-40所示。

⑤ 选择菜单栏中的【视图】→【消隐】命令，观看三维效果，如图9-2-36所示。

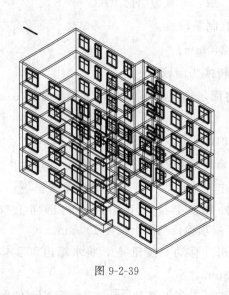

图 9-2-39

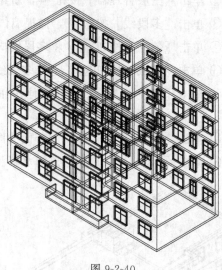

图 9-2-40

课后作业

绘制某住宅楼三维建筑效果图（住宅楼建筑施工图详见前面章节成果或附录 1）。

课后拓展

1. 绘制某宿舍楼三维建筑效果图（宿舍楼建筑施工图详见前面章节成果或附录 2）。
2. 绘制某综合楼三维建筑效果图（综合楼建筑施工图详见前面章节成果或附录 3）。

附　　录

附录 1　某住宅楼建筑施工图

建筑施工说明

1. 设计依据：建设单位及有关领导部门审批文件；城建局、规划局、消防局、电管局、市政工程管理局等有关部门审批文件；国家颁发的有关建筑规范及规定。

2. 总则：凡设计及验收规范对建筑物所用材料规格、施工要求等有关规定者，本说明不再重复，均按有关规定执行；设计中采用标准图、通用图，不论采用其局部节点或全部详图，均应按各图要求全面施工；本工程施工时，必须与结构、电气、水暖通风等专业的图纸配合施工。

3. 设计标高及标注：本图尺寸除标高以 m 为单位外，其余尺寸以 mm 为单位；室内标高±0.000mm 相当于的绝对标高由甲方单位提供；图中标高除屋顶标高为结构标高外，其余皆为建筑标高。

4. 墙体用 MU7.5 标准机制砖及 M5.0 水泥混合砂浆砌筑。

5. 墙身防潮层：20mm 厚 1∶2 水泥砂浆掺 5% 防水剂，设于此区域室内地坪低 60mm 处。

6. 建筑构造：外墙：12mm 厚 1∶3 水泥砂浆底、6mm 厚 1∶2 水泥砂浆面、满涂乳胶腻子两遍、刷外用白色乳胶漆两遍。内墙：14mm 厚 1∶1∶6 水泥石灰砂浆底、6mm 厚 1∶2 水泥砂浆随抹随平；地面：素土分层夯实（200mm/步）、80mm 厚 C15 素混凝土垫层、刷素水泥浆一道、20mm 厚 1∶2 水泥砂浆随抹随平；楼面：预制楼板、刷素水泥浆一道、20mm 厚 1∶2 水泥砂浆随抹随平；顶棚：10mm 厚 1∶1∶6 水泥石灰麻刀砂浆底、7mm 厚 1∶2 水泥砂浆随抹随平；屋顶：20mm 厚 1∶3 水泥砂浆找平层、冷底子油一遍及热沥青一遍隔气层、1∶10 水泥蛭石起坡层（最薄处为 30mm 厚）、20mm 厚 1∶3 水泥砂浆找平层、三毡四油防水层、1∶0.5∶10 水泥石灰砂浆砌 115mm×240mm×180mm 高砖墩纵横中距 500mm、1∶0.5∶10 水泥石灰砂浆将 495mm×495mm×35mm 预制钢筋混凝土架空板砌在砖墙上、板缝用 1∶3 水泥砂浆勾缝。

7. 门窗：平开门立樘位置与开启方向的墙面平，窗框居中；门窗材料见门窗表，加工安装严格按照国家现行的施工及验收规范执行。

8. 落水管：落水管及水斗选用 UPVC 材料，雨水管管径为 φ100。

9. 散水：12mm 厚水泥砂浆抹面、100mm 厚 C15 混凝土、80mm 厚碎石垫层，30m 设一道伸缩缝，缝内填沥青麻丝。

10. 楼梯栏杆详见苏 G 9205 第 32 页楼梯栏杆 1。

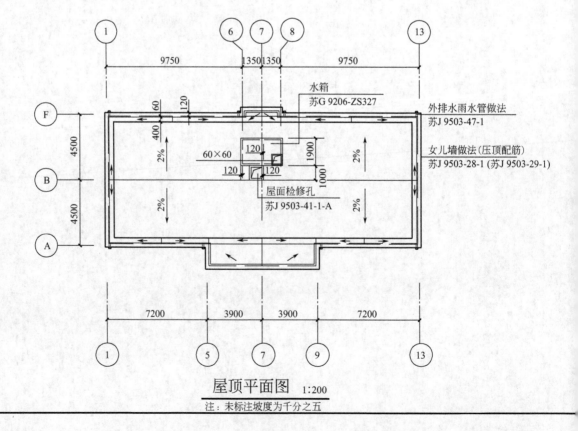

屋顶平面图　1∶200

注：末标注坡度为千分之五

图纸目录

序号	编号	图纸内容
1	建施—1	建筑施工说明　图纸目录　门窗表屋顶平面图
2	建施—2	底层平面图
3	建施—3	标准层平面图
4	建施—4	1～13轴立面图（正立面）
5	建施—5	13～1轴立面图（背里面）
6	建施—6	1—1剖面图　楼梯剖面大样图
7	建施—7	2—2剖面图　墙大样图
8	建施—8	楼梯平面大样图

门窗表

序号	编号	数量	洞口尺寸（长×高）/mm×mm	备注
1	M1	40	900×2000	01SJ606-QBM1
2	M2	10	900×2000	详见01SJ606-FHM.A.0920
3	M3	10	800×2000	仿01SJ606-QBM3-0920
4	M4	10	700×2000	详见01SJ606-0720
5	M5	10	600×2000	仿01SJ606-QBM1-020
6	TLM1	10	1800×2000	仿01SJ606-QBM1-020
7	C1	20	1800×1700	铝合金窗详见建施-7定做
8	C2	10	1200×1700	铝合金窗详见建施-7定做
9	C3	10	900×1700	铝合金窗详见建施-7定做
10	C4	7	1200×600	铝合金窗详见建施-7定做
11	C5	20	1500×1700	铝合金窗详见建施-7定做

职 业 技 术 学 院				设计项目	某住宅楼
设计制图	姓名	日期	建筑施工说明　图纸目录 门窗表　屋顶平面图	设计阶段	建筑施工图
校对	姓名	日期		编号	
审核			比例 见图　图号 A3	第1张　共8张	年　版

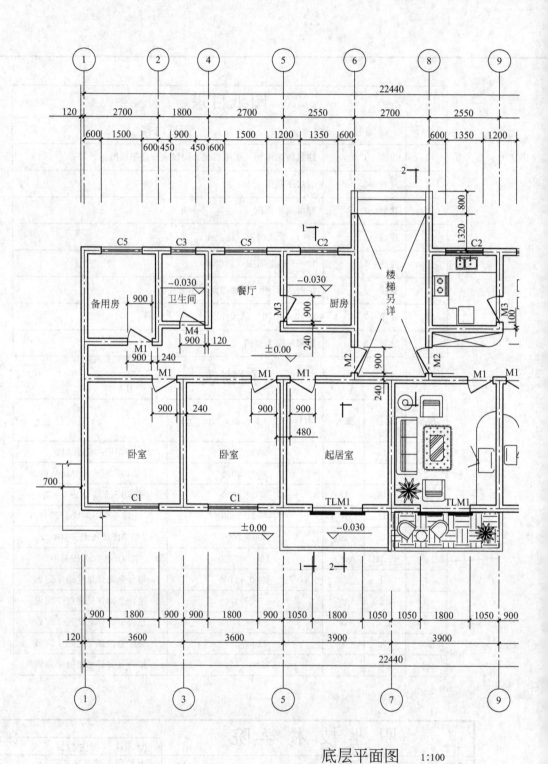

底层平面图 1:100

注：未标注的墙体厚度皆为240mm,轴线居中

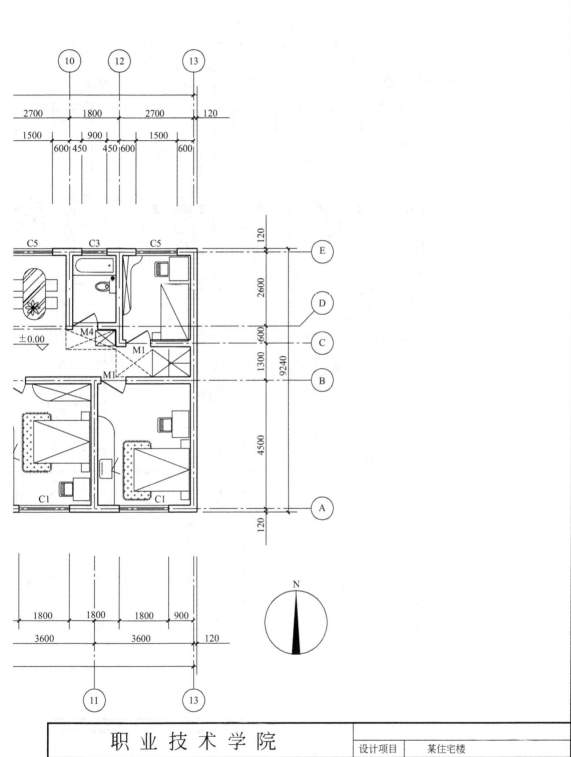

C5　C3　C5

±0.00

M4

M1

M1

C1　C1

⑩　⑫　⑬

2700　1800　2700　120

1500　900　1500

600 450　450 600　600

120

2600

600

1300

4500

120

9240

Ⓔ　Ⓓ　Ⓒ　Ⓑ　Ⓐ

1800　1800　1800　900

3600　3600　120

⑪　⑬

N

职 业 技 术 学 院				设计项目	某住宅楼			
设计 制图	姓名	日期	底层平面图	设计阶段	建筑施工图			
校对	姓名	日期		编　号				
审核			比例　见图　图号　A3	第2张	共8张		年	版

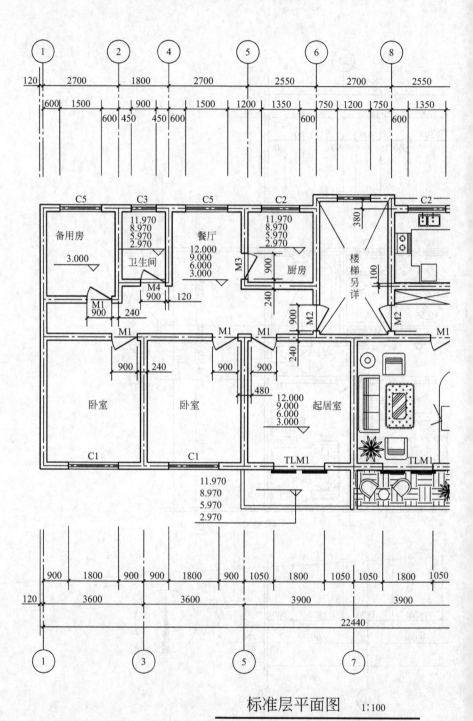

标准层平面图　　1:100

注：未标注的墙体厚度皆为240mm，轴线居中

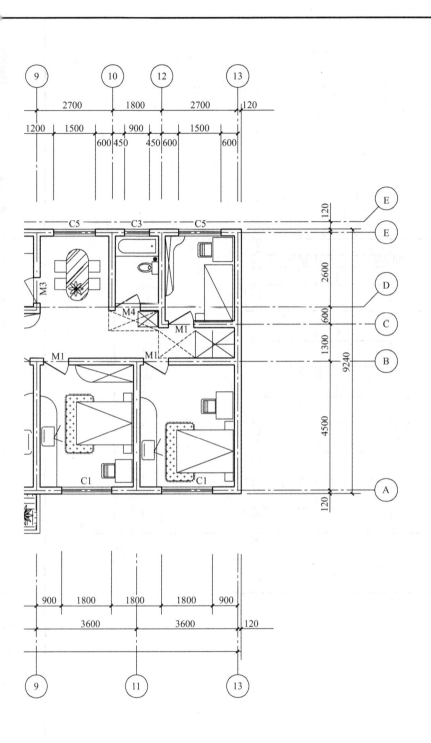

职 业 技 术 学 院				设计项目	某住宅楼
设计 制图	姓名	日期	标准层平面图	设计阶段	建筑施工图
				编 号	
校对 审核	姓名	日期			
			比例 见图	图号 A3	第3张	共8张	年 版

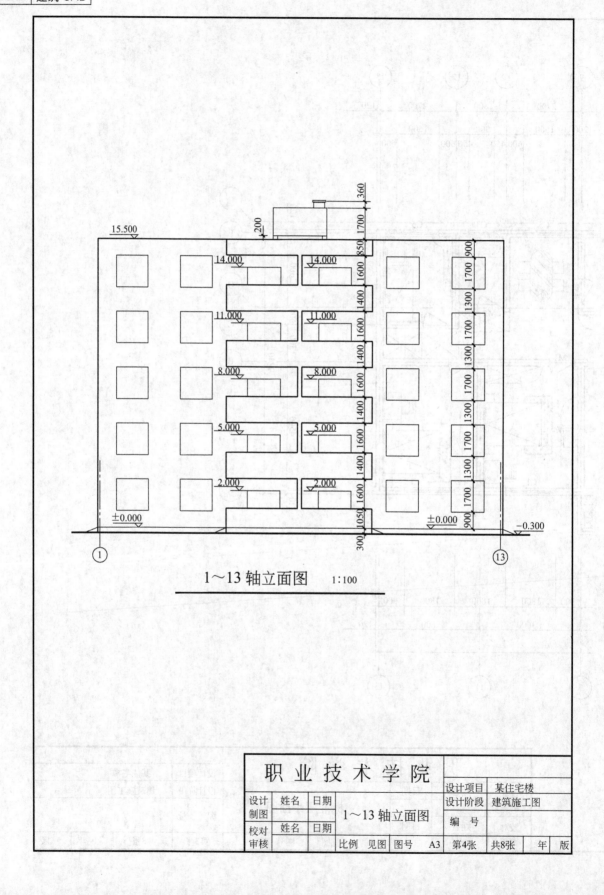

1～13 轴立面图   1:100

职 业 技 术 学 院				设计项目	某住宅楼
设计 制图	姓名	日期	1～13 轴立面图	设计阶段	建筑施工图
				编 号	
校对	姓名	日期			
审核			比例 见图	图号 A3	第4张	共8张	年 版

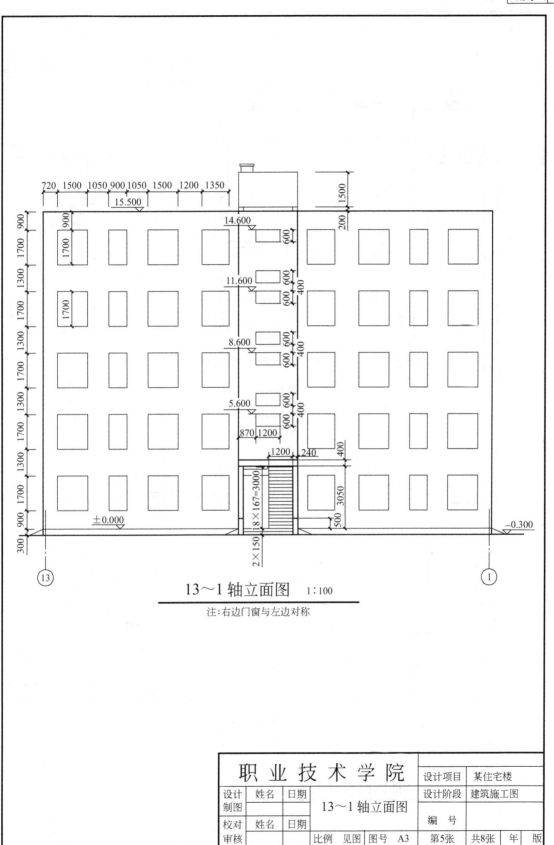

720 | 1500 | 1050 | 900 | 1050 | 1500 | 1200 | 1350

15.500

1500

14.600

600

200

11.600

600 600

400

8.600

600 600

400

5.600

600 600

400

870 | 1200

1200 | 240

400

3050

500

8×167=3000

2×150

900 | 1700 | 1300 | 1700 | 1300 | 1700 | 1300 | 1700 | 900

900

1700

1700

±0.000

−0.300

300

⑬

①

13～1 轴立面图　1:100

注:右边门窗与左边对称

职 业 技 术 学 院			设计项目	某住宅楼
设计制图	姓名	日期	设计阶段	建筑施工图
			13～1 轴立面图	
校对	姓名	日期	编　号	
审核			比例 见图　图号 A3　第5张　共8张　年　版	

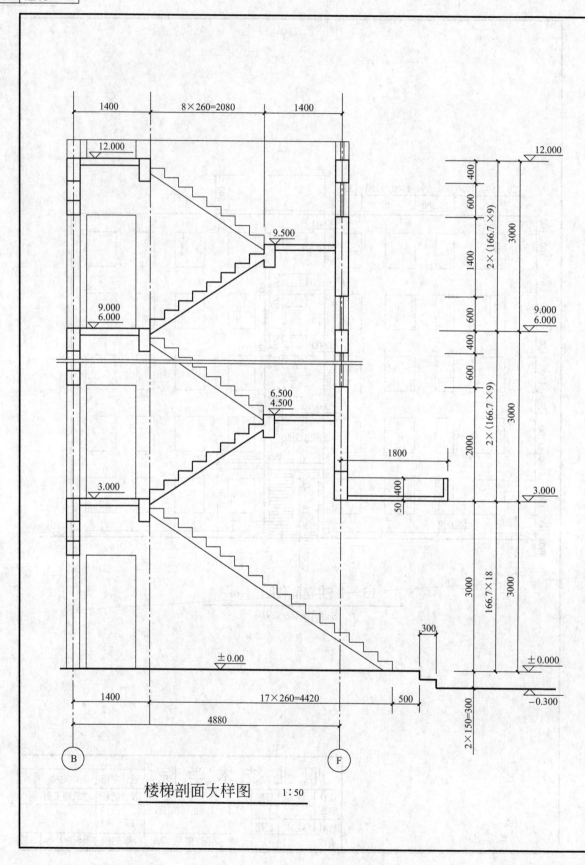

楼梯剖面大样图　　1:50

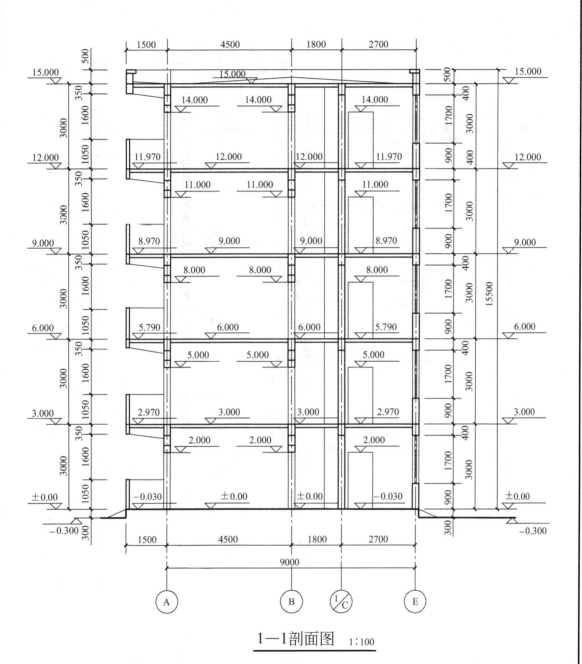

1—1剖面图 1:100

职 业 技 术 学 院			设计项目	某住宅楼			
设计制图	姓名	日期	楼梯剖面大样图1—1剖面图	设计阶段	建筑施工图		
校对	姓名	日期		编 号			
审核			比例 见图	图号 A3	第6张	共8张	年 版

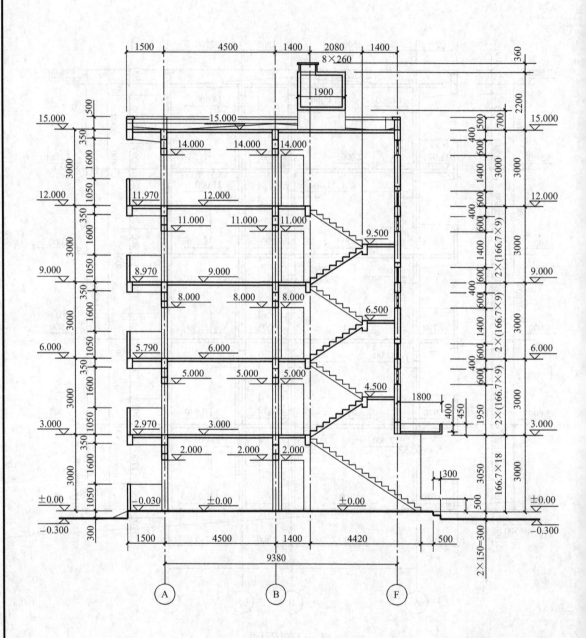

2—2剖面图　1:100

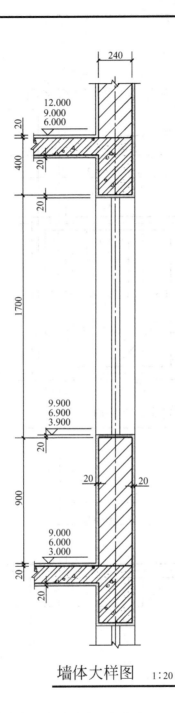

墙体大样图　　1:20

职 业 技 术 学 院					设计项目	某住宅楼
设计 制图	姓名	日期			设计阶段	建筑施工图
					编 号	
校对	姓名	日期				
审核			比例　见图	图号　A3	第7张　　共8张	年　　版

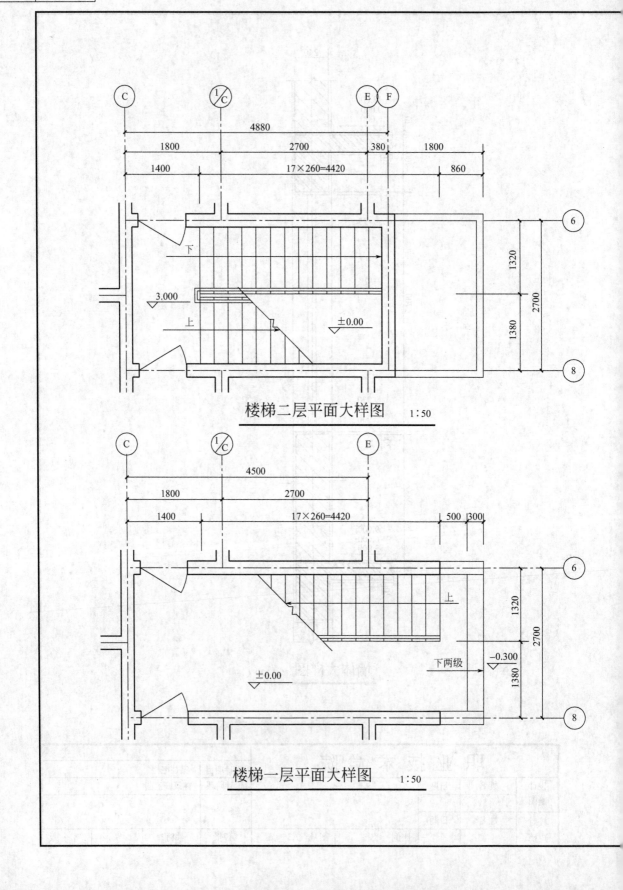

楼梯二层平面大样图　　1:50

楼梯一层平面大样图　　1:50

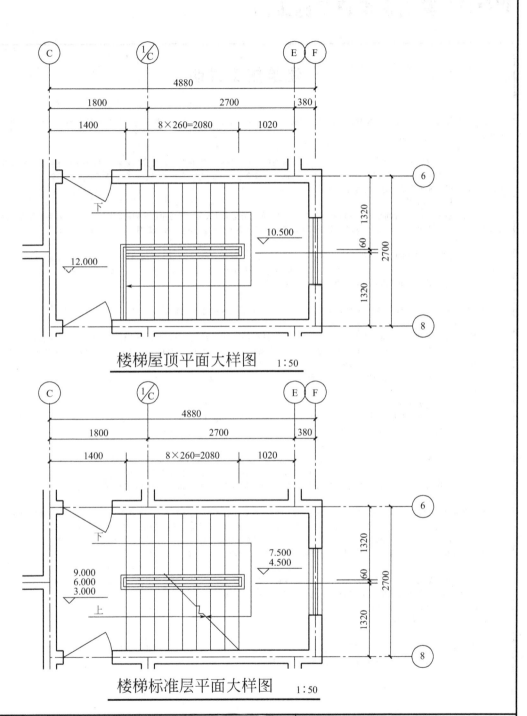

楼梯屋顶平面大样图　　1:50

楼梯标准层平面大样图　　1:50

职 业 技 术 学 院				设计项目	某住宅楼		
设计 制图	姓名	日期	楼梯平面大样图	设计阶段	建筑施工图		
校对 审核	姓名	日期		编 号			
			比例 见图	图号 A3	第8张	共8张	年　　　版

附录 2　某宿舍楼建筑施工图

建筑施工说明

一、设计依据

建设单位及有关领导部门审批文件；城建局、规划局、土地局、电管局、市政工程局等有关部门审批文件；国家颁发的有关建筑规范及规定。

二、总则

凡设计及验收规范（如屋面、砌体、地面等）对建筑物所用材料规格、施工要求等有关的规定，本说明不再重复，均按有关规定执行；设计中采用标准图、通用图等，不论采用其局部节点或全部详图，均应按照各图要求全面施工；不工程施工时，必须与结构、电气、水暖、通风等专业的图纸密切配合。

三、设计标高及标注

本建筑的室内±0.000 标高相当于绝对标高 8.900（如有变动请与设计人员、甲方单位协同解决）；剖面层所注各层标高，除屋面为结构标高外，其他均为建筑标高；本图纸中的标注，除标高以米为单位外，其他未特别说明的，均以毫米为单位。

四、墙体

1. ±0.000 以下内外墙体采用 MU10 蒸压灰砂砖、M7.5 水泥砂浆砌筑；±0.000 以上外维护墙、阳台栏板、楼梯间与卫生间墙体选用 MU10 蒸压灰砂砖、M 5.0 水泥砂浆砌筑；其余用 MU10、M5.0 混合砂浆砌筑。

2. 墙体配筋应符合建筑抗震规范 GB 50011—2001 中相关规定。

五、防潮层

防潮层采用 1:2 水泥砂浆掺 5% 的防水剂 20 厚，设于标高比该区域室内地坪低 60mm 处。

六、建筑构造

1. 外墙：刷乳胶漆（颜色由甲方自定）、6 厚 1:2.5 水泥砂浆粉面压实抹光，水刷带出小麻面、12 厚 1:3 水泥砂浆打底。

2. 内墙：卫生间内墙（瓷砖墙面）：5 厚釉面砖白水泥浆擦缝（釉面砖颜色、规格由甲方自定）、2~3 厚建筑陶瓷粘结剂、6 厚 1:2.5 水泥砂浆粉面、12 厚 1:3 水泥砂浆打底。

其他内墙：刷乳胶漆（颜色由甲方自定）、5 厚 1:0.3:3 水泥石灰膏砂浆、12 厚 1:1:6 水泥石灰膏砂浆打底。

3. 屋面

檐口处：20 厚防水砂浆加 5% 防水剂、20 厚 1:3 水泥砂浆找坡、预制板。

其他屋面：4 厚 SBS 防水卷材两道、银光粉保护膜、20 厚 1:3 水泥砂浆找平层、40 厚（最薄处）1:8 水泥珍珠岩 2% 找坡、20 厚 1:3 水泥砂浆找平层、40 厚 C20 细石混凝土整浇层，内配 φ4 钢筋，200 中-中、预制板。

4. 楼面

卫生间楼面（地砖楼面）：8~10 厚地砖楼面，干水泥擦缝、5 厚 1:1 水泥砂浆结合层、15 厚 1:3 水泥砂浆找平层、聚氨酯三遍涂膜厚 1.5~1.8 防水层、20 厚 1:3 水泥砂浆找平层，四周抹小八方角、捣制钢筋混凝土楼板。

一般楼面：10 厚 1:2 水泥砂浆面层压实抹光、15 厚 1:3 水泥砂浆找平层、预制或捣制钢筋混凝土楼板。

5. 地面

卫生间地面（地砖地面）：8~10 厚地面砖，干水泥擦缝、撒素水泥面（洒适当清水）、10 厚 1:2 干硬性水泥砂浆结合层、刷素水泥浆一道，二毡三油防水层、20 厚 1:3 水泥砂浆粉光抹平、60 厚 C10 素混凝土随捣随抹、100 厚碎石或碎砖夯实、素土夯实。

一般地面：20 厚 1:3 水泥砂浆，压实抹光、60 厚 C10 素混凝土随捣随抹、100 厚碎石或碎砖夯实、素土夯实。

注：一防水层周边卷起高 150，所有楼面与墙面、竖管、转角处均加 300 宽一布二油。

6. 顶棚

刷平顶涂料（颜色由甲方自定）、6 厚 1:2.5 水泥砂浆粉面、6 厚 1:3 水泥砂浆打底、刷素水泥浆一道（内掺水重 3%~5% 的 107 胶）、捣制或预制钢筋混凝土板（预制板底用水加 10% 火碱清洗油腻）。

七、踢脚（与楼地面相同面层，高度 150）

12 厚 1:2 水泥砂浆打底。

八、门窗

立樘位置：门居中；窗居中、门窗材料详见门窗表，塑钢窗窗框、门窗玻璃厚度等应由门窗厂根据工程使用要求、材料性能具体设计确定、不露钢构件做二度调和漆、加工安装应严格按照国家现行的施工及验收规范执行。

九、露水管

露水管及水斗选用 UPVC 材料，雨水管的管径为 φ100。

十、散水

12 厚 1:2 水泥砂浆抹面、100 厚 C15 混凝土、80 厚碎石垫层 m 设一道伸缩缝，缝内填沥青麻丝。

十一、所有管道穿墙孔均应事先预留。

十二、建筑色彩

牵涉建筑立面整体效果的颜色，请施工单位先做试块，经业主确认、同意后方可施工。

图纸目录

序号	图纸名称	图 号			张数	折合二号图	备注
		本设计	复用图	标准图			
1	图纸目录、建筑施工说明、门窗表	建施-1			1	2#	
2	门、窗大样图、一层平面图、屋顶平面图	建施-2			1	2#	
3	二层平面图、1—1剖面图、2—2剖面图	建施-3			1	2#	
4	三层平面图、A—D轴立面图、D—A轴立面图	建施-4			1	2#	
5	1—15轴立面图、15—1轴立面图	建施-5			1	2#	
6	一层楼梯平面图、二层楼梯平面图、卫生间2大样图	建施-6			1	2#	
7	三层楼梯平面图、卫生间1大样图、楼梯剖面大样图	建施-7			1	2#	
8							
9							
10							
11							
12							
13							
14							
15							

本设计	张	复用设计	张	标准图	张
折一号图	张	折一号图	张	折一号图	张

江苏科瑞工程设计有限公司		工程名称	南京化工职业技术学院
		设计项目	实训基地宿舍楼
设 计		设计阶段	施工图
制 图			
校 核	图纸目录		
审 核		第1张	共1张

门窗表

序号	编号	数量	洞口尺寸（长×高）/mm×mm	备注
1	M1	30	900×2000	木门，详见建施-8
2	M2	6	900×2000	木门，详见建施-8
3	M3	1	800×1830	木门，详见建施-8
4	C1	42	1800×1800	塑钢窗，详见建施-8
5	C2	30	1200×1800	塑钢窗，详见建施-8
6	C3	12	1800×600	塑钢窗，详见建施-8

职 业 技 术 学 院			设计项目	某宿舍楼
			设计阶段	建筑施工图
设计	姓名	日期	建筑施工说明 图纸目录	
制图			门窗表	
校对	姓名	日期		编 号
审核			比例:见详图	图号:A2	第1张	共7张	年	版

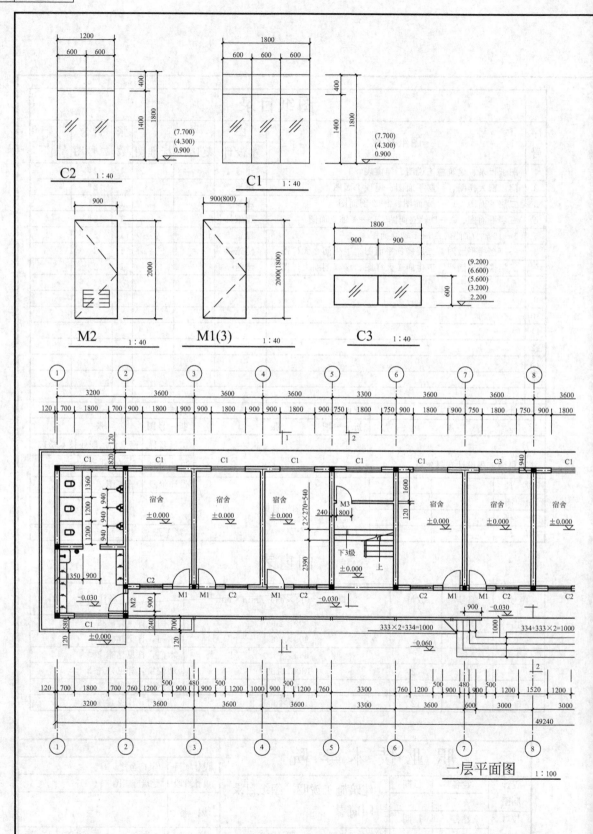

C2 1:40

C1 1:40

M2 1:40

M1(3) 1:40

C3 1:40

一层平面图 1:100

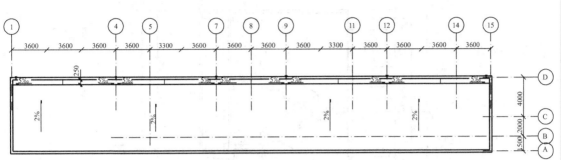

屋顶平面图　1:200

说明：
1. 卫生间隔断采用PVC成品，参见90SJ502
   国标图集。
2. 卫生间楼地面坡度＞1%，楼地面沿墙周边
   低于同层宿舍楼地面标高30，地漏上表面
   低于同层宿舍楼地面标高50。
3. 洗手池台板根据具体情况以现场尺寸加工
   定做，其他卫生器具均为成品订货，本
   图仅为示意图。
4. 窗为塑钢窗，塑钢窗窗框、窗玻璃颜色由
   甲方自定。
5. 门为木门，刷油漆，颜色由甲方自定，M2
   仿03J601-2中第八页M3定做。

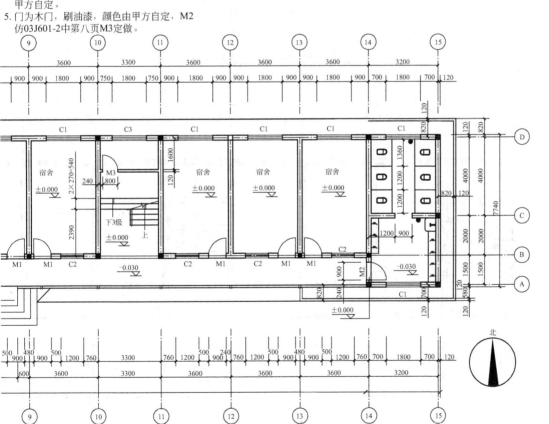

职 业 技 术 学 院			设计项目	某宿舍楼
设计制图	姓名	日期	设计阶段	建筑施工图
			门、窗大样图、一层平面图、屋顶平面图	编号
校对	姓名	日期		
审核			比例：见详图　图号：A2	第2张 共7张 年 版

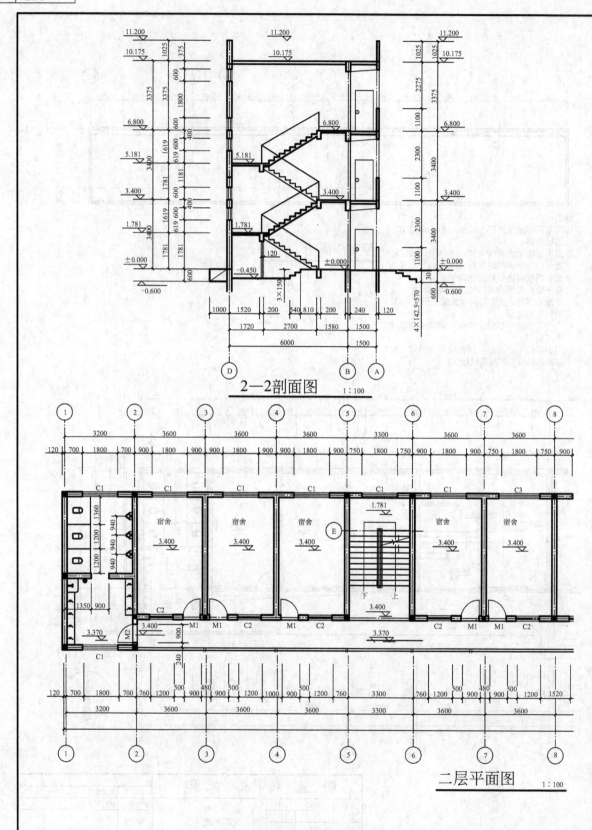

2—2剖面图　1：100

二层平面图　1：100

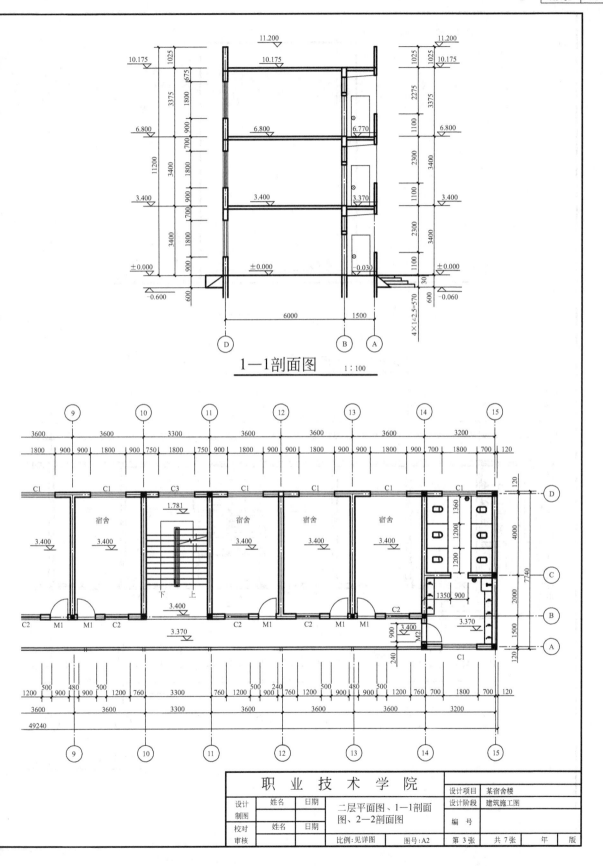

1—1剖面图　　1：100

职 业 技 术 学 院				设计项目	某宿舍楼	
设计	姓名	日期	二层平面图、1—1剖面图、2—2剖面图	设计阶段	建筑施工图	
制图				编 号		
校对	姓名	日期				
审核			比例:见详图	图号:A2	第 3 张	共 7 张	年	版

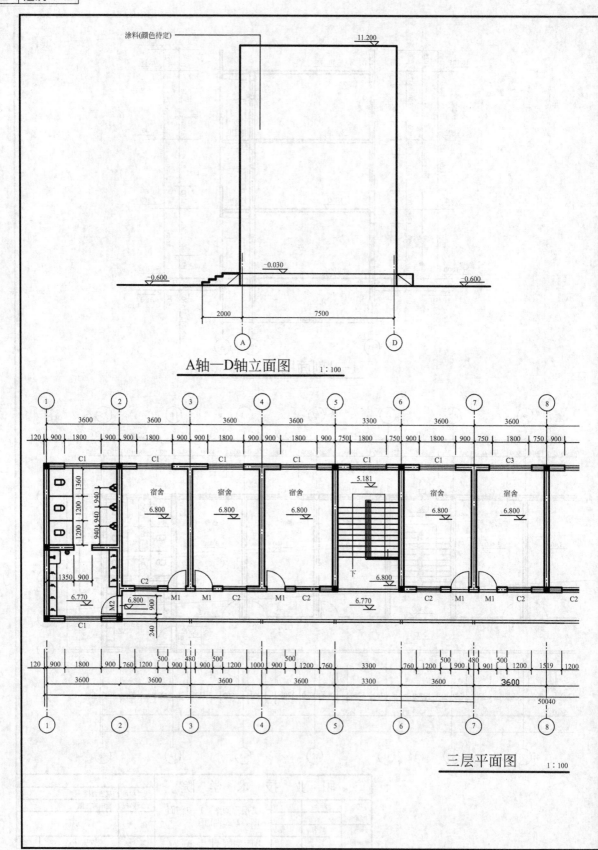

涂料(颜色待定)

11.200

−0.030

−0.600   −0.600

2000   7500

A   D

A轴—D轴立面图 1 : 100

1   2   3   4   5   6   7   8

3600   3600   3600   3600   3300   3600   3600

120 900 1800 900 900 1800 900 900 1800 900 750 1800 750 900 1800 900 750 1800 750 900

C1   C1   C1   C1   C1   C1   C3

5.181

宿舍   宿舍   宿舍   宿舍   宿舍
6.800   6.800   6.800   6.800   6.800

6.800

6.770   C2   6.800   M1 M1 C2   M1 C2   6.770   C2 M1 M1 C2   C2

M2

C1   240

120 900 1800 900 760 1200 900 480 500 1200 1000 900 500 1200 760   3300   760 1200 500 900 480 901 500 1200 1519 1200

3600   3600   3600   3600   3300   3600   3600

50040

1   2   3   4   5   6   7   8

三层平面图 1 : 100

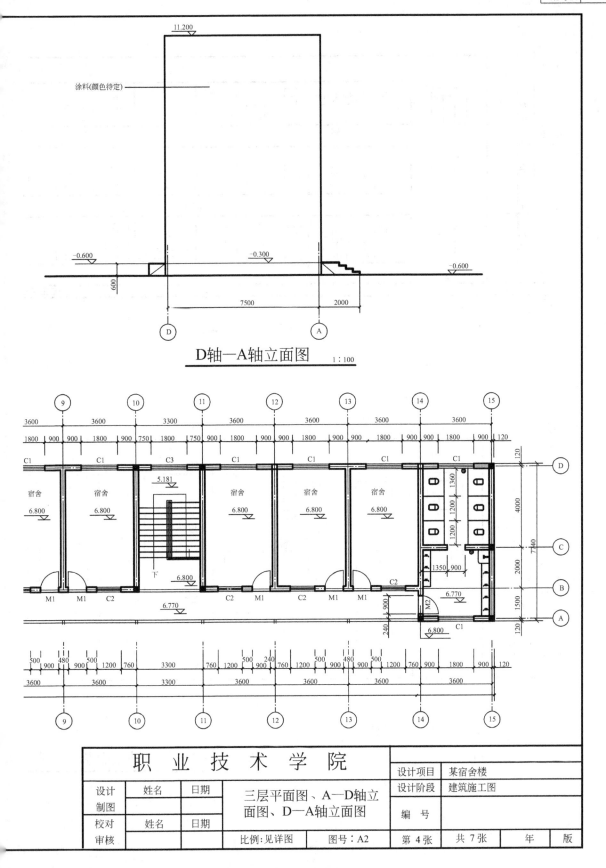

11.200

涂料(颜色待定)

−0.600

−0.300

−0.600

600

7500 2000

D A

D轴—A轴立面图 1:100

9 10 11 12 13 14 15

3600 3600 3300 3600 3600 3600 3600

1800 900 900 1800 900 750 1800 750 1800 900 900 1800 900 900 1800 900 900 1800 900 120

120

C1 C1 C3 C1 C1 C1 C1

D

宿舍 宿舍 5.181 宿舍 宿舍 宿舍 1360 1200 1200 4000
6.800 6.800 6.800 6.800 6.800

下 6.800

7740

C

1350 900

6.800 C2 2000

M1 M1 C2 C2 M1 C2 M1 M1 6.770 B

6.770 M2 A

240 900 1500

6.800 C1 120

500 900 480 900 500 1200 760 3300 760 1200 500 240 760 1200 500 900 480 500 1200 760 900 1800 900 120

3600 3600 3300 3600 3600 3600 3600

9 10 11 12 13 14 15

职 业 技 术 学 院				设计项目	某宿舍楼
设计 制图	姓名	日期	三层平面图、A—D轴立面图、D—A轴立面图	设计阶段	建筑施工图
校对	姓名	日期		编 号	
审核			比例:见详图 图号:A2	第 4 张 共 7 张	年 版

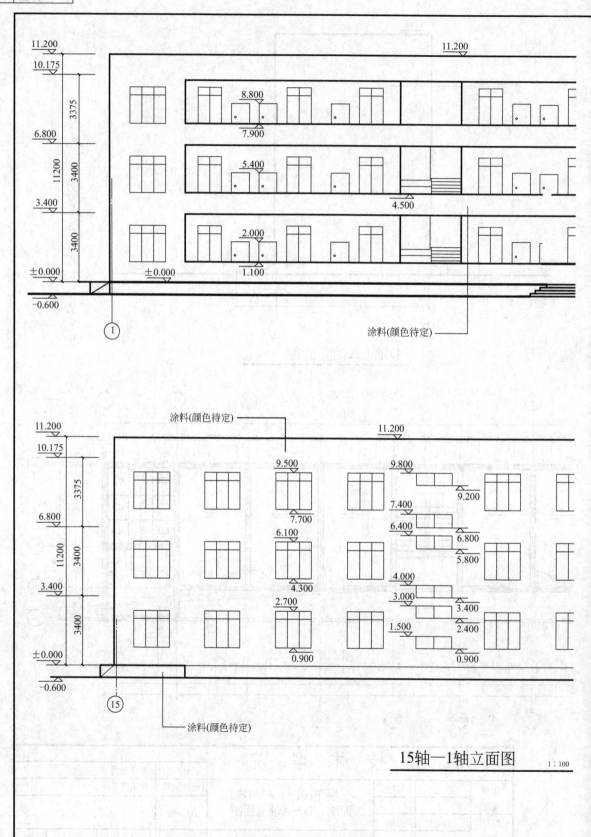

涂料(颜色待定)

涂料(颜色待定)

涂料(颜色待定)

15轴—1轴立面图 1:100

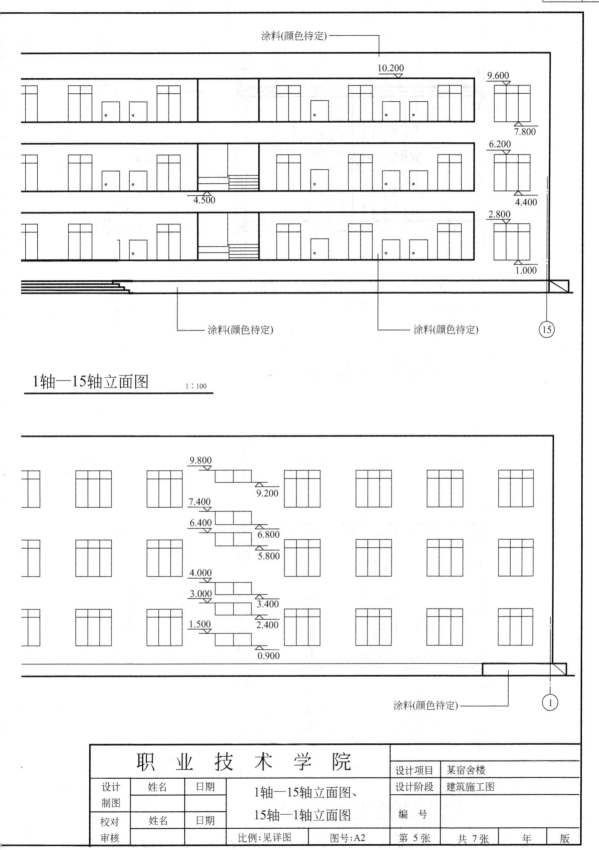

涂料(颜色待定)

10.200

9.600

7.800

4.500

6.200

4.400

2.800

1.000

涂料(颜色待定)　　　涂料(颜色待定)　　　⑮

1轴—15轴立面图　　1：100

9.800

9.200

7.400

6.400

6.800

5.800

4.000

3.000

3.400

5.800

1.500

2.400

0.900

涂料(颜色待定)　　　①

职　业　技　术　学　院			设计项目	某宿舍楼	
设计 制图	姓名	日期	设计阶段	建筑施工图	
			编　号		
校对	姓名	日期	1轴—15轴立面图、 15轴—1轴立面图		
审核			比例:见详图	图号:A2	第 5 张　　共 7 张　　年　　版

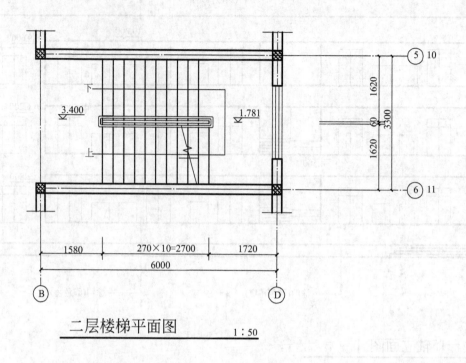

二层楼梯平面图　　　1：50

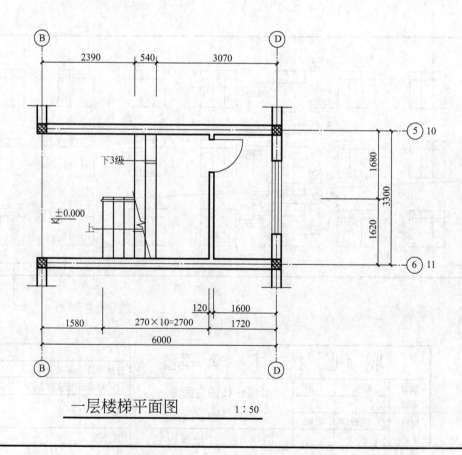

一层楼梯平面图　　　1：50

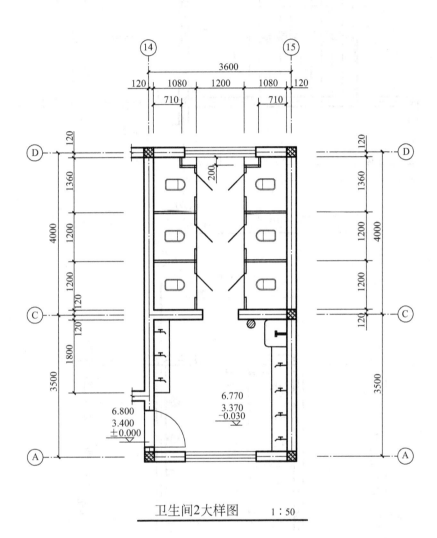

卫生间2大样图　　　　1：50

职　业　技　术　学　院				设计项目	某宿舍楼	
设计制图	姓名	日期	一层楼梯平面图、二层楼梯平面图、卫生间2大样图	设计阶段	建筑施工图	
				编　号		
校对审核	姓名	日期				
			比例:见详图	图号:A2	第 6 张	共 7 张	年	版

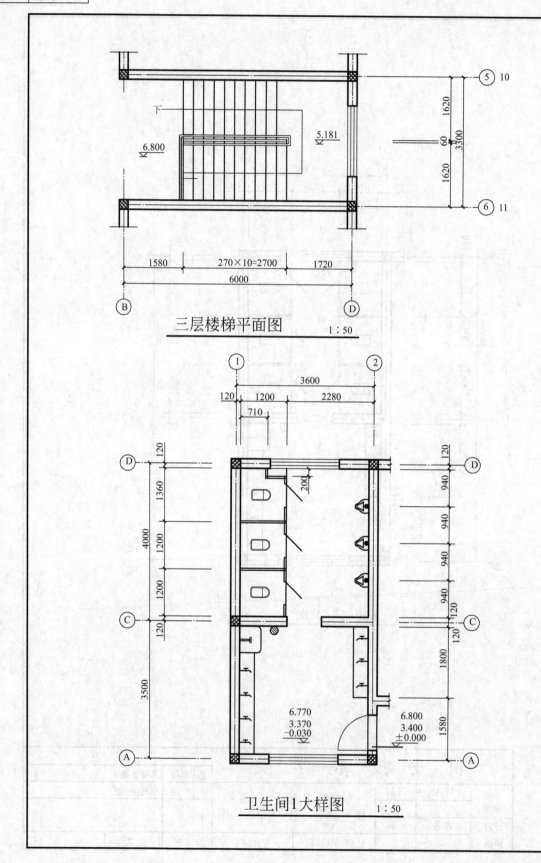

三层楼梯平面图　　1 : 50

卫生间1大样图　　1 : 50

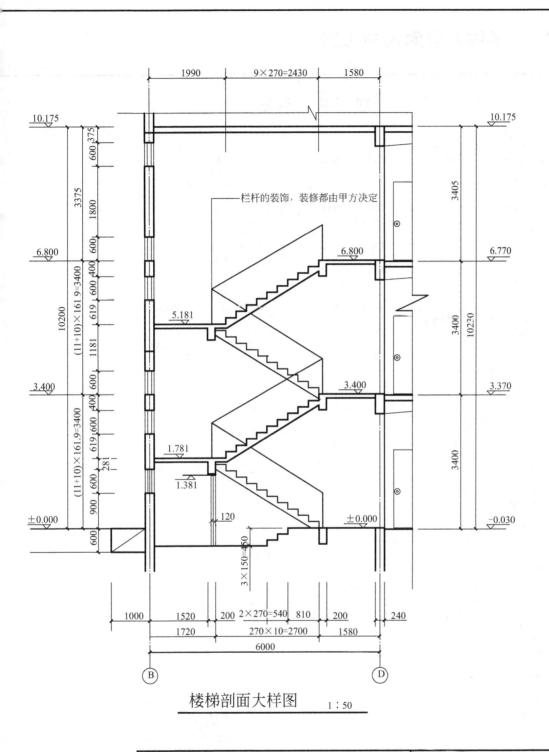

楼梯的装饰，装修都由甲方决定

楼梯剖面大样图　　1：50

职 业 技 术 学 院			设计项目	某宿舍楼
设计制图	姓名	日期	设计阶段	建筑施工图
			三层楼梯平面图、卫生间1	
校对	姓名	日期	大样图、楼梯剖面大样图	编　号
审核			比例:见详图　图号:A2　第7张　共7张　年　版	

附录3 某综合楼建筑施工图

建筑施工说明

一、设计依据

1. 建设单位及有关领导部门审批文件。

2. 城建局、规划局、土地局、电管局、市政工程局等有关部门审批文件。

3. 国家颁发的有关建筑规范及规定。

二、总则

1. 凡设计及验收规范（如屋面、砌体、地面等）对建筑物所用材料规格、施工要求等有关的规定，本说明不再重复，均按有关规定执行。

2. 设计中采用标准图、通用图等，不论采用其局部节点或全部详图，均应按照各图要求全面施工。

3. 不工程施工时，必须与结构、电气、水暖、通风等专业的图纸密切配合。

三、设计标高及标注

1. 本建筑的室内±0.000标高相当于绝对标高8.900（如有变动请与设计人员、甲方单位协同解决）。

2. 剖面层所注各层标高，除屋面为结构标高外，其他均为建筑标高。

3. 本图纸中的标注，除标高以米为单位外，其他未特别说明的，均以毫米为单位。

四、墙体

1. ±0.000以下内外墙体采用MU10蒸压灰砂砖、M7.5水泥砂浆砌筑；±0.000以上外维护墙、阳台栏板、楼梯间与卫生间墙体选用MU10硅酸钙砌块、M5.0水泥砂浆砌筑；其余用MU10硅酸钙砌块、M5.0混合砂浆砌筑。

2. 墙体配筋应符合建筑抗震规范GB 50011—2001及苏J 9509中硅酸钙砌块墙的相关规定。

五、防潮层

防潮层采用1:2水泥砂浆掺5%的防水剂20厚，设于标高比该区域室内地坪低60mm处。

六、建筑构造

1. 外墙

① 刷乳胶漆（颜色由甲方自定）。

② 6厚1:2.5水泥砂浆粉面压实抹光，水刷带出小麻面。

③ 12厚1:3水泥砂浆打底。

2. 内墙

(1) 卫生间内墙（瓷砖墙面）

① 5厚釉面砖白水泥浆擦缝（釉面砖颜色、规格由甲方自定）。

② 2~3厚建筑陶瓷黏结剂。

③ 6厚1:2.5水泥砂浆粉面。

④ 12厚1:3水泥砂浆打底。

(2) 其他内墙

① 刷乳胶漆（颜色由甲方自定）。

② 5厚1:0.3:3水泥石灰膏砂浆。

③ 12厚1:1:6水泥石灰膏砂浆打底。

3. 屋面

(1) 檐口处

① 20厚防水砂浆加5%防水剂。

② 20厚1:3水泥砂浆找坡。

③ 预制板。

(2) 其他屋面

① 4厚SBS防水卷材两道，银光粉保护膜。

② 20厚1:3水泥砂浆找平层。

③ 40厚（最薄处）1:8水泥珍珠岩2%找坡。

④ 20厚1:3水泥砂浆找平层。

⑤ 40厚C20细石混凝土整浇层，内配φ4钢筋，200中-中

⑥ 预制板

4. 楼面

(1) 卫生间楼面（地砖楼面）

① 8~10厚地砖楼面，干水泥擦缝。

② 5厚1:1水泥砂浆结合层。

③ 15厚1:3水泥砂浆找平层。

④ 聚氨酯三遍涂膜厚1.5~1.8防水层。

⑤ 20厚1:3水泥砂浆找平层，四周抹小八方角。

⑥ 捣制钢筋混凝土楼板。

(2) 一般楼面

① 10厚1:2水泥砂浆面层压实抹光。

② 15厚1:3水泥砂浆找平层。

③ 预制或捣制钢筋混凝土楼板。

5. 地面

(1) 卫生间地面（地砖地面）

① 8~10厚地面砖，干水泥擦缝。

② 撒素水泥面（洒适当清水）。

③ 10厚1:2干硬性水泥砂浆结合层。

④ 刷素水泥浆一道，二毡三油防水层。

⑤ 20厚1:3水泥砂浆粉光找平。

⑥ 60厚C10素混凝土随捣随抹。

⑦ 100厚碎石或碎砖夯实。

⑧ 素土夯实。

(2) 一般地面

① 20厚1:3水泥砂浆，压实抹光。

② 60厚C10素混凝土随捣随抹。

③ 100厚碎石或碎砖夯实。

④ 素土夯实。

注：防水层周边卷起高150，所有楼面与墙面、竖管、转角处均附加300宽一布二油。

6. 顶棚

① 刷平顶涂料（颜色由甲方自定）。

② 6厚1:2.5水泥砂浆粉面。

③ 6厚1:3水泥砂浆打底。

④ 刷素水泥浆一道（内掺水重3%~5%的107胶）。

⑤ 捣制或预制钢筋混凝土板（预制板底用水加10%火碱清洗油腻）。

七、踢脚（与楼地面相同面层，高度150）

12厚1:2水泥砂浆打底。

八、门窗

1. 立梃位置：门居中；窗居中。

2. 门窗材料详见门窗表，塑钢窗窗框、门窗玻璃厚度等应由门窗厂根据工程使用要求、材料性能具体设计确定。

3. 不露钢构件做二度调和漆。

4. 加工安装应严格按照国家现行的施工及验收规范执行。

九、露水管

露水管及水斗选用UPVC材料，雨水管的管径为φ100。

十、散水

① 12厚1:2水泥砂浆抹面。

② 100厚C15混凝土。

③ 80厚碎石垫层，30m设一道伸缩缝，缝内填沥青麻丝。

十一、所有管道穿墙孔均应事先预留

十二、建筑色彩

牵涉建筑立面整体效果的颜色，请施工单位先做试块，经业主确认、同意后方可施工。

图纸目录

序号	图纸名称	图　号			张数	折合二号图	备注
		本设计	复用图	标准图			
1	建筑施工说明、图纸目录、门窗表	建施-1			1	2#	
2	一层平面图	建施-2			1	2#	
3	二层平面图	建施-3			1	2#	
4	三层平面图	建施-4			1	2#	
5	屋顶平面图 A 轴—E 轴、E 轴—A 轴立面图	建施-5			1	2#	
6	1 轴—14 轴立面图 14 轴—1 轴立面图	建施-6			1	2#	
7	1—1、2—2 剖面图、门窗大样图	建施-7			1	2#	
8	楼梯大样图	建施-8			1	2#	
9							
10							
11							
12							
13							
14							
15							
16							
17							

本设计　　张	复用设计　　张	标准图　　张
折一号图　　张	折一号图　　张	折一号图　　张

江苏科瑞工程设计有限公司

工程名称	南京化工职业技术学院
设计项目	实训基地综合楼
设计阶段	施工图

设计	
制图	
校核	
审核	

图纸目录

第 1 张　共 1 张

门窗表

序号	编号	数量	洞口尺寸（长×高）/mm×mm	备注
1	M1	25	1000×2200	木门，详见建施-8
2	M2	5	800×1850	木门，详见建施-8
3	M3	4	800×2200	木门，详见建施-8
4	C1	22	2400×2200	塑钢窗，详见建施-8
5	C2	4	600×2200	塑钢窗，详见建施-8
6	C3	18	1200×2200	塑钢窗，详见建施-8
7	C4	12	1500×600	塑钢窗，详见建施-8
8	C5	3	2400×2600	塑钢窗，详见建施-8
9	C6	2	600×2600	塑钢窗，详见建施-8
10	C7	7	1200×2600	塑钢窗，详见建施-8

职 业 技 术 学 院

设计项目	某综合楼
设计阶段	建筑施工图

设计	姓名	日期	建筑施工说明、图纸目录、门窗表
制图			
校对	姓名	日期	
审核			

编　号

比例：见图　图号：A2　第 1 张　共 8 张　年　版

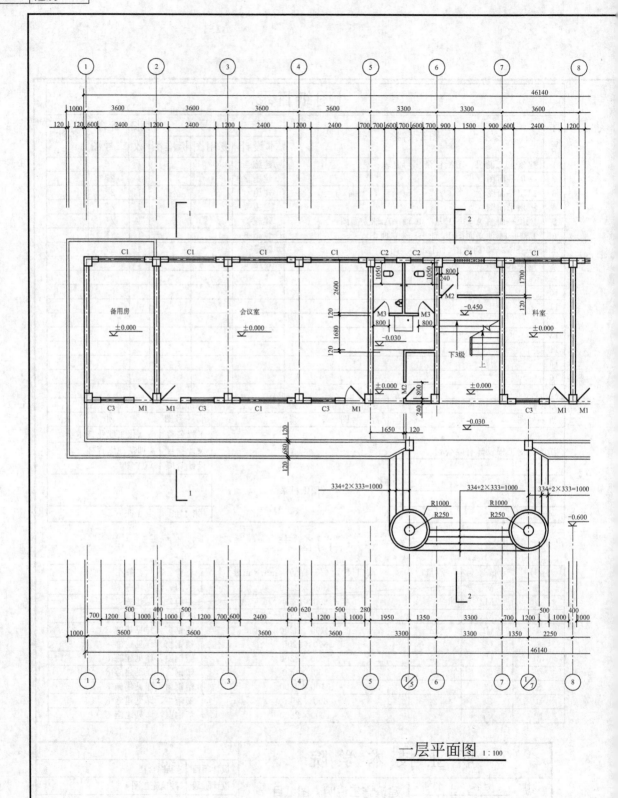

一层平面图 1:100

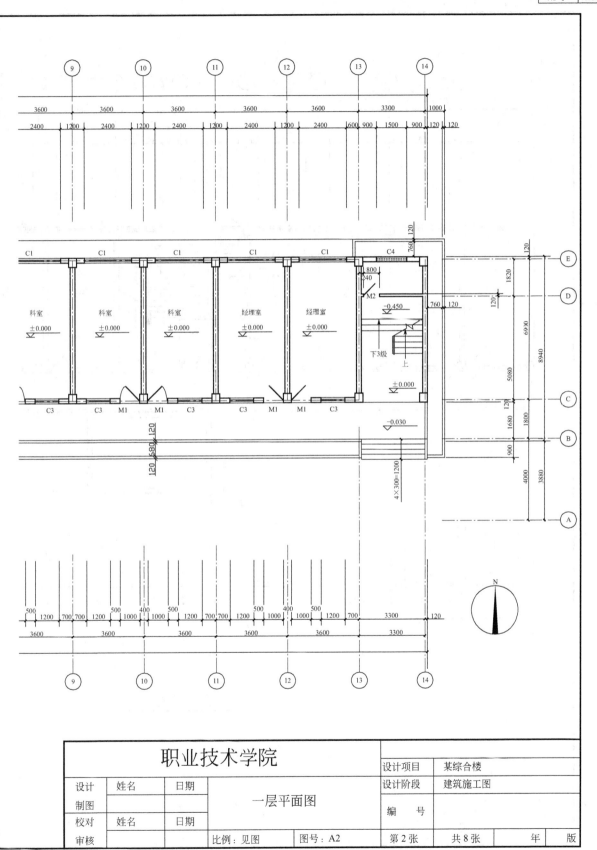

⑨ ⑩ ⑪ ⑫ ⑬ ⑭

3600 3600 3600 3600 3600 3300 1000

2400 1200 2400 1200 2400 1200 2400 600 900 1500 900 120 120

C1   C1   C1   C1   C1   C4

科室   科室   科室   经理室   经理室

±0.000 ±0.000 ±0.000 ±0.000 ±0.000

M2

−0.450

下3级 上

±0.000

C3 C3 M1 M1 C3 C3 M1 M1 C3

−0.030

120 580 120

4×300=1200

E D C B A

120 1820 6970 8940 5080 1680 1800 900 4000 3880 120

N

500 1200 700 700 1200 500 400 500 1200 700 700 500 1000 400 500 1200 700 3300 120

3600 3600 3600 3600 3600 3300

⑨ ⑩ ⑪ ⑫ ⑬ ⑭

职业技术学院				设计项目	某综合楼
设计	姓名	日期	一层平面图	设计阶段	建筑施工图
制图				编 号	
校对	姓名	日期			
审核			比例：见图	图号：A2	第2张	共8张	年 版

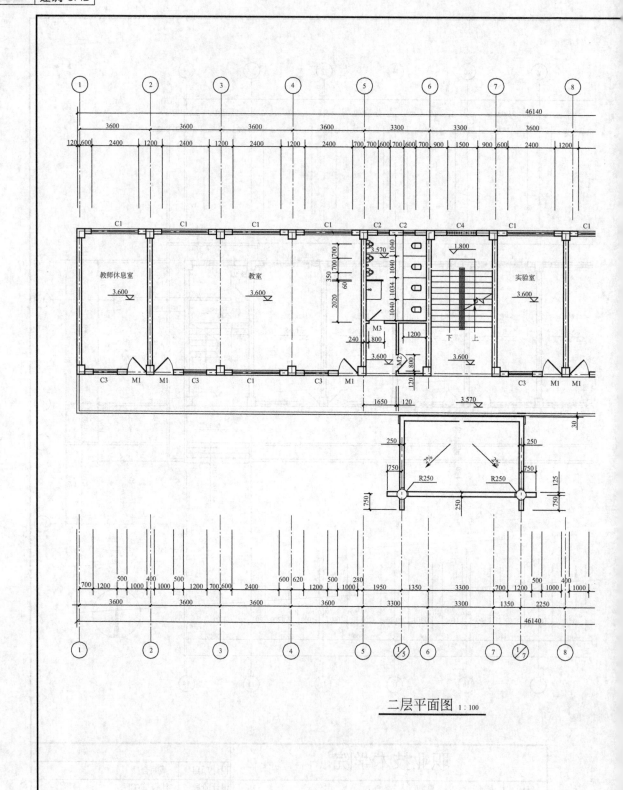

二层平面图 1:100

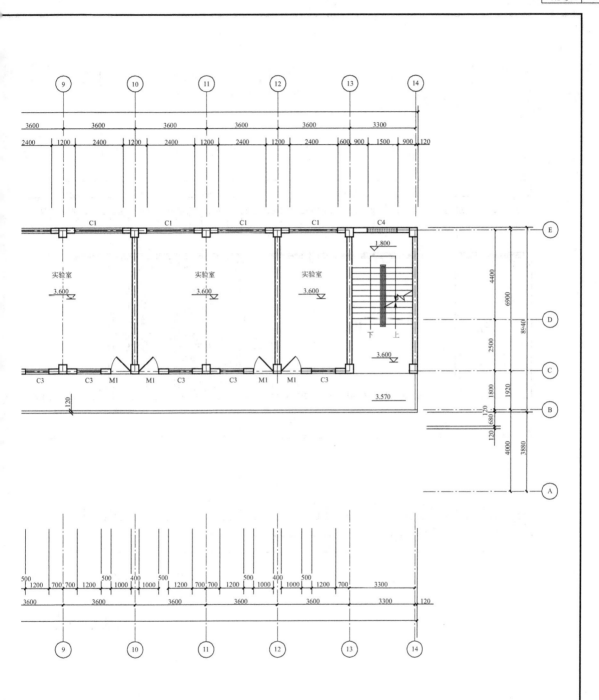

职业技术学院					设计项目	某综合楼		
设计	姓名		日期	二层平面图	设计阶段	建筑施工图		
制图					编 号			
校对	姓名		日期					
审核			比例：见图	图号：A2	第 3 张	共 8 张	年	版

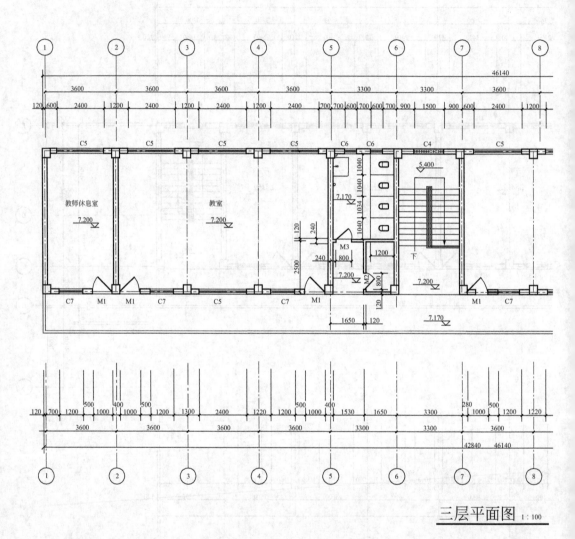

三层平面图 1：100

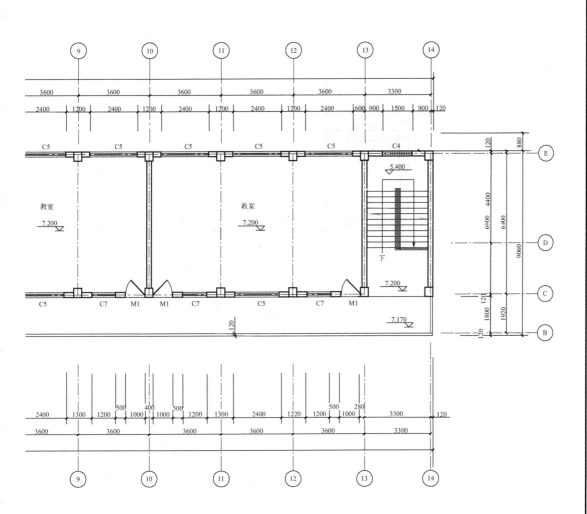

职业技术学院				设计项目	某综合楼
设计	姓名	日期	三层平面图	设计阶段	建筑施工图
制图				编　号	
校对	姓名	日期			
审核			比例：见图	图号：A2	第4张	共8张	年	版

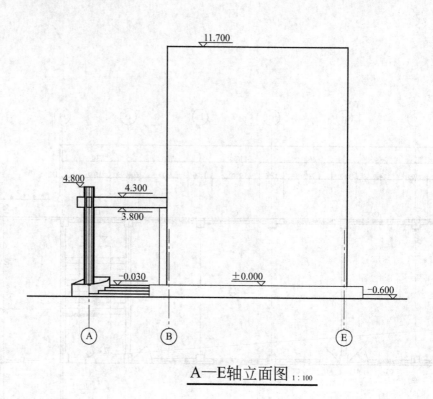

A—E轴立面图 1:100

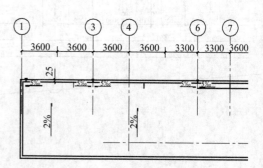

屋顶平面图 1:200

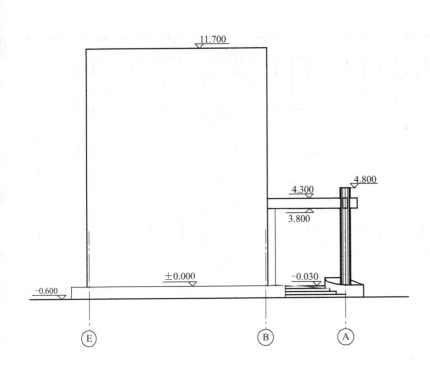

E—A轴立面图 1:100

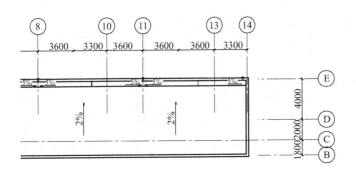

职业技术学院				设计项目	某综合楼			
设计 制图	姓名	日期	屋顶平面图、A—E轴立面 图、E—A轴立面图	设计阶段	建筑施工图			
校对	姓名	日期		编 号				
审核			比例：见图	图号：A2	第5张	共8张	年	版

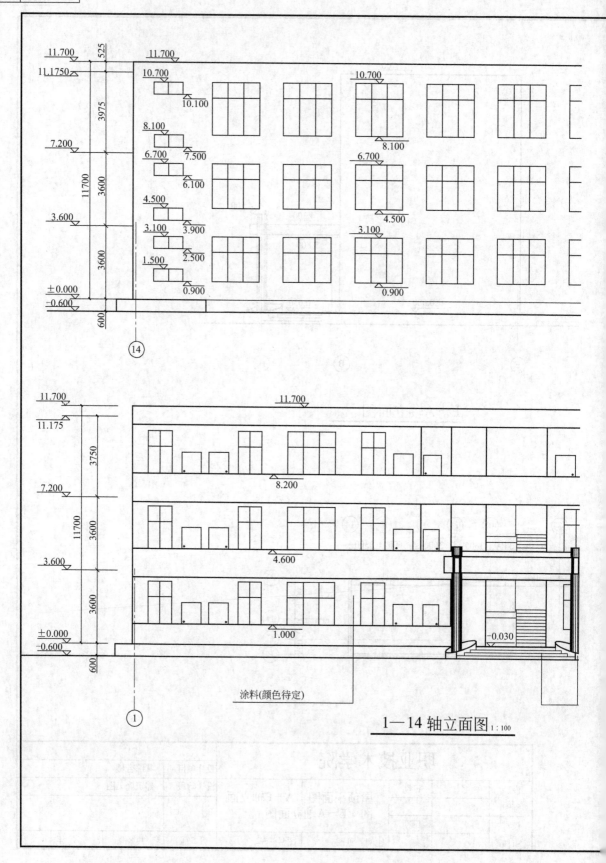

涂料(颜色待定)

1—14 轴立面图 1:100

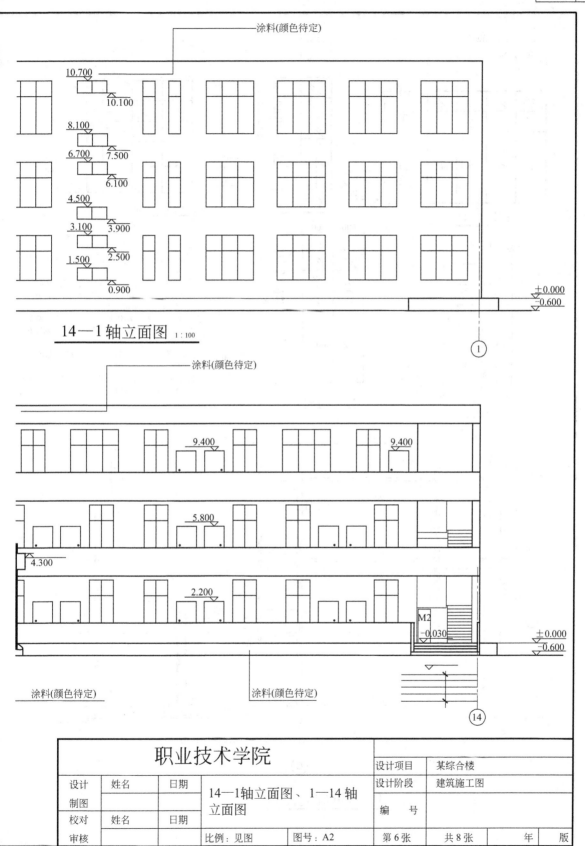

涂料(颜色待定)

10.700
10.100
8.100
6.700 7.500
6.100
4.500
3.100 3.900
1.500
2.500
0.900

±0.000
-0.600

14—1轴立面图 1:100

①

涂料(颜色待定)

9.400   9.400

5.800

4.300

2.200

M2
-0.030

±0.000
-0.600

涂料(颜色待定)   涂料(颜色待定)

⑭

职业技术学院				设计项目	某综合楼
设计	姓名	日期	14—1轴立面图、1—14轴立面图	设计阶段	建筑施工图
制图				编 号	
校对	姓名	日期			
审核		比例：见图	图号：A2	第6张 共8张	年 版

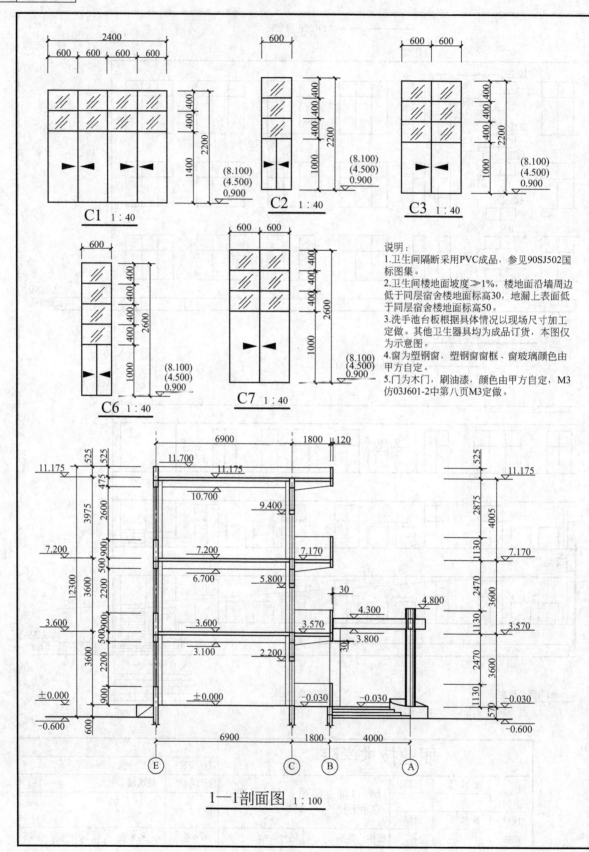

说明:
1.卫生间隔断采用PVC成品,参见90SJ502国标图集。
2.卫生间楼地面坡度≥1%,楼地面沿墙周边低于同层宿舍楼地面标高30,地漏上表面低于同层宿舍楼地面标高50。
3.洗手池台板根据具体情况以现场尺寸加工定做。其他卫生器具均为成品订货,本图仅为示意图。
4.窗为塑钢窗,塑钢窗窗框、窗玻璃颜色由甲方自定。
5.门为木门,刷油漆,颜色由甲方自定,M3仿03J601-2中第八页M3定做。

C1 1:40
C2 1:40
C3 1:40
C6 1:40
C7 1:40

1—1剖面图 1:100

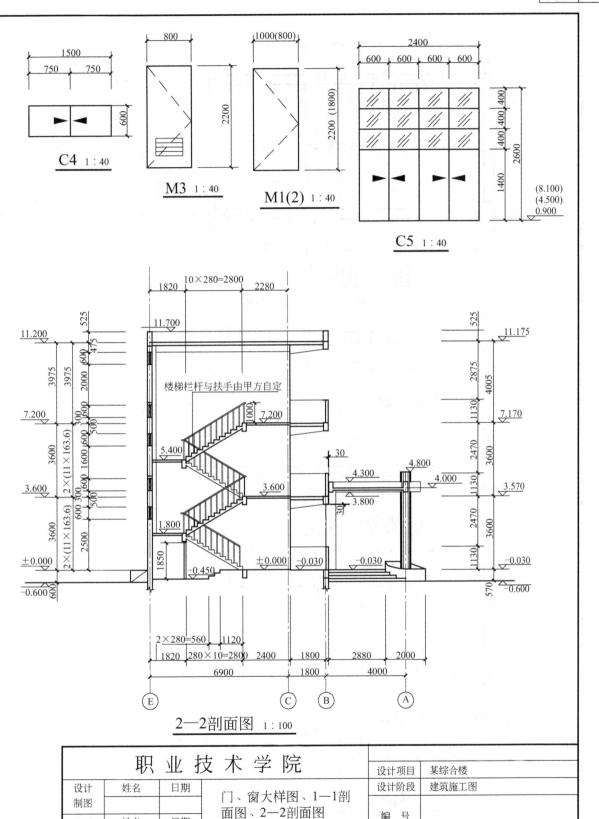

C4 1:40

M3 1:40

M1(2) 1:40

C5 1:40

楼梯栏杆与扶手由甲方自定

2—2剖面图 1:100

职 业 技 术 学 院			设计项目	某综合楼
设计制图	姓名	日期	设计阶段	建筑施工图
			门、窗大样图、1—1剖面图、2—2剖面图	编 号
校对审核	姓名	日期		
	比例：见图	图号：A2	第7张	共8张	年	版

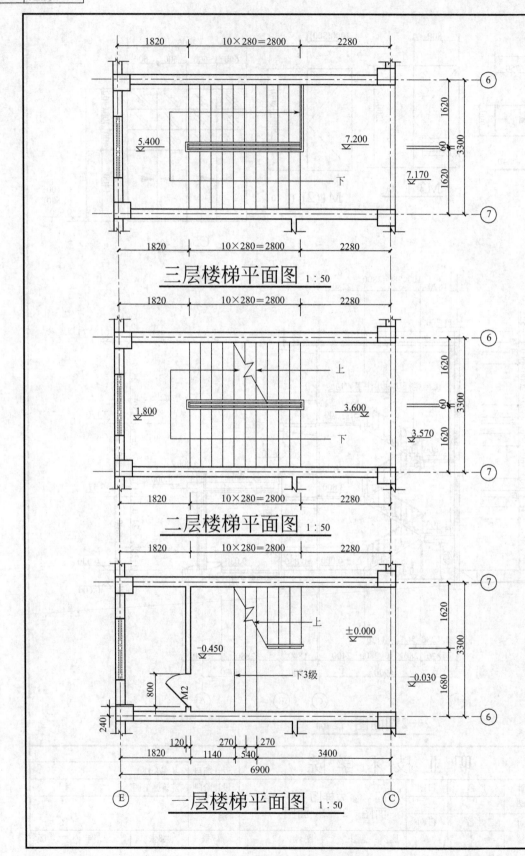

三层楼梯平面图 1:50

二层楼梯平面图 1:50

一层楼梯平面图 1:50

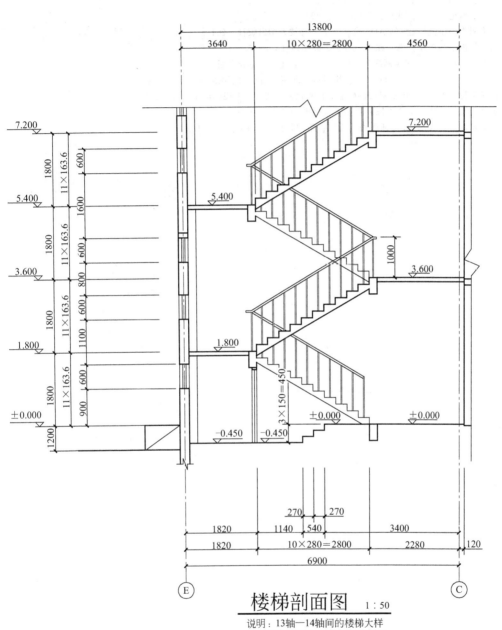

楼梯剖面图 1∶50

说明：13轴—14轴间的楼梯大样
图同 6轴—7轴之间的楼梯大样图。

职 业 技 术 学 院			设计项目	某综合楼		
设计 制图	姓名	日期	楼梯大样图	设计阶段	建筑施工图	
				编 号		
校对 审核	姓名	日期				
			比例：见图	图号：A2	第8张 共8张	年 版

参 考 文 献

[1] 刘冬梅. 建筑 CAD. 北京：化学工业出版社，2009.
[2] 刘冬梅. 建筑概论. 北京：化学工业出版社，2010.
[3] 刘冬梅，陈明杰，张鹏. 建筑 CAD. 武汉：华中科技大学出版社，2013.
[4] 尚久明. 建筑识图与房屋构造. 北京：电子工业出版社，2007.
[5] 刘冬梅，王珂. AutoCAD 建筑制图案例详解. 北京：电子工业出版社，2006.
[6] 崔文程，郭娟. 中文版 AutoCAD 2014 实用教程. 北京：清华大学出版社，2014.
[7] 李刚健，穆泉伶，王平. AutoCAD 2010 建筑制图教程. 北京：人民邮电出版社，2011.
[8] 房屋建筑制图统一标准. 中华人民共和国国家标准. GB 5001—2010.
[9] 刘冬梅，王志磊. 建筑 CAD 实训教程. 武汉：华中科技大学出版社，2015.